航|空|航|天|新|兴|领|域|高|等|教

火箭推进系统原理与智能测试技术

PRINCIPLES OF
ROCKET PROPULSION SYSTEM AND
INTELLIGENT TEST TECHNOLOGY

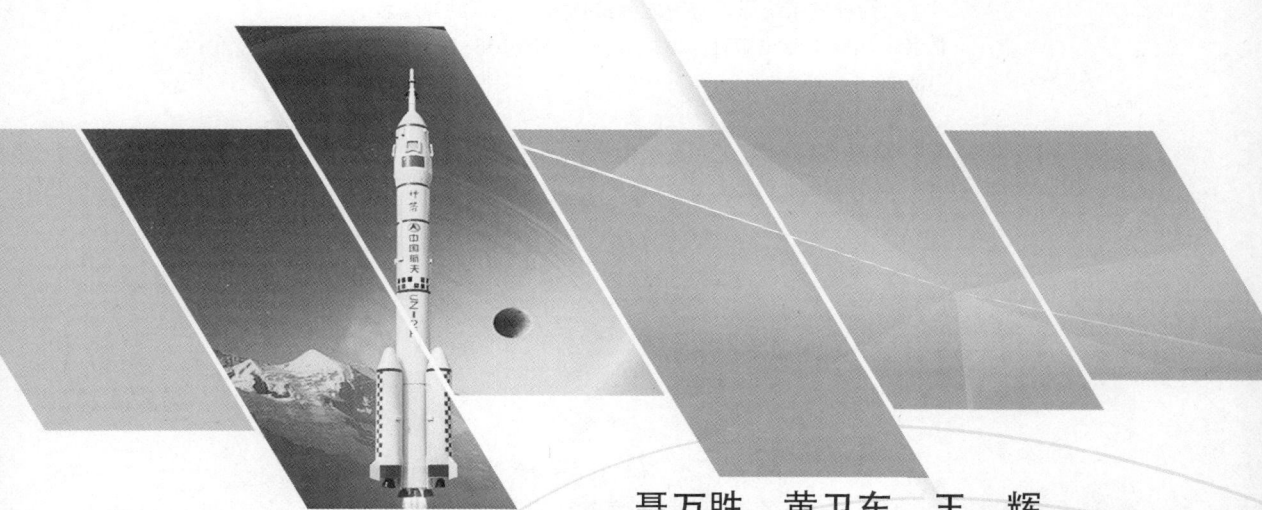

聂万胜　黄卫东　王　辉　编著
包　恒　钟　战　苏凌宇　王　鹏

国防工业出版社

·北京·

内 容 简 介

液体火箭推进系统是运载火箭推进系统的主要类型。本书主要针对液体火箭推进系统介绍其原理及测试技术，论述了液体火箭推进系统的基本组成，重点介绍了液体火箭推进系统的静态特性及系统动态特性、推进系统起动和关机过程、常规推进剂与低温推进剂两类液体火箭推进系统测试内容，比较全面地介绍了卫星发射中心针对推进系统开展发射前测试的主要工作内容，最后总结了基于模型驱动、数据驱动及人工智能等液体火箭发动机的智能测试。

本书可作为液体火箭推进系统构造与测试、动力学分析相关课程教材，适用于航空航天类专业的本科生、研究生课程教学，也可供从事运载火箭、导弹用液体火箭发动机设计、测试与维护的工程技术人员参考。

图书在版编目（CIP）数据

火箭推进系统原理与智能测试技术 / 聂万胜等编著 .
北京：国防工业出版社，2025.5. -- ISBN 978-7-118
-13663-0

Ⅰ．V43

中国国家版本馆 CIP 数据核字第 2025WG4189 号

※

国防工业出版社出版发行
（北京市海淀区紫竹院南路 23 号　邮政编码 100048）
河北文盛印刷有限公司印刷
新华书店经售

*

开本 787×1092　1/16　印张 10¾　字数 258 千字
2025 年 5 月第 1 版第 1 次印刷　印数 1—1500 册　定价 98.00 元

（本书如有印装错误，我社负责调换）

国防书店：(010) 88540777	书店传真：(010) 88540776
发行业务：(010) 88540717	发行传真：(010) 88540762

前　言

　　液体火箭推进系统是运载火箭、液体战略弹道导弹的核心动力装置，其设计、性能优化与故障诊断技术在航天事业中占据至关重要的地位。随着航天技术的不断进步与应用需求的日益多样化，液体火箭推进系统的可靠性要求也在持续提高。因此，深入理解液体火箭推进系统的静态特性与动态特性，实现推进系统的可靠起动与关机是确保火箭发射成功与安全的重要基础。而基于模型、数据驱动等相关智能测试方法将对发动机故障诊断、提升可靠性具有重大应用价值。

　　本书比较系统地介绍了液体火箭推进系统的基本组成，内容涵盖系统静态特性、动态特性、起动与关机过程、发射前测试及发动机的智能测试方法。全书共分为6章，内容安排循序渐进。第1章液体火箭推进系统概述。本章介绍了液体火箭推进系统的基本组成，详细解析了推进剂输送系统的两种主要类型——挤压式与泵压式，并通过典型液体运载火箭推进系统的实例，帮助读者建立全面的系统认知。第2章液体火箭推进系统的静态特性。静态特性是理解推进系统工作原理的基础。本章通过建立各部件的静态特性模型，介绍了推进系统静态模型的求解方法，并对推进系统的静态分析进行了深入探讨，涵盖内外干扰因素的影响及系统的调整方法。第3章液体火箭推进系统的动态特性。动态特性分析是确保推进系统在实际运行中稳定高效的关键。本章涵盖燃烧室、液体管路、涡轮泵及自动器等关键部件的动力学特性，并详细介绍了系统的稳定性分析与状态空间法在动态特性分析中的应用。第4章液体火箭推进系统起动和关机过程。发动机的起动与关机过程对推进系统的整体性能和安全性有着直接影响。本章系统分析了起动过程的一般特性、安全起动的条件及真空条件下的发动机起动的特点，并通过关机过程的仿真分析，探讨了后效冲量的计算方法。第5章液体火箭发动机常规测试内容。常规测试是确保发动机各项参数符合设计要求的重要环节。本章详细介绍了推进系统内外观检查、气密性检查、单元测试及系统匹配检查等多项测试内容，强调了测试过程中的技术要求和操作规范。第6章液体火箭发动机智能测试。随着人工智能技术的发展，智能测试方法在火箭发动机故障检测与诊断中展现出巨大的潜力。本章分类介绍了基于模型驱动、数据驱动及人工智能的方法，并探讨了先进测量传感器技术和基于动力学模型、统计分析及神经网络的发动机故障智能测试方法，旨在提升故障检测的准确性和实时性。

　　本书较系统地阐述了液体火箭推进系统的动力学理论基础和测试方法，还融合了最新的智能测试技术，反映了当前航空航天工程领域的前沿发展。同时，书中丰富的实例分析与习题设计，有助于读者巩固理论知识，提升实际操作能力。通过理论与实践的结合，有利于读者较为全面地掌握液体火箭推进系统的动力学理论、性能分析及故障诊断技术，为未来的科研创新和工程应用奠定基础。

　　在本书的编写过程中，作者得到了众多专家、同行和学生的支持与帮助。参考了大量优秀的教材与专著，第 6 章内容参考并引用了国防科大吴建军教授课题组卓越的研究成果，全书由聂万胜负责总体章节内容策划及最后统稿，黄卫东教授主要负责前四章内容，包恒老师主要负责第 5、6 章内容的编写，王辉副教授、钟战副教授、苏凌宇副教授、王鹏老师分别负责部分实践项目内容，感谢课题组陈新华教授实践经验分享及对书稿提供的宝贵意见，感谢同事们在资料收集和内容整理方面的辛勤工作。本书中部分内容通过作者团队开发的虚拟仿真实验可以更好的学习理解，相关内容已经开放共享平台至 https://www.ilab-x.com/details/page?id=10891&isView=true#1，读者可免费注册学习。希望本书能够为广大读者在液体火箭发动机领域的学习与研究提供有力的支持与帮助。由于编者水平有限，不足与疏误之处恳请读者不吝赐教。

编著者
二〇二四年十月于北京

目　　录

第1章　液体火箭推进系统概述 …………………………………………………… 1
1.1　液体火箭推进系统基本组成 …………………………………………… 1
1.2　推进剂输送系统 …………………………………………………………… 4
1.2.1　挤压式输送系统 ………………………………………………… 4
1.2.2　泵压式输送系统 ………………………………………………… 7
1.3　典型液体运载火箭推进系统 …………………………………………… 15
1.3.1　典型常规液体火箭推进系统 ………………………………… 15
1.3.2　典型低温液体火箭推进系统 ………………………………… 16
习题 ………………………………………………………………………………… 18

第2章　液体火箭推进系统的静态特性 …………………………………………… 20
2.1　静态特性概述 ……………………………………………………………… 20
2.2　部件的静态特性模型 ……………………………………………………… 20
2.2.1　推力室静态特性模型 …………………………………………… 20
2.2.2　燃气发生器静态特性模型 ……………………………………… 21
2.2.3　液体管路静态特性模型 ………………………………………… 21
2.2.4　涡轮静态特性模型 ……………………………………………… 22
2.2.5　泵静态特性模型 ………………………………………………… 22
2.2.6　其他部件静态特性模型 ………………………………………… 23
2.3　推进系统静态模型的求解方法 …………………………………………… 23
2.3.1　静态模型线性化求解方法 ……………………………………… 23
2.3.2　静态模型非线性解法 …………………………………………… 32
2.3.3　静态特性顺序化计算方法 ……………………………………… 33
2.4　液体火箭推进系统静态分析 ……………………………………………… 43
2.4.1　液体火箭推进系统内外干扰因素影响分析 …………………… 43
2.4.2　液体火箭推进系统的调整 ……………………………………… 47
2.4.3　最大燃烧室压力计算方法 ……………………………………… 50
习题 ………………………………………………………………………………… 54

第3章　液体火箭推进系统的动态特性 …………………………………………… 55
3.1　动态特性概述 ……………………………………………………………… 55
3.2　燃烧室的动力学特性 ……………………………………………………… 55
3.2.1　燃烧室动力学方程 ……………………………………………… 55

3.2.2　动力学方程的线性化 …… 57
3.2.3　动力学特性 …… 58
3.3　液体管路的动力学特性 …… 61
3.4　涡轮泵的动力学特性 …… 63
　3.4.1　离心泵的动力学特性 …… 63
　3.4.2　涡轮及涡轮泵组件的动力学特性 …… 68
3.5　自动器的动力学特性 …… 71
　3.5.1　气动阀门的动力学特性 …… 72
　3.5.2　液压阀门的动力学特性 …… 77
3.6　液体火箭推进系统稳定性分析 …… 79
　3.6.1　系统传递函数 …… 79
　3.6.2　系统的瞬态响应 …… 82
　3.6.3　系统的稳定性分析 …… 84
3.7　液体火箭推进系统动态特性分析状态空间法 …… 87
习题 …… 91

第4章　液体火箭推进系统起动和关机过程 …… 93
4.1　起动过程计算分析 …… 93
　4.1.1　起动过程的一般特性 …… 93
　4.1.2　安全起动的条件 …… 96
　4.1.3　真空条件下发动机起动的特点 …… 99
　4.1.4　起动过程计算方法 …… 99
4.2　关机过程仿真分析 …… 101
　4.2.1　发动机关机过程的基本特点 …… 101
　4.2.2　后效冲量的概念及其计算 …… 101
习题 …… 107

第5章　液体火箭发动机常规测试内容 …… 109
5.1　常规推进剂液体火箭推进系统测试内容 …… 109
　5.1.1　内外观检查 …… 109
　5.1.2　地面配气系统准备 …… 110
　5.1.3　蓄压器检查 …… 110
　5.1.4　气密性检查 …… 110
　5.1.5　脱落电路检查 …… 111
　5.1.6　发动机电缆的检查 …… 111
　5.1.7　气蚀管加温器测试 …… 112
　5.1.8　火工品单元测试 …… 112
　5.1.9　推进剂温度测量电路检查 …… 113
　5.1.10　贮箱推进剂液位传感器检查 …… 113
　5.1.11　电爆管回路阻值测试 …… 113

- 5.1.12 发动机冷摆 ………………………………………………………………… 113
- 5.1.13 系统综合测试 ……………………………………………………………… 113
- 5.1.14 发动机状态检查 …………………………………………………………… 114
- 5.1.15 推进剂加注与泄出 ………………………………………………………… 115
- 5.1.16 射前准备 …………………………………………………………………… 116

5.2 低温推进剂火箭推进系统测试内容 ……………………………………………… 117
- 5.2.1 内外观检查 ………………………………………………………………… 117
- 5.2.2 气瓶及供气系统气密性检查 ……………………………………………… 117
- 5.2.3 箱系统气密性检查 ………………………………………………………… 118
- 5.2.4 箭体吹除系统单元测试 …………………………………………………… 118
- 5.2.5 箭体气封系统单元测试 …………………………………………………… 118
- 5.2.6 液氢输送管真空度测试和贮箱共底抽真空检查 ………………………… 118
- 5.2.7 贮箱加注液位传感器、变换器测试 ……………………………………… 119
- 5.2.8 发动机单元测试 …………………………………………………………… 119
- 5.2.9 火工品单元测试 …………………………………………………………… 119
- 5.2.10 喷管延伸段与排气管的安装 ……………………………………………… 120
- 5.2.11 氮气、氢气置换 …………………………………………………………… 120
- 5.2.12 推进系统与控制系统、遥测系统匹配检查 ……………………………… 120
- 5.2.13 总检查 ……………………………………………………………………… 120

习题 ……………………………………………………………………………………… 121

第 6 章 液体火箭发动机智能测试 …………………………………………………… 122

6.1 发动机故障智能测试方法分类 …………………………………………………… 123
- 6.1.1 基于模型驱动的方法 ……………………………………………………… 123
- 6.1.2 基于数据驱动的方法 ……………………………………………………… 125
- 6.1.3 基于人工智能的方法 ……………………………………………………… 126

6.2 先进测量传感器技术 ……………………………………………………………… 129
- 6.2.1 发动机结构智能测试 ……………………………………………………… 129
- 6.2.2 羽流光谱诊断 ……………………………………………………………… 131
- 6.2.3 推进剂泄漏检测 …………………………………………………………… 132

6.3 发动机故障模式特征分析 ………………………………………………………… 133
- 6.3.1 发动机故障模式 …………………………………………………………… 133
- 6.3.2 发动机故障原因 …………………………………………………………… 133
- 6.3.3 发动机故障特征分析 ……………………………………………………… 134

6.4 基于动力学模型的发动机故障智能测试方法 …………………………………… 136
- 6.4.1 动力学模型基础 …………………………………………………………… 136
- 6.4.2 发动机故障动力学仿真分析 ……………………………………………… 141

6.5 基于统计分析的发动机故障智能测试方法 ……………………………………… 147
- 6.5.1 故障检测统计学基础 ……………………………………………………… 148

  6.5.2 基于自适应阈值的故障智能测试 …………………………………………… 148
  6.5.3 基于自适应相关的故障智能测试 …………………………………………… 152
 6.6 基于神经网络的发动机故障智能测试方法 ……………………………………… 156
  6.6.1 神经网络理论基础 …………………………………………………………… 156
  6.6.2 稳态工作过程的辨识模型 …………………………………………………… 159
  6.6.3 启动过程的辨识模型 ………………………………………………………… 159
  6.6.4 基于神经网络的传感器失效检测与数据恢复 ……………………………… 160
 习题 …………………………………………………………………………………………… 162
参考文献 ………………………………………………………………………………………… 163

第 1 章　液体火箭推进系统概述

本章主要概述液体火箭推进系统基本组成和工作原理，阐释挤压式和泵压式液体火箭发动机的特点及其应用范围，给出挤压气体需要量近似计算方法。阐述涡轮泵类型及其布局，给出涡轮泵功率等参数计算公式，讨论各类泵压式液体火箭发动机动力循环方式的特点，给出典型液体火箭推进系统示意，简要说明系统组成和工作过程。

1.1　液体火箭推进系统基本组成

液体火箭发动机是一个相当复杂的系统，虽然其系统方案和具体组成可随使用它作为推进动力的运载器或其他飞行器的不同要求而变化，但其主要组成部分是类同的。一般情况下，液体火箭发动机主要由以下几个部分组成：一个或多个推力室、推进剂输送系统、推力向量传递和控制装置、控制和调节系统、发动机起动和点火系统、管道及其他辅助装置和组件。液体火箭推进系统（也称动力系统）除发动机以外，还包括一个完整飞行器中为了达到火箭推力状态所必需的一些部件。液体火箭推进系统的组成部分有一台或多台液体火箭发动机、一个或多个推进剂贮箱、贮箱增压组件、发动机与贮箱间的连接管道及其他辅助装置和组件等。

推力室是液体火箭发动机燃烧和产生推力的装置，是发动机工作环境最严酷的组件。在推力室中，液体推进剂经喷注、雾化、混合和燃烧而形成高温气态反应产物，然后气态产物被加速并以高速喷出而产生推力。推力室至少包括三个主要部分：喷注器、燃烧室和喷管。其中，喷注器包含一系列按照一定方式排列的喷嘴，将液态推进剂喷射雾化成小液滴，进而在燃烧室中蒸发、混合和燃烧。燃烧室必须能在高温高压下工作，一般都有热防护设计。喷管大多为先收缩后扩张的拉瓦尔型喷管，高温燃气在喷管中膨胀加速，温度、压力不断降低，速度则不断增快。

推进剂输送系统的作用是按所要求的压力和流量向发动机输送液体推进剂组元，推进剂供应压力的大小由燃烧室压力、喷注器压降及其他推进剂流路压力损失决定。推进剂输送系统主要有挤压式和泵压式两种基本类型，挤压式输送系统利用高压气体将推进剂组元挤压到燃烧室中，挤压气体的压力应高于燃烧室压力。泵压式输送系统则通常利用高温燃气或液体推进剂组元冷却推力室后生成的气体来驱动涡轮泵，将推进剂组元输送到燃烧室中。

典型的挤压式液体火箭发动机系统简图如图 1-1 所示，它包括一个高压气瓶（通常贮存惰性气体）、高压气体阀、减压器、推进剂贮箱、推进剂阀、输送管道，以及加注和泄出设备、单向阀、过滤器等辅助部件。推进剂贮箱加注满后，通过遥控打开图中高压气体阀，高压气瓶中贮存的惰性气体经减压器后以定常压力值进入推进剂贮箱，挤压贮箱中的推进剂，在推进剂遥控阀开启后，将其送入推力室。挤压式液体火箭发动机结构简单，但其推进剂贮箱的压力比燃烧室压力高，为了降低贮箱的结构质量，燃烧室压力不能太高，这类发动机主要用于小推力空间推进。

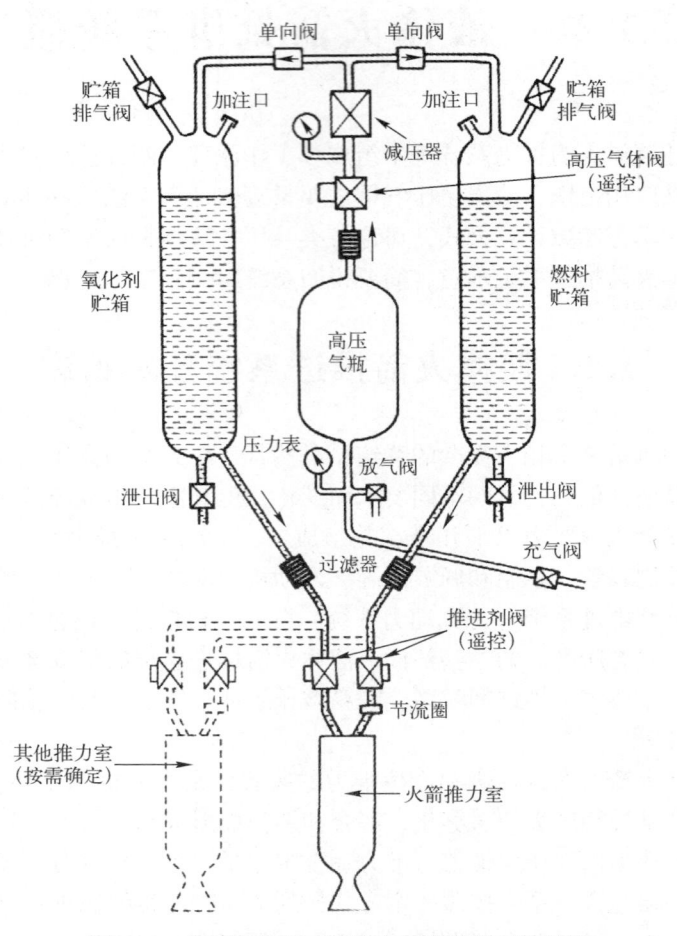

图 1-1 典型的挤压式液体火箭发动机系统简图

图1-2给出了一种典型的泵压式液体火箭发动机系统示意。氧化剂、燃料经各自的泵增压后，绝大部分进入燃烧室燃烧产生高温燃气，再经喷管加速喷出产生推力，一小部分进入燃气发生器燃烧，产生温度相对较低的燃气（一般不超过1200K），驱动涡轮后经排气管排出，氧化剂泵和燃料泵由燃气涡轮带动。

泵压式液体火箭发动机推进剂贮箱压力低、泵增压高、燃烧室压力高，但结构比较复杂，适用于大推力长时间工作。挤压式液体火箭发动机和泵压式液体火箭发动机均具备重复启动和关机能力，可在较大范围内调节推力大小。

在液体火箭发动机的发展过程中，推力大或工作时间长的发动机上普遍采用涡轮泵供应系统。近年来，随着小泵设计和电泵技术发展，也有小推力发动机采用涡轮泵或者电泵供应系统。此外，随着高强度贮箱结构材料的采用及设计技术进一步发展，挤压式供应系统的使用范围也在逐渐扩大。

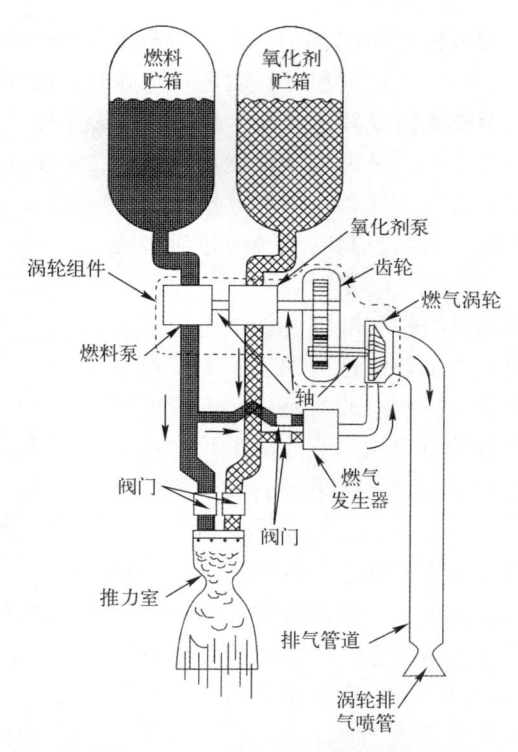

图 1-2 典型的泵压式液体火箭发动机系统示意

推力向量传递和控制装置主要用于改变推力的大小和方向，产生飞行所需的控制力和控制力矩，包括俯仰、偏航和滚转力矩，并将其传递到运载器或其他飞行器上，以便对运载器或其他飞行器的飞行进行控制。液体火箭发动机改变发动机推力大小的方法是调节推进剂的流量，推力与推进剂流量之间的基本理论关系，称为液体火箭发动机的节流特性。

航天运载器液体火箭发动机改变推力方向最常用的方式是对整个发动机或推力室进行单向或双向摇摆，发动机通过万向节或者铰链与推力架连接传递推力，发动机或推力室的摇摆由连接在机架上的伺服机构作动器推动。

为了实现发动机的起动、改变工况和关机，或者在干扰因素的作用下保证发动机的主要参数在允许的范围内或者按预定的规律变化，需要利用发动机的控制和调节系统。大多数控制装置使用伺服机构原理，并且通常包括三个基本部分：敏感机构、计算或控制机构及执行机构。其中，敏感机构感受测量要控制的参数的数值；计算或控制机构将敏感机构的输出量与参照值相比较，按照所设计的控制方法生成控制信号，并将控制信号发给执行机构；执行机构改变要控制的参数。组成控制和调节系统的各种电动的、电子的、气动的、液压的、火药的及机械的装置通常也称自动器。

发动机的工作状态取决于三个系统：飞行器的控制系统、发动机内部的自动调节系统及发动机预先的调节系统，这三个系统的相互关系如图 1-3 所示。

与发动机工作状态相关的飞行器控制系统有视速度调节系统和推进剂利用系统等。当这些系统工作时，发动机本身就是该控制系统的执行机构。当视速度调节系统工作时，按照从控制系统得到的信号调节发动机的推力向量，以修正飞行器与预定飞行状态的偏差；当推进剂利用系统工作时，保证氧化剂和燃料贮箱同时排空，使在发动机关机时剩余的推进剂最少，该系统在大型运载火箭或其他航天运载工具中应用较广。

发动机内部的自动调节系统，是为更加精确地保持发动机主要参数（如燃烧室和燃气发生器中的燃气压力和推进剂组元混合比）而设置的，其特点是在调节时过渡过程的时间很短。

由于制造误差引起发动机组件和部件性能的差异，使发动机的工况偏离额定值。为了补偿这些偏差，需要对发动机进行预先调整，即在发动机相应的管路中，安装流动阻力不同的节流圈或可调节的节流阀。节流圈的尺寸或节流阀的开度根据各个组件的液流试验结果或者发动机标准热试车数据选取。

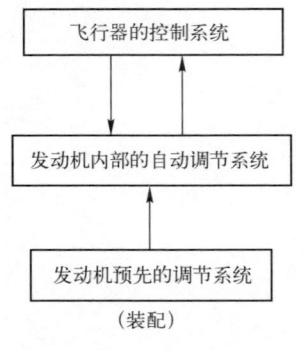

图 1-3 控制和调节系统调节关系示意

为了避免产生过高的起动压力峰，在液体火箭发动机起动时，一般总是一种组元先于另一种组元进入推力室，并且常常控制进入推力室或者预燃室的推进剂流量，先是小流量状态，然后过渡到大流量状态。对于自燃推进剂组合，如四氧化二氮/偏二甲肼、四氧化二氮/甲基肼等组合，不需要点火系统。非自燃推进剂需要有点火系统，常用的点火方式主要有火花塞点火、烟火点火、预燃室点火、辅助流体点火等。

1.2 推进剂输送系统

具体的推进剂输送系统及其部件的选择主要受以下因素限制：运载器或其他飞行器的用途及其大小、推进剂特性、发动机的推力、飞行程序、工作时间、推力室类型或数目、过去的经验及一般性的要求（设计简单、易于制造、工作可靠和质量最小等）。

为了选择最合适的输送系统，常常要针对特定的飞行任务，以飞行器的速度增量或有效载荷等为目标，进行优化分析。这类优化研究需要对各备选的液体火箭发动机动力系统的性能、结构尺寸和质量、可靠性等进行详细充分的估算，不仅包括发动机，还包括贮箱、增压物质或燃气发生器使用的推进剂等。

1.2.1 挤压式输送系统

在选择气体挤压式输送系统时需要考虑下列问题：①挤压气体与推进剂、贮箱材料的相容性，如化学相互作用、温度、溶解性等；②所选择挤压式输送系统的可靠性和复杂性；③所需挤压气体的总质量，选用分子量低的挤压气体，可以减少所需挤压气体总质量；④挤压式输送系统的结构质量，在所需挤压气体总质量一定的情况下，结构质量越低越好。

液体推进剂被气体从贮箱挤出所发生的物理和化学过程比较复杂，难以建立准确的模型和精确计算，挤压气体需要量一般是近似计算确定的。

1. 影响挤压气体需要量的因素

影响挤压气体最终状态及其需要量的因素主要有：

（1）推进剂的气化。在贮箱中气液分界面上推进剂有不同程度的气化，气化量主要取决于推进剂的挥发性、挤压气的温度、气体的扰动、液体的晃动，以及贮箱内部结构和推进剂的排出速度等因素。推进剂气化吸热会使贮箱内气体混合物的温度降低，推进剂蒸气成为挤压气体混合物的一种组分，同时，随着推进剂液面的下降，在贮箱壁面上可能会附有一层液膜，进一步促进推进剂的气化。

（2）贮箱的壁温。如果挤压气体温度高于壁温，结果会使气体温度下降、壁温升高。另外，运载器飞行中的气动加热使壁温升高，导致对挤压气体的加热，同时也造成对推进剂的加热而增加气化效应。

（3）蒸气的凝结。贮箱挤压气体混合物中诸如水蒸气之类的某些组分可以凝结，即使大部分气体处于可凝结组分的露点之上，在贮箱壁面或推进剂表面也仍有可能发生局部凝结。

（4）挤压气体的溶解度。若挤压气体中含有能溶解于推进剂中的组分，这些组分可以扩散到推进剂中，且溶解度受温度和压力的影响。

（5）气垫气体的压缩。如果在起动之前，贮箱的气垫空间充满了低压的气体，开始起动后，挤压将引起绝热压缩，使工作开始几秒内显著提升气垫空间的温度。

（6）化学反应。如果挤压气体含有能与推进剂发生化学反应的组分，其反应物可以成为挤压气体的一部分。

（7）挤压气体的扰动。如果存在气体搅动液体推进剂表面，挤压气体和推进剂之间的热交换则将增大。

以上这些影响因素，在确定挤压物质需要量时均需给予充分的考虑，以使理论分析与实际情况较为接近。

2. 挤压气体需要量近似计算

在计算挤压气体需要量之前，需要知道如下发动机主要工作参数：①使用温度范围；②推进剂的类型和质量，以及在工作温度范围两端相应的容积；③总的贮箱容积；④在极限温度时，贮箱初始气垫容积占贮箱总容积的比例；⑤发动机关机时，剩余推进剂容积占贮箱总容积的比例；⑥贮箱的工作压力（额定值和允许误差）；⑦发动机系统的工作时间。

（1）系统工作时间较短或者挤压气体温度与推进剂温度接近的情况。

如果系统的工作时间较短或者挤压气体的温度接近于推进剂的温度，那么热交换和质量交换可以忽略不计，所需挤压气体的质量可以利用理想气体状态方程计算：

$$m_g = \frac{p_T V_T}{R_g T_g} \tag{1-1}$$

式中：m_g 为贮箱中所需挤压气体质量；p_T、V_T 分别为推进剂贮箱的压力和总容积；R_g、T_g 分别为挤压气体的气体常数和平均温度。

（2）系统工作时间较长和挤压气体温度较高的情况。

这种情况下，挤压气体的需要量采用如下方法确定。

对于一次起动工作（不要求滑行时间和多次起动），忽略与贮箱壁之间的热交换，从挤压气体到气化了的推进剂总的热量传递可以用下式计算：

$$Q = HAt(T_u - T_l) \tag{1-2}$$

式中：Q 为总的换热量；H 为气液分界面上的换热系数（由实验测定）；A 为换热面积；t 为工作持续时间；T_u 为关机点挤压气体温度；T_l 为推进剂温度。

温度 T_u 和 T_l 在气液交界面上可以看成常数，假设换热量 Q 用于推进剂加热和气化，则有

$$Q = m_v[c_{pl}(T_v - T_l) + h_v + c_{pv}(T_u - T_v)] \tag{1-3}$$

式中：m_v 为气化推进剂的总质量；c_{pl} 为液体推进剂的比热容；h_v 为推进剂的气化相变潜热；c_{pv} 为推进剂蒸气的比热；T_v 为推进剂气化温度。

先假定一个 T_u 值，则由式（1-2）和式（1-3）就可计算 m_v 的值，被气化的推进剂所占据的容积可按下式计算：

$$V_v = \frac{m_v Z R_p T_u}{p_T} \tag{1-4}$$

式中：V_v 为气化推进剂所占容积；Z 为关机时气体混合物总压力 p_T，温度 T_u 下的压缩因子；R_p 为推进剂蒸气的气体常数。

假设忽略剩余推进剂所占容积，则关机点挤压气体的容积 V_g 为

$$V_g = V_T - V_v \tag{1-5}$$

由理想气体状态方程可计算挤压气体质量：

$$m_g = \frac{p_T V_g}{R_g T_u} \tag{1-6}$$

为了保持能量平衡，Q 的大小应满足方程：

$$Q = m_g c_{pg}(T_g - T_u) \tag{1-7}$$

式中：c_{pg} 为挤压气体的定压比热。

这样，根据假定的 T_u 值，由式（1-7）就可以计算出要求的 T_g 值：

$$T_g = \frac{Q}{m_g c_{pg}} + T_u \tag{1-8}$$

但若 T_g 值是预先确定不变的，则可由式（1-7）计算出新的 T_u 值：

$$T_u = T_g - \frac{Q}{m_g c_{pg}} \tag{1-9}$$

用新计算得到的 T_u 值，替代原来假定的 T_u 值迭代求解，直至前后两次迭代计算得到的值误差小于允许值。

用上述方法可以计算得到忽略与贮箱壁热交换时挤压气体需要量，若挤压气体、推进剂和贮箱壁之间具有相当的温差时，就必须考虑它们之间的总传热量。式（1-3）可改写为

$$Q \pm Q_{w1} = m_v[c_{pl}(T_v - T_e) + h_v + c_{pv}(T_u - T_v)] \tag{1-10}$$

式中：Q_{w1} 为整个任务期间箱壁与液态及气态推进剂之间的总换热量，正号表示箱壁放出热量，负号表示箱壁吸收热量。

此外，式（1-7）应改写为
$$Q = m_g c_{pg}(T_g - T_u) \pm Q_{w2} \tag{1-11}$$
式中：Q_{w2} 为整个任务期间箱壁与挤压气体之间的总换热量，正号表示箱壁放出热量，负号表示箱壁吸收热量。

只要 Q_{w1} 和 Q_{w2} 为已知量，就同样可以参与上述方法计算所需挤压气体质量，只是要用式（1-10）、式（1-11）分别取代式（1-3）和式（1-7）。

如果飞行器的任务包含若干个主动段和滑行段，在计算通过气液交界面的换热量时，就应该把总任务时间考虑在内。其他的影响因素，如挤压气体蒸气的凝结、挤压气体在推进剂中的溶解、挤压气体与推进剂的化学反应等，由于所发生的物理和化学过程极其复杂，可采用工程的方法，借助经验数据来估计。

上述挤压气体所需量的计算，只适用于挤压推进剂贮箱所需的纯的或有效的气体量。对于一个给定系统所需贮气的总质量还取决于系统设计、工作时气体的膨胀过程和系统作用时的环境温度范围。

为了提升性能，降低挤压系统的质量，往往在气体管路中加装加热器，这样可以降低贮气的质量和结构质量。加热挤压气体所需的热量可取自涡轮排气或其他热源。此外，还可以采用其他方法产生挤压气体。尽管挤压气体的来源不同，但所需挤压气体量的计算方法基本相同。

在挤压式输送系统的选择中，必须对飞行器的任务要求、推进剂和材料的相容性、系统的可靠性和系统的性能进行全面的综合论证分析，从而找出合适的挤压式输送系统。通常挤压式输送系统用于小推力短时间工作的液体火箭发动机上，而对于大推力长时间工作的液体火箭发动机多采用涡轮泵式输送系统。即使是在涡轮泵输送系统中，为了提高泵的入口压力，也需对贮箱进行适度的增压，其挤压气体所需量的估算同样也可以用上述方法。

对挤压气体所需量进行估算以后，就可以对高压气瓶、压力调节器等进行分析计算和结构设计。

1.2.2 泵压式输送系统

1. 液体火箭发动机对泵的要求

液体火箭发动机对泵的要求主要有：①满足系统所需的流量与压头，同时要求其结构质量和尺寸特性好、效率高、经济性好；②具有较好的密封和耐腐蚀性能；③工作稳定，流量压力波动小，抗汽蚀性能好；④具有良好的调节性能，以满足发动机工作状态转换的需要。此外，低温推进剂对泵还有特殊要求。

2. 泵的主要类型

根据把液体从吸入室输往压出室的方式，可将泵分为容积式泵、叶片式泵和射流泵三大类。容积式泵是按挤压作用进行工作的，它是用某种运动的机构来吸入和排挤液体。常用的容积式泵有：①活塞式泵，它是用活塞将液体挤压到高压区，并用活塞抽吸液体；②旋板式泵（又称滑片泵），它的结构是几个叶片在偏心旋转的转子的径向槽中移动，叶片把从吸入腔中取得的液体输送到高压腔中；③齿轮泵（螺杆泵），它是由齿轮（或螺杆）等做成的转子以不大的间隙在壳体中旋转，把从吸入腔中取得的液体放在齿与壳体之间的空腔中，然后排到高压腔内。这三种泵的结构简图如图1-4所示。

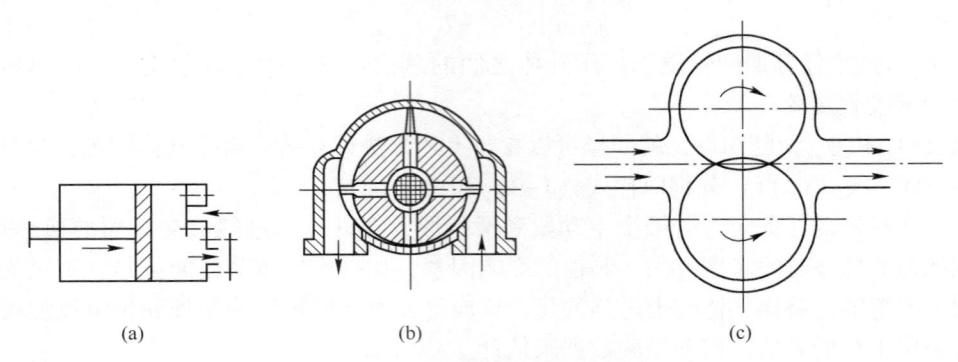

图1-4 容积式泵结构简图
(a) 活塞式泵；(b) 旋板式泵；(c) 齿轮泵。

容积式泵的优点：能够得到高的压头，流量不随供应的压力而变化，效率高。其缺点：结构质量和外廓尺寸较大；磨损大，转速低，流量受到限制；不适合在腐蚀性液体中长期工作；表面摩擦会产生局部过热，不适合压送易于气化的液体。容积式泵的应用范围一般是小流量和高压头。

叶片式泵主要通过叶片高速旋转，给推进剂做功增压，主要分为离心泵和轴流泵两类。典型的离心泵和轴流泵结构如图1-5所示。叶轮实际上是一个在壳体内旋转的带曲线叶片的轮子，流体进入叶轮后在叶轮的通道里被加速，以很快的速度离开叶轮边缘，进入蜗形通道（或称集液器），随后进入扩压器，将流体的动能（速度）转变成势能（压力）。在耐磨环接触面上，旋转件和静止部分之间留有很小的间隙，以使高压侧（泵输出部分）和低压侧（泵吸入部分）之间的内部渗漏（或称回流）最小。用填料腔或轴密封件防止流体沿轴外漏。单级泵（只有一个泵轮）施加给流体的压力增量有时受到一定的限制，因此增压头很大的流体，如液氢，需要用多级泵。

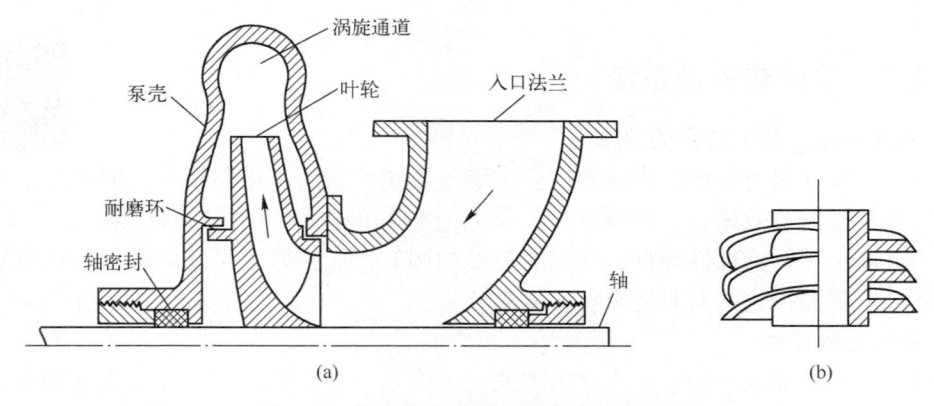

图1-5 典型的离心泵和轴流泵结构简图
(a) 离心泵；(b) 轴流泵。

因为许多推进剂贮运操作使用时都很危险，所以必须采取特别措施防止推进剂通过轴密封或填料腔渗漏。自燃推进剂渗漏会引起泵腔内起火，可能造成爆炸。经常使用多道密封，并采取排泄措施，把渗过第一道密封积存下来的推进剂用导管引走。腐蚀性推进剂的密封对密封材料和结构设计的要求更为苛刻。

叶片式泵的优点：①转速高、增压高，输送的流量大；②运动部件少，结构质量小，外廓尺寸小；③叶轮和泵壳体之间有一定的间隙，不易摩擦生热；④能够在高、低温及腐蚀介质中工作；⑤可以用电动机和涡轮驱动。其缺点：①当进口压力小时，会发生汽蚀，从而影响正常工作；②当流量变化时，其压头也会改变。

汽蚀是指流体流动通道内某处的静压小于流体的饱和蒸气压时形成蒸气泡，当蒸气泡到达高压区，即流体静压高于饱和蒸气压时，这些气泡消失，气泡的突然消失产生局部高压脉冲，对金属叶轮表面造成很大的过应力，造成金属表面坑蚀和剥落等现象。在离心泵中，汽蚀最可能发生在进口处泵叶轮叶片前线的后面，因为这里绝对压力最低。汽蚀会引起泵结构振动，排出流量的减少和波动，进而减小发动机的推力，并使燃烧变得不稳定，甚至产生推力室烧毁或爆炸危险。

射流泵又称引射泵，它是由中心喷管排出的中心射流使外套中的液体加速，射流泵结构简图如图1-6所示。其优点：结构简单，质量小。其缺点：效率低，压头小，有时易发生汽蚀。

由于叶片式泵最能满足对液体火箭发动机输送系统提出的要求，因此液体火箭发动

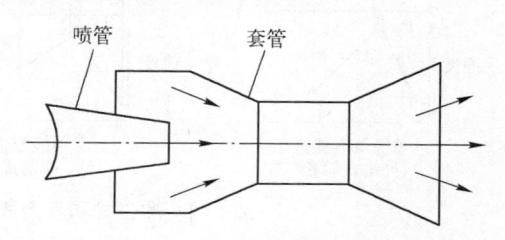

图1-6 射流泵结构简图

机主要使用叶片式泵增压，一般用离心泵作为主泵、轴流泵作为前置泵或预压泵。

泵消耗的功率 N_p 为可通过下式计算：

$$N_p = \frac{\dot{m}\Delta p}{\eta_p \rho} = \frac{\rho g H_T Q}{\eta_p} \tag{1-12a}$$

$$H_T = \frac{\Delta p}{\rho g} \tag{1-12b}$$

$$Q = \frac{\dot{m}}{\rho} \tag{1-12c}$$

式中：$\dot{m}$、Q 分别为泵输送推进剂的质量流量（kg/s）和容积流量（m³/s）；ρ 为推进剂的密度（kg/m³）；Δp 为泵的增压量（pa）；H_T 为泵的压头（m）；η_p 为泵的效率。

3. 涡轮与燃气发生器

涡轮的作用是提供足够的轴功率，在所要求的转速和扭矩下带动推进剂泵。涡轮从工质膨胀获得所需的能量，火箭发动机的涡轮主要有冲击式涡轮和反力式涡轮两大类，这两种涡轮可以是单级的也可以是多级的。

冲击式涡轮气体的全部压降几乎全在喷嘴发生，喷嘴出口气体速度大，气体通过旋转叶片（工作叶片）通道时不发生静压降（没有膨胀），即工作叶片的进口压力等于出口压力，主要通过气流方向改变，利用冲击力做功。冲击式涡轮结构简单，质量小。

反力式涡轮气体在喷嘴和工作叶片中均有压降，气体首先在喷嘴环中进行部分膨胀，压力下降、速度增加。气体进入工作叶片后继续膨胀，压力再度下降，相对速度增加。气体在流过弯曲的工作叶片通道时，除了产生离心力，还因气体加速产生反作用力。这两个

力同时作用在叶片上，使叶片旋转做功。

涡轮通常由静子和转子组成，静子包括喷嘴、导向叶片、涡轮壳体，转子包括涡轮盘和工作叶片，典型的冲击式和反力式涡轮的压力、速度分布曲线如图 1-7 所示。

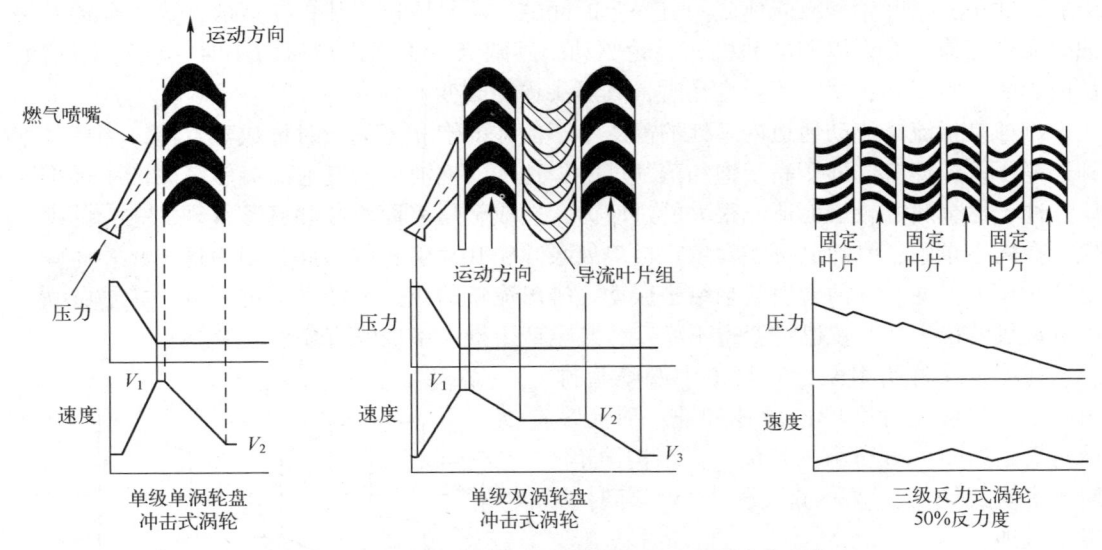

图 1-7　冲击式和反力式涡轮的压力、速度分布曲线

从图 1-7 中可以看出，冲击式涡轮压降在喷嘴中，涡轮叶片前后压力基本不变；反力式涡轮压降基本均匀分布。冲击式涡轮速度在喷嘴中大幅增加，流过涡轮后大幅降低；反力式涡轮速度变化不大。当涡轮进出口速度相差不大时，涡轮提供的有效功率 N_T 为

$$N_T = \eta_T \dot{m}_T \Delta h = \eta_T \dot{m}_T c_p (T_1 - T_2) = \eta_T \dot{m}_T \frac{k}{k-1} R T_1 \left[1 - \left(\frac{p_2}{p_1} \right)^{\frac{k-1}{k}} \right] \quad (1-13)$$

式中：η_T 为涡轮的效率；$\dot{m}_T$ 为驱动涡轮的燃气流量；Δh 为燃气的焓降；c_p、k、R 分别为燃气的定压比热容、比热比和气体常数；T_1、p_1 分别为燃气进入涡轮前的温度和压力；T_2、p_2 分别为燃气离开涡轮时的温度和压力。

涡轮产生的有效功率必须等于其所驱动的推进剂泵和其他辅助设备所需的功率之和。由式（1-13）可以看出，在所需涡轮有效功率一定的情况下，提高涡轮效率和涡轮入口燃气温度，可降低涡轮工质的流量，从而减少驱动涡轮所需的推进剂流量。涡轮叶片的材料越好，所允许的入口温度值 T_1 越高。

燃气发生器是驱动涡轮的高温燃气（推进剂燃烧产生）的来源。燃气发生器可以分为单组元推进剂、双组元推进剂和固体推进剂三类。实际上，燃气发生器的主要设计参数与发动机的推力室或固体火箭发动机是相似的。通常有意地调整推进剂混合比明显地偏离化学恰当混合比（一般是富燃），从而使燃烧温度保持在 1400K 以下。燃气温度低时，就不用冷却燃气发生器，同时也避免了涡轮叶片的熔化和侵蚀。

液体推进剂燃气发生器所用的推进剂由一个压力贮箱或发动机的推进剂泵供给。泵压式燃气发生器起动时，需要将涡轮泵带动到其工作转速。为此，可用火药起动器起动，或者利用飞行器贮箱和输送系统管路中存在的压头让发动机"自行"起动。

4. 涡轮泵式液体火箭发动机动力循环

涡轮泵式液体火箭发动机动力循环有两种类型，即开式循环和闭式循环。开式循环系统的特点是：驱动涡轮后的高温气体在其自身的喷管中膨胀后即排出发动机外，或者在主推力室喷管扩张段下游某处进入发动机喷管中再排出去。

对于闭式循环系统，驱动涡轮后的气体全部喷入发动机主燃烧室再次燃烧，以便最有效地利用其剩余的能量，且涡轮排出的气体经过主推力室的整个压力比而膨胀，因而能给出比开式循环系统稍高的性能。而在开式循环系统中，从涡轮排出的气体仅仅经过相当低的压力比就膨胀出去。总的发动机性能的差别表现在其比冲相差一般在1%~5%，而这在飞行器性能上反映的差别会更大。

在开式循环系统中，使用最普遍的是燃气发生器循环。图1-2所示的发动机使用独立的燃气发生器驱动涡轮泵，燃气发生器使用的推进剂与主燃烧室相同，但混合比不同，其产生的燃气温度为900~1400K，该温度范围适用于非冷却式涡轮叶片。燃气发生器一般要消耗推进剂总量的1%~5%。

开式循环系统还包括抽气循环和膨胀分流循环等，抽气循环和膨胀分流循环系统示意如图1-8所示。抽气循环的优点是可以取消燃气发生器，驱动涡轮所需的高温气体是由发动机燃烧室靠近喷注器面某处分流出来的燃气，通常该处的燃气温度比燃烧室内最高温度的一半还低。膨胀分流循环则通常局限于以液氢作为燃料的发动机，液氢冷却推力室后变成气氢，大部分进入燃烧室，其余部分先驱动涡轮，然后通过自身喷管或主推力室喷管段下游某处排出发动机。膨胀分流循环的优点同样是可取消燃气发生器，但其涡轮工质的能量受推力室冷却夹套允许的温度和分流流量等参数限制，与其他开式循环相比，其涡轮所能提供的功率要低一些。

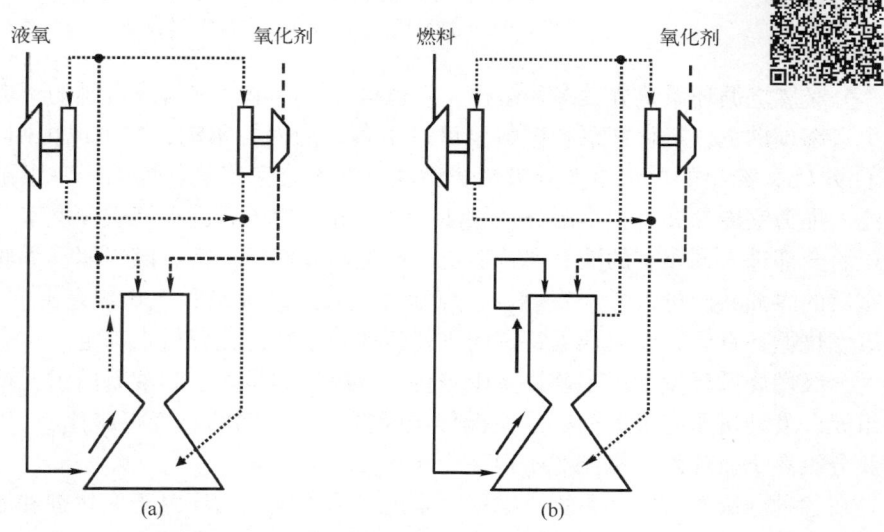

图1-8 抽气循环（a）和膨胀分流循环（b）系统示意

闭式循环系统主要有分级燃烧循环和膨胀循环，分级燃烧循环也称高压补燃循环。分级燃烧循环的特点是：部分或全部推进剂在高压富燃或富氧预燃室中燃烧，所产生的高能富燃或富氧燃气在驱动涡轮后，全部喷入主燃烧室同剩余的推进剂混合后再次燃烧。由于预燃室能产生大流量的高温燃气,可为驱动涡轮提供很大的功率,因此可以使主燃烧室在高压状态下工作,主燃烧室尺寸和质量相对较小。但预燃室和涡轮中附加的压降导致氧化剂泵和燃料泵所需提供的扬程比开式循环高得多,这相应地要求发动机系统具有质量较大、结构较复杂的泵、涡轮和管道。虽然分级燃烧循环推进剂输送系统的质量较大,但其燃烧室质量相对较小,因此该系统总的质量特性还是比较好的。

图 1-9 给出了两种分级燃烧循环系统示意图。全流量分级燃烧循环氧化剂和燃料经泵增压后,全部进入预燃室,两个预燃室一个富氧,另一个富燃。氧化剂泵和燃料泵有各自的涡轮,分别由富氧预燃室和富燃预燃室产生的燃气驱动。

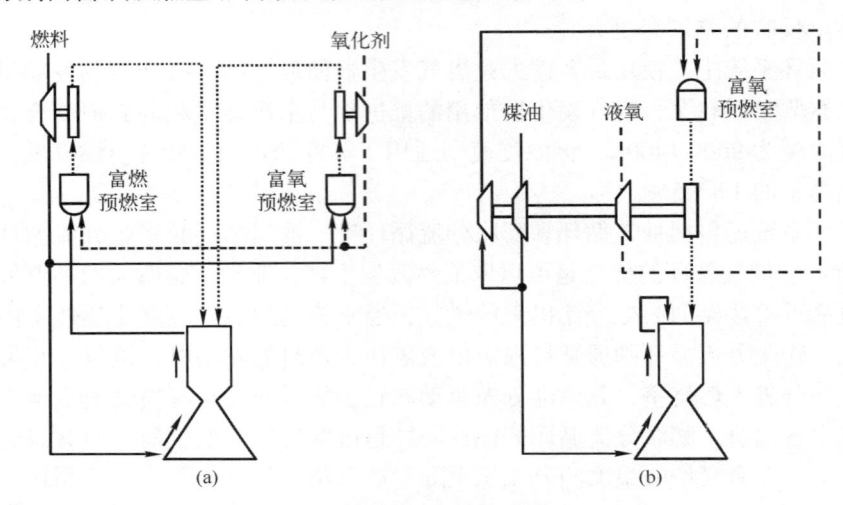

图 1-9　两种分级燃烧循环系统示意图
(a) 全流量分级燃烧循环;(b) 单预燃室分级燃烧循环。

分级燃烧循环系统方案多种多样,它也可以只有单个富氧或富燃的预燃室,也可以有两个富燃预燃室;氧化剂泵和燃料泵可以由各自的涡轮驱动,也可以由同一个涡轮驱动。图 1-9 (b) 给出的单预燃室分级燃烧循环方案预燃室富氧,煤油经一级泵增压后,大部分流入推力室冷却夹套,小部分经煤油二级泵继续增压后进入富氧预燃室,与经氧化剂泵增压后全部进入预燃室的液氧混合燃烧,产生富氧燃气,富氧燃气驱动涡轮后,与冷却推力室后的煤油共同进入燃烧室燃烧,煤油一级泵、二级泵和氧化剂泵由同一个涡轮驱动。分级燃烧循环具体方案可根据特定的飞行任务及系统优化分析来确定。

分级燃烧循环发动机主燃烧室中进行再次燃烧的是气态和液态的组元或者气态和气态的组元,发动机所有推进剂都是在最佳组元混合比和高的燃气膨胀比情况下产生推力的,因此分级燃烧循环发动机能产生很高的比冲。

在各种分级燃烧循环系统方案中,全流量分级燃烧循环由于氧化剂和燃料全部进入预燃室,涡轮做功能力、泵增压量、发动机燃烧室压力理论上是这些方案中最大的,在推进剂总流量和混合比相同的情况下,其发动机系统比冲最大、推力室尺寸最小。

膨胀循环系统利用冷却剂液体推进剂组元(一般为液氢)流经推力室冷却夹套吸收热量,产生的气体先驱动涡轮,然后再喷入发动机燃烧室同氧化剂混合、燃烧。典型的膨胀循环系统示意如图 1-10 所示,液氢经泵增压后,先进入推力室冷却夹套,吸热后变为气氢，然后分两路，分别驱动氧化剂涡轮泵和液氢涡轮泵。

膨胀循环发动机不需要燃气发生器或者预燃室，发动机结构简单，与燃气发生器循环和分级燃烧循环相比，质量相对较小。膨胀循环发动机的比冲比燃气发生器循环高。由于膨胀循环驱动涡轮的气体从推力室吸收的能量和驱动涡轮的功率有限，因此这种动力循环发动机燃烧室的压力低于分级燃烧循环和燃气发生器循环，一般用于高空工作的发动机。

5. 涡轮泵的结构布局

涡轮泵的结构布局要考虑发动机的动力循环方式、泵的尺寸和效率、发动机结构总体布局等因素，典型的涡轮泵结构布局如图1-11所示。

涡轮和泵的效率均与转速相关，同轴式布局结构简单，但涡轮、氧化剂泵与燃料泵转速相同，不可能兼顾涡轮和泵的效率。增加齿轮箱可保证涡轮、氧化剂泵和

图1-10 典型的膨胀循环系统示意

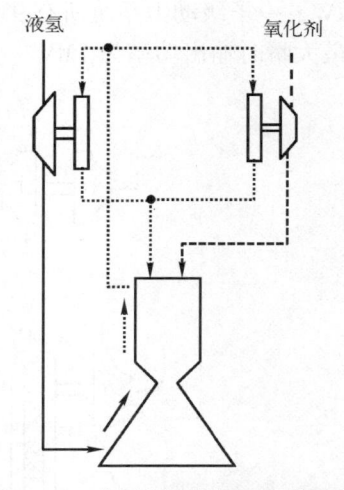

燃料泵均在效率较高的转速下工作，但涡轮泵系统的质量增加。氧化剂泵和燃料泵由各自的涡轮驱动，效率也较高，但涡轮泵系统的质量较大。

对于同轴式布局，还要注意高压下氧化剂和燃料的沿轴密封渗漏问题，要及时将渗漏的推进剂导走或者设立惰性气体隔离吹除，防止渗漏的自燃推进剂碰在一起着火，或者渗漏的氧化剂与驱动涡轮的富燃燃气相遇发生燃烧。

6. 泵由涡轮驱动和电机驱动的优缺点比较

从发动机系统比冲的角度来看，泵由电机驱动的液体火箭发动机理论上属于闭式循环，其比冲与涡轮泵式液体火箭发动机闭式循环的比冲相当。从能量的角度来看，泵由电机驱动的液体火箭发动机除推进剂自身的化学能外，电泵增压还使推进剂具有的能量有所增加，电机做功的能量源于锂电池组贮存的能量，但锂电池组会使飞行器的结构质量提高。电泵增加的能量与推进剂燃烧放热量的比值可以用下式估算：

$$\frac{N_p}{P_{\text{chem}}} = \frac{\dot{m}\Delta p}{\eta_p \rho} \cdot \frac{1}{\dot{m}Q_R} = \frac{2\eta_{\text{int}}\Delta p}{\eta_p \rho v_e^2} \tag{1-14}$$

式中：N_p 为泵消耗的功率；P_{chem} 为发动机化学输入功率；$\dot{m}$ 为发动机推进剂流量；Δp 为泵增压量；η_p 为泵效率；ρ 为推进剂密度；Q_R 为单位质量推进剂燃烧放热量；v_e 为喷管出口速度。

按泵增压量10MPa、推进剂密度1000kg/m³、喷管出口速度3000m/s、泵效率与发动机内效率相当进行估算，电泵增加的能量与推进剂燃烧放热量的比值约为0.2%，换算成比冲约增加0.1%。

在合理的质量和尺寸要求下，受电池组的储能、输出功率、重量及电机的功率等限制，电机驱动泵目前只能应用在推力相对较小的发动机上。如美国火箭实验室公司（Rocket Lab）的电子号（Electron）小型运载火箭，一子级动力系统共有9台卢瑟福（Rutherford）液氧/煤油发动机，单台发动机的海平面推力为24.9kN、海平面比冲为

3049.8N·s/kg，其液氧泵和煤油泵各由一个直流无刷电机驱动，两个电机的功率共37kW，一子级动力系统所有9台发动机的电机电源统一由锂聚合物电池组提供，锂电池组最大瞬时输出功率为1MW。

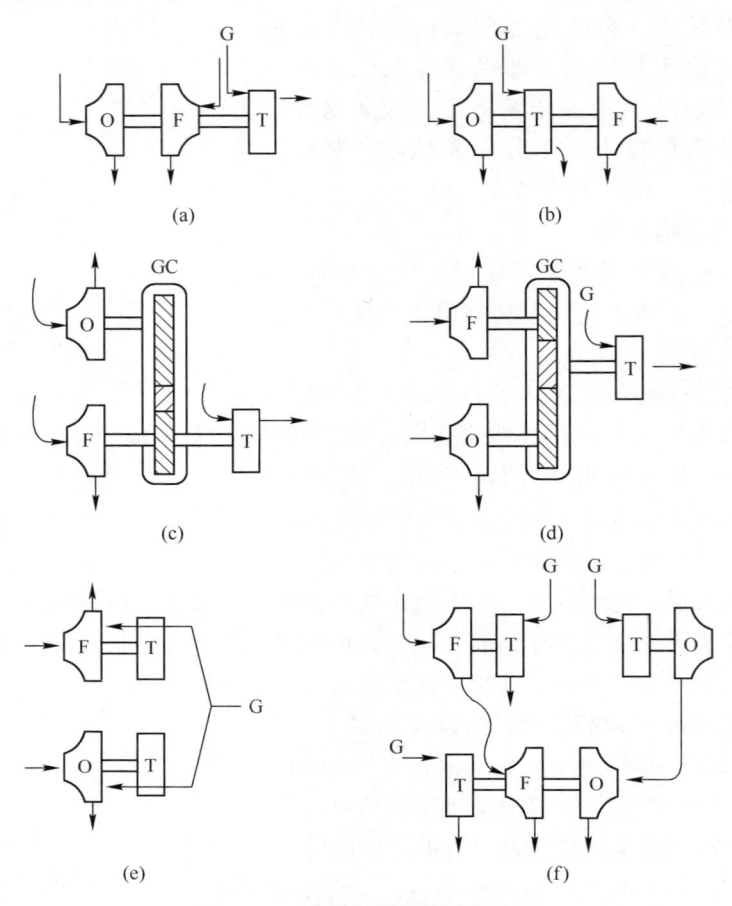

图1-11　典型的涡轮泵结构布局

（a）两个泵和涡轮同轴涡轮在外侧；（b）两个泵和涡轮同轴涡轮在中间；（c）涡轮和燃料泵高转速氧化剂泵低转速；（d）齿轮箱传动涡轮转速快两个泵转速不同；（e）两个涡轮各驱动一个泵燃气分两股同时驱动（或同一股气流先后驱动）；（f）两个主泵和两个预压泵均由各自的涡轮驱动。

对于大推力液体火箭发动机，如某推力为1200kN的液氧/煤油发动机，由于发动机推进剂流量大、泵增压量高，驱动泵所需的有效功率高达21.97MW。显然，在合理的质量和尺寸要求下，目前电机和电池组水平还不能满足要求。因此，大推力液体火箭发动机主要采用涡轮泵增压。

泵改由电机驱动更容易解决或避免泵由涡轮驱动带来的以下问题：①高温涡轮与低温推进剂泵之间温差过大问题；②富氧高温燃气环境下涡轮设计相关问题；③驱动涡轮的高温富氧燃气与液体燃料之间有效密封问题；④涡轮转速与泵转速匹配问题，如为了解决涡轮效率最高工作点的转速与泵效率最高工作点的转速不同而增设传动齿轮箱等；⑤复杂的推力调节、轴承设计和转子动力学问题，采用电机驱动更易于通过改变电机功率来实现推力连续调节；⑥增压组件零部件装配和公差容限问题。

由于电动泵能避免或解决上述问题，设计电泵输送系统时只需要重点关注泵的设计，使设计工作耗时更短、研制费用更便宜。

1.3 典型液体运载火箭推进系统

1.3.1 典型常规液体火箭推进系统

常规液体火箭推进系统是指各推进剂组元在常温下均可贮存的液体火箭推进系统，如四氧化二氮/偏二甲肼、过氧化氢/煤油双组元推进剂等。我国 CZ-2、CZ-3 号运载火箭一子级推进系统是典型的常规液体火箭推进系统，该推进系统所使用的 YF-20 发动机氧化剂为四氧化二氮，燃料为偏二甲肼，单台发动机额定推力为 740.4kN，工作时间约 145s，动力循环方式为燃气发生器循环，其系统简图如图 1-12 所示。

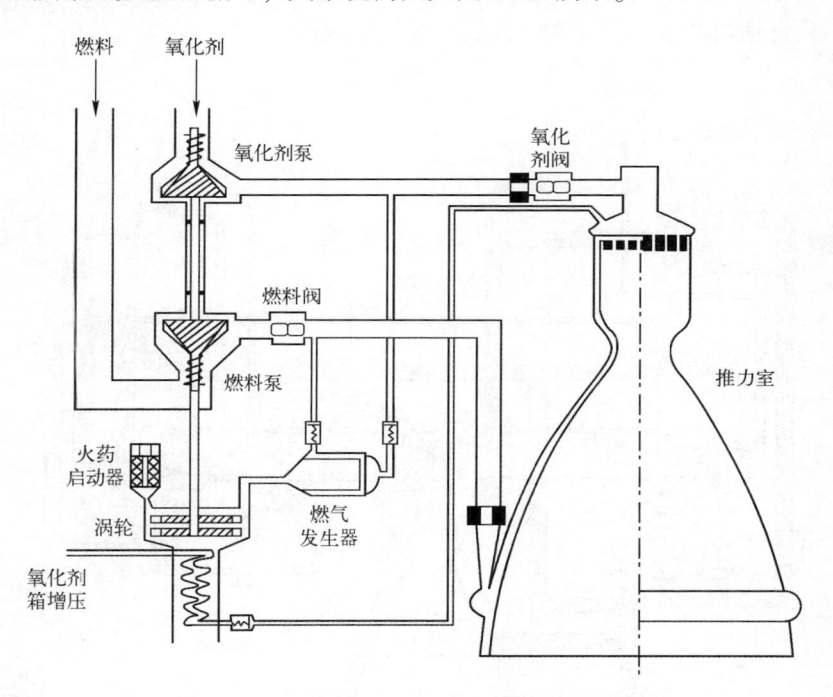

图 1-12 燃气发生器循环液体火箭发动机系统简图

YF-20 发动机主要由推力室、推力室推进剂供应系统、涡轮工质供应系统、启动系统、自生增压系统等部分组成。

推力室推进剂供应系统简称主系统，由启动阀门、涡轮泵、节流圈、主阀、电爆管、导管等组成。涡轮工质供应系统简称副系统，由过滤器、氧化剂副断流阀门、汽蚀管、单向阀门、氧化剂副节流圈、燃气发生器、电爆管、导管等组成。启动系统是驱动涡轮的最初动力源，由火药启动器、电爆管等组成。

自生增压系统包括氧化剂和燃料贮箱增压两部分，氧化剂贮箱采用部分四氧化二氮通过蒸发器变为高温气体后增压，由汽蚀管、蒸发器、单向阀门、集合器、导管等组成。燃料贮箱采用部分涡轮燃气通过降温器降到规定温度后增压，由声速喷嘴、单向阀门、集合器、节流圈、导管等组成。

1.3.2 典型低温液体火箭推进系统

低温液体火箭推进系统是指至少有一种推进剂组元在常温下是不可贮存的液体火箭推进系统，如液氧/煤油、液氧/液氢双组元液体火箭发动机。我国 CZ-5 号运载火箭助推器使用的 YF-100 发动机，推进剂为低温液氧和常温煤油，动力循环方式为高压补燃循环；其芯二级使用的 YF-75D 发动机，推进剂为低温液氧和液氢，动力循环方式为膨胀循环。

图 1-13、图 1-14、图 1-15 分别给出了美国航天飞机主发动机（SSME）、俄罗斯 RD-180 液氧煤油火箭发动机及美国 Space X 公司的"猛禽"液氧甲烷火箭发动机的系统简图，这三种发动机的动力循环方式均属于分级燃烧循环。

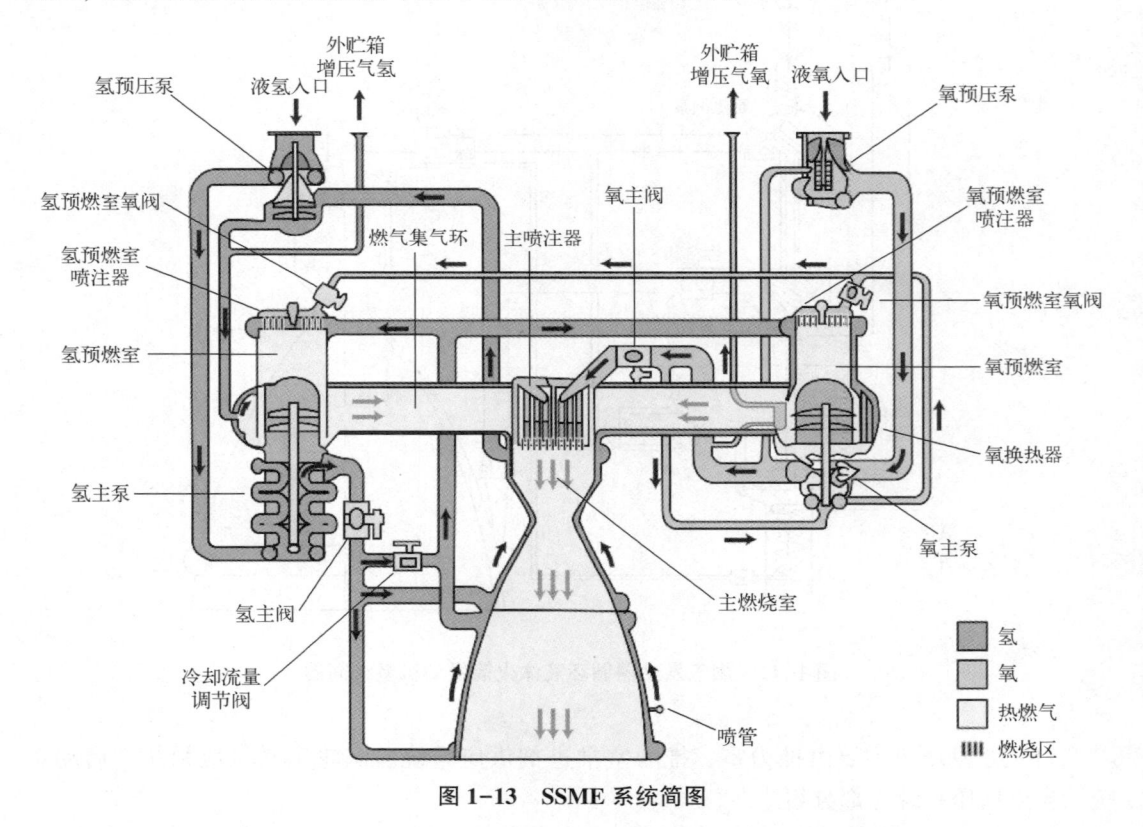

图 1-13 SSME 系统简图

航天飞机主发动机推进剂为液氧和液氢，采用两个富燃预燃室分别驱动氢涡轮泵和氧涡轮泵。液氢先经预压泵增压后，再通过三级主泵进一步增压，随后分两路分别冷却喷管和燃烧室，冷却喷管后的氢分两路分别进入氢预燃室和氧预燃室。冷却燃烧室的液氢吸热后变为气氢，驱动氢预压涡轮泵的涡轮后分两股，大部分进入氢预燃室后端，冷却高压氢涡轮后汇入燃气集气环，小部分给氢外贮箱增压。

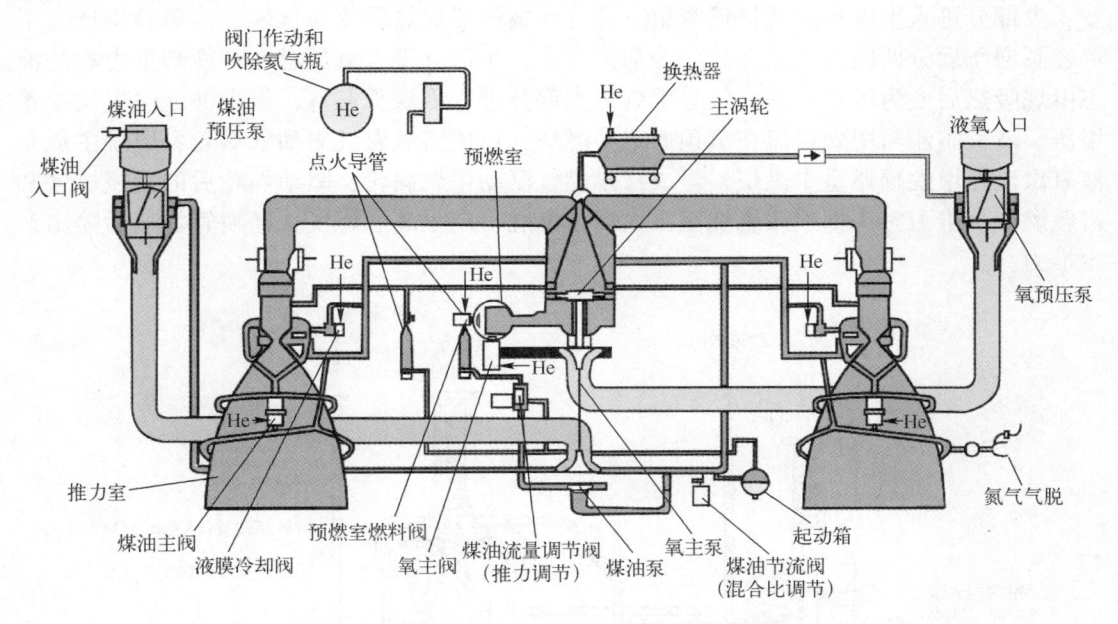

图 1-14 RD-180 液氧煤油火箭发动机系统简图

液氧经预压泵增压后，再经过主泵增压，随后分为四路，第一路（绝大部分）进入主燃烧室燃烧；第二路（一小部分）经氧二级泵增压分两路分别进入氢预燃室和氧预燃室；第三路经换热器加热后变为气态，用于给氧外贮箱增压；第四路液氧驱动氧预压的液涡轮后，汇入液氧主管路。两个预燃室燃烧产生的富燃燃气，分别驱动高压氢涡轮和氧涡轮后，汇入热燃气集气环，再从推力室头部进入燃烧室，与液氧混合燃烧。

俄罗斯 RD-80 发动机推进剂为液氧和煤油，有两个大小相同的推力室，这两个推力室共用一套涡轮泵增压输送系统，氧主泵和煤油泵同由主涡轮驱动。液氧经预压泵增压后进入主泵，与驱动氧预压泵涡轮后溶入的富氧燃气一起进入氧主泵，经主泵增压后全部进入预燃室。

煤油经预压泵增压后，与驱动煤油预压泵液体涡轮后汇入的煤油一起进入煤油一级泵，经煤油一级泵增压后分为四路。第一路为煤油的主要部分，分别进入两个推力室。进入推力室的煤油绝大部分先冷却喷管后再经煤油主阀进入燃烧室冷却夹套，冷却燃烧室后从推力室头部喷入燃烧室，一小股从推力室喉部进入，形成薄膜冷却。第二路经煤油二级泵进一步增压后，喷入预燃室，与液氧燃烧后产生富氧燃气驱动主涡轮。第三路为预燃室和推力室点火路供应高压煤油。第四路为煤油预压泵供应煤油，驱动液涡轮。

驱动主涡轮后的富氧燃气绝大部分进入两个推力室，与煤油混合再次燃烧，一小股富氧燃气驱动氧预压泵涡轮后，溶入预压泵后液氧主流。

美国 Space X 公司的猛禽发动机海平面推力为 2.05MN，推进剂为液氧和液甲烷，动力循环方式为全流量分级燃烧循环。液氧经泵增压后分三路，绝大部分进入氧预燃室；少部分进入甲烷预燃室；还有很少部分经换热器加热后变为气氧，给氧箱增压。甲烷经泵增压后分两路，绝大部分先冷却推力室，小部分进入氧预燃室。冷却推力室的液态甲烷吸热后变为气态甲烷，气态甲烷绝大部分进入甲烷预燃室，很少部分给甲烷贮箱增压。液氧主流与甲烷次流在氧预燃室中燃烧，形成富氧燃气驱动氧涡轮，甲烷主流与液氧次流在甲烷预燃室中燃烧，形成富燃燃气驱动甲烷涡轮，驱动涡轮后的富氧燃气和富燃燃气从推力室头部喷入燃烧室再次混合燃烧，产生高温燃气，经喷管加速后喷出产生推力。

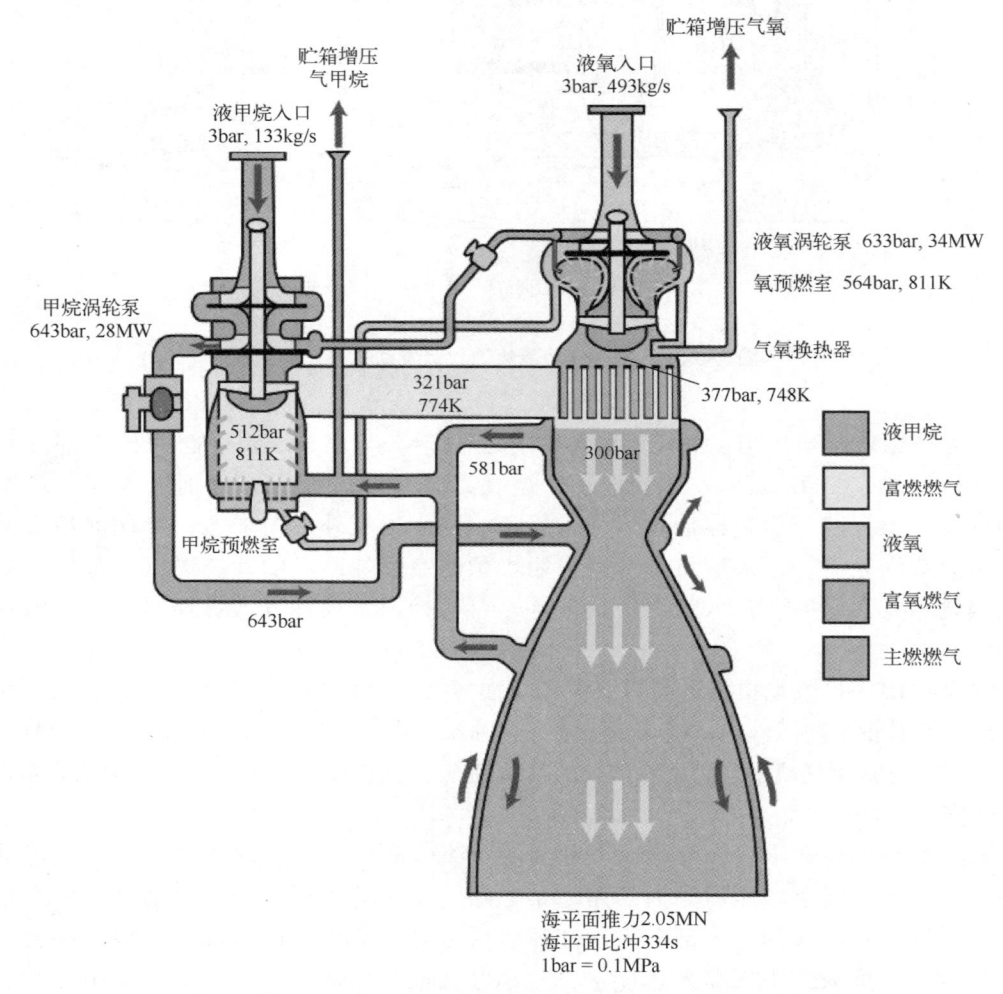

图1-15 "猛禽"液氧甲烷火箭发动机系统简图

习 题

1. 与分级燃烧循环液体火箭发动机相比，膨胀循环液体火箭发动机有哪些优缺点？

2. 对图 1-10 所示的膨胀循环液体火箭发动机系统方案进行适当改进，使发动机具备推力调节功能，并说明如何调节推力大小。

3. 某液氧/煤油火箭发动机的液氧泵和煤油泵各由一个直流电机驱动，液氧泵和煤油泵的增压量分别为 10MPa 和 12MPa。若该发动机的混合比为 2.5、海平面推力为 21kN、海平面比冲为 3000N·s/kg，液氧泵和煤油泵的效率均为 0.75，液氧和煤油密度分别为 1140kg/m^3 和 800kg/m^3，试求该发动机电机输出的总有效功率。

4. 阐释 RD-180 发动机起动过程，思考如何保证发动机平稳起动。

5. 参考图 1-15 中给出的猛禽发动机相关数据，估算驱动氧涡轮的富氧燃气的比热比及氧涡轮的效率。

第 2 章　液体火箭推进系统的静态特性

本章主要概述液体火箭推进系统静态特性相关概念，给出推力室、燃气发生器（预燃室）、管路、涡轮、泵等部件的静态特性模型及推进系统静态模型求解方法，对典型液体火箭推进系统的静态特性进行计算分析。

2.1　静态特性概述

液体火箭发动机作为运载器或其他飞行器的动力装置，受飞行控制的需要，其工作状态可能发生改变。此外，还会有各种干扰因素作用在发动机上，这些干扰因素会对发动机的稳态工作参数（额定工作参数）产生扰动。

设计发动机时，其参数是按给定的外部条件（额定条件）来确定的。液体火箭发动机在实际使用或者试验过程中，外部条件会在某些范围内变化，如推进剂组元的温度和密度、发动机进口处的组元压力等，这些作用在发动机上的外部条件的变化称为外部干扰因素。

发动机设计定型后，在生产制造过程中由于加工精度和公差，发动机零部件实际尺寸的散布，进而引起涡轮泵特性和效率、管路和液流通道流阻特性、推力室内部过程等参数的散布，这些与发动机自身相关的因素称为内部干扰因素。

可以根据静特性来研究内、外部干扰因素对发动机及其组件参数的影响，静态特性就是在稳态工作状态下进、出口参数之间的相互关系。发动机的静态特性是其推力、燃烧室压力、推进剂组元混合比等参数随控制作用及内、外部干扰因素变化的关系式，这些关系式可以根据已知的发动机各个组件及其相互连接形式来建立。

2.2　部件的静态特性模型

液体火箭发动机推力室、燃气发生器（预燃室）、液体管路、涡轮、泵、其他等部件的静态特性模型是指发动机系统在稳态工作时，描述这些部件各自特性参数之间相互关系的系列方程。

2.2.1　推力室静态特性模型

推力室静态特性模型包括燃烧室压力 p_c 与推进剂流量、特征速度 c^*、喉部面积 A_t 的关系式，以及推力室推力计算式等。

燃烧室压力方程：

$$p_c = \frac{c^*}{A_t}(\dot{m}_{c,o} + \dot{m}_{c,f}) \tag{2-1}$$

式中：$\dot{m}_{c,o}$、$\dot{m}_{c,f}$ 分别为燃烧室氧化剂和燃料流量。

推力室推力方程：

$$F_c = C_1(\dot{m}_{c,o} + \dot{m}_{c,f}) + C_2 \tag{2-2}$$

式中：F_c 为推力室推力；C_1、C_2 分别为拟合得到的常数。

2.2.2 燃气发生器静态特性模型

燃气发生器压力方程：

$$p_g = \frac{c_g^*}{A_{t,g}}(\dot{m}_{g,o} + \dot{m}_{g,f}) \tag{2-3}$$

式中：$\dot{m}_{o,g}$、$\dot{m}_{f,g}$ 分别为燃气发生器氧化剂和燃料流量；$A_{t,g}$ 为燃气发生器喉部面积。

燃气发生器燃气热值：

$$(RT)_g = C_1 \frac{\dot{m}_{g,o}}{\dot{m}_{g,f}} - C_2 \tag{2-4}$$

式中：C_1、C_2 分别为拟合得到的常数。

2.2.3 液体管路静态特性模型

液体管路的静态特性主要是指管路进出口压降（流体阻抗）与推进剂流量的关系，该特性仅与管路流阻相关。管路流阻取决于管道的几何形状和尺寸、管壁的粗糙度、管路中流体的流速和黏性等。管路压降由沿程（摩擦）损失与局部损失两部分组成。

沿程损失是克服摩擦阻力导致的损失，是一种沿管路长度的损失，可由下式计算：

$$\Delta p_{f,i} = \lambda_i \frac{L_i}{d_i} \frac{\rho v_i^2}{2} \tag{2-5}$$

式中：λ_i 为摩擦损失系数；L_i 为管长；d_i 为管道当量直径。

局部损失是由流路中流道面积变化导致速度突然变化引起的局部压力损失，可由下式计算：

$$\Delta p_{L,i} = \xi_i \frac{\rho v_i^2}{2} \tag{2-6}$$

式中：ξ_i 为局部损失系数。

若发动机管路由不同形状的分段组成，则管路的总损失由所有分段损失的总和确定：

$$\Delta p_f = \sum_{i=1}^{n} \Delta p_{f,i}$$

$$\Delta p_L = \sum_{i=1}^{n} \Delta p_{L,i}$$

由管道流动的连续方程可知：

$$v_i = \frac{\dot{m}}{\rho A_i}$$

将流速计算式代入沿程和局部损失计算式可得：

$$\Delta p_f = R \frac{\dot{m}^2}{\rho}$$

$$\Delta p_L = \xi \frac{\dot{m}^2}{\rho}$$

式中：R 为沿程损失总系数，$R = \frac{1}{2} \sum_{i=1}^{n} \lambda_i \frac{L_i}{A_i^2 d_i}$；$\xi$ 为局部损失总系数，$\xi = \frac{1}{2} \sum_{i=1}^{n} \frac{\xi_i}{A_i^2}$。

如果管路入口处压力用 p_1 表示，出口处压力用 p_2 表示，则管路方程可写为

$$\Delta p = p_1 - p_2 = (R+\xi) \frac{\dot{m}^2}{\rho} \tag{2-7}$$

2.2.4 涡轮静态特性模型

涡轮的功率方程是表示涡轮工作的基本关系式，通常可表达为

$$N_T = \eta_T \dot{m}_T L_T \tag{2-8}$$

式中：η_T、$\dot{m}_T$、L_T 分别为涡轮效率、燃气流量和单位质量燃气做的轮缘功。

对于冲击式涡轮而言，涡轮功率可由下式求得：

$$N_T = \eta_T \dot{m}_T \frac{k}{k-1} (RT)_g \left[1 - \left(\frac{1}{\pi_T} \right)^{\frac{k-1}{k}} \right] \tag{2-9}$$

式中：k 为燃气比热比；π_T 为涡轮落压比（涡轮进口与出口压力之比）。

涡轮出口燃气压力：

$$p_e = \frac{p_g}{\pi_T} \tag{2-10}$$

式中：p_g 为涡轮入口燃气压力。

涡轮出口燃气温度：

$$T_e = \left(\frac{1}{\pi_T} \right)^{\frac{k-1}{k}} T_g \tag{2-11}$$

式中：T_g 为涡轮入口燃气温度。

2.2.5 泵静态特性模型

泵静态特性模型主要给出泵的增压量与输送推进剂流量、密度、泵的转速、几何尺寸等参数之间的关系，以及泵消耗的功率与泵的增压量、推进剂流量和密度等参数之间的关系。

一般表达式为

$$p_{p,\text{out}} = p_{p,\text{out}}(\dot{m}, n, \rho, p_{p,\text{in}}, D) \tag{2-12}$$

$$N_p = N_p(\dot{m}, n, \rho, p_{p,\text{in}}, D, \eta_p) \tag{2-13}$$

具体方程可写为

$$p_{p,\text{out}} = A\rho n^2 - Bn\dot{m} - C \frac{\dot{m}^2}{\rho} + p_{p,\text{in}} \tag{2-14}$$

$$N_p = \frac{\dot{m}(p_{p,\text{out}} - p_{p,\text{in}})}{\eta_p \rho} \tag{2-15}$$

当转速 n 的单位为 r/min 时，式（2-14）中系数 A、B、C 的值为

$$A = \frac{1}{1+n_b}\left(\frac{\pi}{60}\right)^2 (D_2^2 - D_1^2)$$

$$B = \frac{1}{60(1+n_b)}\left(\frac{k_2}{b_2 \tan\beta_{2b}} - \frac{k_1}{b_1 \tan\beta_{1b}}\right)$$

$$C = \xi + \frac{1}{2(1+n_b)}\left(\frac{1}{A_{\text{in}}^2} - \frac{1}{A_{\text{out}}^2}\right)$$

式中：n_b 为有限叶片的压头修正系数，$n_b = 0.1 \sim 0.3$；ξ 为克服泵叶轮内流体阻抗的压力损失系数；D_1、D_2，b_1、b_2，k_1、k_2，β_{1b}、β_{2b} 分别为泵叶轮的几何特性。

2.2.6 其他部件静态特性模型

汽蚀文氏管流量计算方程：

$$\dot{m} = \sqrt{(p_{\text{in}} - p_s)/C} \tag{2-16}$$

式中：p_{in} 为文氏管入口压力；p_s 为流体饱和蒸气压；C 为常数。

节流圈（孔板）流量计算方程：

$$\dot{m} = C_d A \sqrt{(p_{\text{in}} - p_{\text{out}})} = \frac{1}{4}\pi D^2 C_d \sqrt{(p_{\text{in}} - p_{\text{out}})} \tag{2-17}$$

式中：C_d 为流量系数；A 为节流孔面积；D 为节流孔直径；p_{in} 和 p_{out} 分别为节流圈入口压力和出口压力。

2.3 推进系统静态模型的求解方法

针对具体液体火箭发动机系统列出相关静态特性方程后，就可以计算求解系统参数，分析干扰因素对发动机静态特性的影响。系统静态模型参数计算求解方法有两种，即线性化方法和非线性方法。

2.3.1 静态模型线性化求解方法

1. 发动机工作状态的干扰因素

液体火箭发动机在实际使用过程中，由于各种干扰因素的影响，其性能不可能与设计值完全符合。对于使用者来说，关心的问题主要有：①干扰因素有哪些？②干扰因素对发动机的性能究竟有多大影响？如何计算？③如何调整和调节系统使发动机的工作特性达到设计要求。要正确解决发动机的调整和调节，其原始数据还在于干扰因素对发动机特性的影响。

发动机工作的干扰源包括结构与外界环境，实际使用的条件与发动机设计时采用的基准使用条件的偏离属于外部干扰，包括外界温度、推进剂密度、外界压力、泵的入口压力等。

（1）外界温度。设计发动机时要采用某个基准温度，在这种温度下确定推进剂的热物理特性。发动机通常不可能刚好在基准温度下使用，外界温度的变化会引起推进剂的温度、热焓、密度、黏度等参数的偏离。对于不同气候地区，不同季节之间和昼夜之间，外界温度的变化还是比较大的。

（2）推进剂密度。由使用温度的变化导致推进剂密度的变化，进而影响发动机供应系统的工作过程及贮箱的加注量。推进剂密度具体大小取决于其物性和温度，可采用下式进行计算：

$$\rho = \frac{\bar{\rho}}{1+\beta(T-\bar{T})} \tag{2-18}$$

式中：$\bar{T}$ 为基准温度；$\bar{\rho}$ 为基准温度下推进剂的密度；β 为推进剂体积膨胀系数。

（3）外界压力。外界压力随高度变化，外界压力的变化主要引起发动机推力变化，而对燃烧室中工作过程无多大影响。需要指出的是，外界压力的变化对处于亚临界状态工作的涡轮排气喷管的工作特性会有影响。

（4）泵的入口压力：

$$p_{p,\text{in}} = p_T + p_L - \Delta p \tag{2-19}$$

式中：p_T、p_L、Δp 分别为贮箱液面上的增压气体压力、从贮箱液面到泵入口处的液柱压力和压力损失。

对于处于静止的火箭来说，$p_L = \rho g H$。火箭飞行时，随着推进剂的消耗（H 减小），加上轴向加速度的变化，液柱压力是变化的。此时：

$$p_L = n\rho g H \tag{2-20}$$

$$n = \frac{j}{g}\sin\varphi \tag{2-21}$$

式中：n 为轴向过载系数；j 为轴向过载；φ 为火箭轴线的倾角。

因此，在发动机工作工程中，p_L、$p_{p,\text{in}}$ 是变化的。此外，在火箭飞行过程中，弹体和推进剂的弹性纵向振动也将引起 p_T 变化。

内部干扰取决于发动机的结构，主要的内部干扰因素有：①由制造公差引起的零部件和组件尺寸的工艺散布，主要是喷管临界截面面积、泵叶轮和涡轮的直径。②泵和涡轮的效率的散布。③管路流阻系数的散布。

所有这些干扰因素均能改变发动机的工作状态及性能。

2. 线性化的基本原理及步骤

液体火箭发动机系统的方程大部分是非线性方程，而非线性方程组的求解是非常复杂且费时的。所以，与其他系统的分析一样，一般均采用线性化分析作为基本分析方法。线性化分析方法是基于下述两点假设进行的。

（1）发动机在稳态工况工作时，系统各参数均不会偏离平衡点（设计工作点）太远。即

$$|\Delta Y_j| = |Y_j - \bar{Y}_j| \ll |\bar{Y}_j|$$

（2）叠加原理是正确的，即可将各种干扰因素的影响分隔开来进行研究，把各种影响叠加起来求得综合影响。

线性化方法的基本原理是将非线性函数在平衡点附近展开成泰勒级数，略去高阶项后

即可得线性化模型—线性方程组，该法又称灵敏度法。

若函数关系为 $Y=Y(X_1,X_2,\cdots,X_n)$，其额定值为 $\bar{Y}=Y(\bar{X}_1,\bar{X}_2,\cdots,\bar{X}_n)$，函数关系展开成泰勒级数后可写成

$$Y(X_1,X_2,\cdots,X_n)-Y(\bar{X}_1,\bar{X}_2,\cdots,\bar{X}_n)$$

$$=\frac{\partial Y}{\partial X_1}(X_1-\bar{X}_1)+\cdots+\frac{\partial Y}{\partial X_i}(X_i-\bar{X}_i)+\cdots+\frac{\partial Y}{\partial X_n}(X_n-\bar{X}_n)$$

$$+\frac{1}{m!}\left[\frac{\partial}{\partial X_1}(X_1-\bar{X}_1)+\cdots+\frac{\partial}{\partial X_n}(X_n-\bar{X}_n)\right]^m f(\bar{X}_1,\bar{X}_2,\cdots,\bar{X}_n)+R_m \quad (2-22)$$

式中：

$$\left[\frac{\partial}{\partial \bar{X}_1}(X_1-\bar{X}_1)+\cdots+\frac{\partial}{\partial \bar{X}_n}(X_n-\bar{X}_n)\right]^m f(\bar{X}_1,\bar{X}_2,\cdots,\bar{X}_n)$$

$$=\sum_{j_1+j_2+\cdots+j_n=m}\frac{m!}{j_1!\cdots j_i!\cdots j_n!}\left(\frac{\partial^m Y}{\partial X_1^{j_1}\partial X_2^{j_2}\cdots \partial X_n^{j_n}}\right)(X_1-\bar{X}_1)^{j_1}(X_2-\bar{X}_2)^{j_2}\cdots(X_n-\bar{X}_n)^{j_n}$$

略去二阶以上的偏导数，可得线性化后的表达式：

$$\Delta Y=\frac{\partial Y}{\partial X_1}(X_1-\bar{X}_1)+\cdots+\frac{\partial Y}{\partial X_n}(X_n-\bar{X}_n) \quad (2-23)$$

令：$\Delta X_i=X_i-\bar{X}_i$，则上式进一步可写为

$$\Delta Y=\sum_{i=1}^{n}\frac{\partial Y}{\partial X_i}\Delta X_i$$

记 $\bar{a}_i=\left.\frac{\partial Y}{\partial X_i}\right|_{X=\bar{X}}=\bar{a}_i(\bar{X},\bar{Y})$，称为灵敏度系数或影响系数。

如果已知自变量（干扰量）的绝对偏差 ΔX_i，就能很容易地求出函数值的绝对偏差：

$$\Delta Y=\sum_{i=1}^{n}\bar{a}_i\Delta X_i$$

应当指出的是，影响系数是有量纲的。在某些情况下，采用相对偏差（无量纲）比绝对偏差更方便。此时：

$$\delta Y=\frac{\Delta Y}{\bar{Y}}$$

$$\delta X_i=\frac{\Delta X_i}{\bar{X}_i}$$

$$\delta Y=\sum_{i=1}^{n}a_i\delta X_i$$

从而影响系数也是无量纲，并可按下式确定：

$$a_i=\frac{\bar{X}_i}{\bar{Y}}\bar{a}_i \quad (2-24)$$

针对具体的发动机系统，分别列出系统所有部件及元件静态特性方程，并利用上述方法进行线性化。此时，发动机系统的模型就可用线性代数方程组表示，在选择要求解的特性参数和相关的干扰因素后，可将线性方程组写成矩阵形式：

$$AY = BX \tag{2-25}$$

式中：A 为工作过程参数系数矩阵；Y 为发动机特性参数向量；B 为干扰因素的系数矩阵；X 为干扰因素向量。

求解这个矩阵方程即可得发动机特性参数的解。

3. 发动机部件静态特性方程的线性化

1）燃烧室和燃气发生器方程的线性化

燃烧室和燃气发生器室压方程的形式相同，均为

$$p_c = \frac{c^*}{A_t}(\dot{m}_o + \dot{m}_f) \tag{2-26}$$

原理中已经指出，特征速度 c^* 取决于推进剂的组元比 r、燃烧完全程度及燃烧室压力，但与燃烧室压力的关系较小。可以认为特征速度只取决于推进剂的组元比，按照热力计算可以决定特征速度与组元比的关系曲线。

室压写成如下函数形式：

$$p_c = p_c(c^*, A_t, \dot{m}_o, \dot{m}_f)$$

线性化后可写成

$$\delta p_c = a_{p_c, \dot{m}_o} \delta \dot{m}_o + a_{p_c, \dot{m}_f} \delta \dot{m}_f + a_{p_c, r} \delta r + a_{p_c, A_t} \delta A_t \tag{2-27}$$

利用普遍关系式：

$$a_i = \frac{\overline{X}_i}{\overline{Y}} \overline{a}_i$$

可得

$$a_{p_c, \dot{m}_o} = \frac{\overline{\dot{m}}_o}{\overline{p}_c} \frac{\partial p_c}{\partial \dot{m}_o}$$

$$a_{p_c, \dot{m}_f} = \frac{\overline{\dot{m}}_f}{\overline{p}_c} \frac{\partial p_c}{\partial \dot{m}_f}$$

$$a_{p_c, r} = \frac{\overline{r}}{\overline{p}_c} \frac{\partial p_c}{\partial r}$$

$$a_{p_c, A_t} = \frac{\overline{A}_t}{\overline{p}_c} \frac{\partial p_c}{\partial A_t}$$

由式（2-26）可得

$$\frac{\partial p_c}{\partial \dot{m}_o} = \frac{c^*}{A_t} = \frac{\overline{p}_c}{\overline{\dot{m}}_o + \overline{\dot{m}}_f}$$

因此有

$$a_{p_c, \dot{m}_o} = \frac{\overline{\dot{m}}_o}{\overline{p}_c} \frac{\partial p_c}{\partial \dot{m}_o} = \frac{\overline{\dot{m}}_o}{\overline{\dot{m}}_o + \overline{\dot{m}}_f} = \frac{\overline{r}}{\overline{r}+1} \tag{2-28}$$

同理可推得

$$a_{p_c, \dot{m}_f} = \frac{\overline{\dot{m}}_f}{\overline{p}_c} \frac{\partial p_c}{\partial \dot{m}_f} = \frac{\overline{\dot{m}}_f}{\overline{\dot{m}}_o + \overline{\dot{m}}_f} = \frac{1}{\overline{r}+1} \tag{2-29}$$

同样结合式（2-26）可得

$$a_{p_c,A_t}=\frac{\overline{A}_t}{\overline{p}_c}\frac{\partial p_c}{\partial A_t}=\frac{\overline{A}_t}{\overline{p}_c}\left[-\frac{c^*(\dot{m}_o+\dot{m}_f)}{A_t^2}\right]=\frac{\overline{A}_t}{\overline{p}_c}\left(-\frac{p_c A_t}{A_t^2}\right)=-1 \tag{2-30}$$

而

$$a_{p_c,r}=\frac{\overline{r}}{\overline{p}_c}\frac{\partial p_c}{\partial r}=\frac{\overline{r}}{\overline{p}_c}\left(\frac{\partial p_c}{\partial c^*}\frac{\partial c^*}{\partial r}\right)=\frac{\overline{r}}{\overline{p}_c}\left(\frac{p_c}{c^*}\frac{\partial c^*}{\partial r}\right)=\frac{\overline{r}}{\overline{c}^*}\frac{\partial c^*}{\partial r} \tag{2-31}$$

从 $c^* \sim r$ 关系曲线可得

$$\frac{\partial c^*}{\partial r}=\tan\alpha_{c^*}=k_{c^*} \tag{2-32}$$

式中：α_{c^*} 为 $c^* \sim r$ 关系曲线在点 $(\overline{r},\overline{c}^*)$ 处切线倾角；k_{c^*} 为斜率。

因此，有

$$a_{p_c,r}=\frac{\overline{r}}{\overline{c}^*}k_{c^*} \tag{2-33}$$

如果 $c^*=c^*(r)$ 可用下面的二次多项式来拟合：

$$c^*=c_2 r^2+c_1 r+c_0 \tag{2-34}$$

式中：c_0、c_1、c_2 分别为与推进剂性质相关的常数。

则

$$a_{p_c,r}=\frac{\overline{r}}{\overline{c}^*}(2c_2\overline{r}+c_1) \tag{2-35}$$

2）泵方程的线性化

泵的出口压力和功率写成如下函数形式：

$$p_{p,\text{out}}=p_{p,\text{out}}(\dot{m},n,\rho,p_{p,\text{in}},D)$$

$$N_p=N_p(\dot{m},n,\rho,p_{p,\text{in}},D,\eta_p)$$

线性化后可写为

$$\delta p_{p,\text{out}}=\sum a_{p_{p,\text{out}},Y_i}\delta Y_i+\sum b_{p_{p,\text{out}},X_i}\delta X_i \tag{2-36}$$

$$\delta N_P=\sum a_{N_p,Y_i}\delta Y_i+\sum b_{N_p,X_i}\delta X_i \tag{2-37}$$

式中：$\overline{Y}=(\overline{Y}_1,\overline{Y}_2)^{\text{T}}=(\overline{\dot{m}},\overline{n})^{\text{T}}$；$\overline{X}=(\overline{\rho},\overline{D},\overline{\eta},\overline{p}_{p,\text{in}})^{\text{T}}$。

当泵的出口压力和功率由下式表示时：

$$p_{p,\text{out}}=A\rho n^2-Bn\dot{m}-C\frac{\dot{m}^2}{\rho}+p_{p,\text{in}} \tag{2-38}$$

$$N_p=\frac{\dot{m}(p_{p,\text{out}}-p_{p,\text{in}})}{\eta\rho} \tag{2-39}$$

微分式（2-38）、式（2-39），考虑到 $p_{p,\text{out}}\gg p_{p,\text{in}}$，化简后可求得各影响系数如下：

$$a_{p_{p,\text{out}},\dot{m}}=-\frac{B\overline{n}\overline{\dot{m}}+2C\overline{\dot{m}}^2/\overline{\rho}}{\overline{p}_{p,\text{out}}}$$

$$a_{p_{p,\text{out}},n}=\frac{2A\overline{\rho}\,\overline{n}^2-B\overline{n}\overline{\dot{m}}}{\overline{p}_{p,\text{out}}}$$

$$b_{P_p,\text{out},\rho} = \frac{A\bar{\rho}\bar{n}^2 + C\bar{\dot{m}}^2/\bar{\rho}}{\bar{p}_{p,\text{out}}}$$

$$b_{P_p,\text{out},P_p,\text{in}} = \frac{\bar{p}_{p,\text{in}}}{\bar{p}_{p,\text{out}}}$$

$$b_{P_p,\text{out},D} = \frac{\bar{D}}{\bar{p}_{p,\text{out}}} \frac{\partial p_{p,\text{out}}}{\partial D}$$

$$a_{N_p,\dot{m}} = 1 + a_{P_p,\text{out},\dot{m}}$$

$$a_{N_p,n} = a_{P_p,\text{out},n}$$

$$b_{N_p,\rho} = b_{P_p,\text{out},\rho} - 1$$

$$b_{N_p,P_p,\text{in}} = 0$$

$$b_{N_p,D} = b_{P_p,\text{out},D}$$

$$b_{N_p,\eta} = -1$$

另外，由额定转速下试验得到的泵出口压力与流量曲线可得

$$\bar{a}_{P_p,\text{out},\dot{m}} = \frac{\bar{\dot{m}}}{\bar{p}_{p,\text{out}}} \tan\alpha_p \tag{2-40}$$

式中：α_p 为 $(\bar{\dot{m}}, \bar{p}_{p,\text{out}})$ 点上与泵的特性有关的切线倾角。

由泵的相似定律可知

$$p_{p,\text{out}} = \left(\frac{n}{\bar{n}}\right)^2 \frac{\rho}{\bar{\rho}} \left(\frac{D_2}{\bar{D}_2}\right)^2 \bar{p}_{p,\text{out}} \left(\dot{m}\frac{\bar{n}}{n} \frac{\bar{\rho}}{\rho} \frac{\bar{D}_2^3}{D_2^3}\right) \tag{2-41}$$

从而可得下列影响系数的表达式：

$$a_{P_p,\text{out},n} = 2 - \frac{\bar{\dot{m}}}{\bar{p}_{p,\text{out}}} \tan\alpha_p$$

$$b_{P_p,\text{out},\rho} = 1 - \frac{\bar{\dot{m}}}{\bar{p}_{p,\text{out}}} \tan\alpha_p$$

$$b_{P_p,\text{out},D_2} = 2 - 3\frac{\bar{\dot{m}}}{\bar{p}_{p,\text{out}}} \tan\alpha_p$$

3）涡轮方程的线性化

涡轮功率方程：

$$N_T = \eta_T \dot{m}_T L_T \tag{2-42}$$

线性化后可得

$$\delta N_T = \delta\eta_T + \delta\dot{m}_T + \delta L_T \tag{2-43}$$

气体经过涡轮的流量主要取决于气体的流动及涡轮的类型，对于冲动式涡轮有

$$\dot{m}_T = \Gamma(k) \frac{p_g A_n}{\sqrt{(RT)_T}} \tag{2-44}$$

线性化后可得

$$\delta\dot{m}_T = \delta p_g - \frac{1}{2}\delta(RT)_T + \delta A_n \tag{2-45}$$

同样，$RT_T = f(r_g)$ 可从热力计算求得，并可写如下关系式：

$$\delta(RT)_T = \frac{\bar{r}_g}{\overline{(RT)}_T} \frac{\partial (RT)_T}{\partial r_g} \delta r_g \tag{2-46}$$

从而式（2-45）可写成

$$\delta \dot{m}_T = \delta p_g - a_{\dot{m}_T,r_g} \delta r_g + \delta A_n \tag{2-47}$$

式中：$a_{\dot{m}_T,r_g} = \frac{1}{2} \frac{\bar{r}_g}{\overline{(RT)}_T} \frac{\partial (RT)_T}{\partial r_g}$。

涡轮上气体的绝热功可写为

$$L_T = \frac{k_g}{k_g-1}(RT)_T \left[1-\left(\frac{p_{2T}}{p_g}\right)^{\frac{k_g-1}{k_g}}\right] \quad \text{或者} \quad L_T = \frac{v_1^2}{2} \tag{2-48}$$

假定涡轮燃气比热比 k_g 近似不变，则式（2-48）线性化后可写为

$$\delta L_T = 2\delta v_1 = a_{L_T,r_g} \delta r_g - \beta_T(\delta p_{2T} - \delta p_g) \tag{2-49}$$

式中：$a_{L_T,r_g} = 2a_{\dot{m}_T,r_g}$；$\beta_T = \dfrac{(k_g-1)\left(\dfrac{p_{2T}}{p_g}\right)^{\frac{k_g-1}{k_g}}}{k_g\left[1-\left(\dfrac{p_{2T}}{p_g}\right)^{\frac{k_g-1}{k_g}}\right]}$。

涡轮的效率 η_T 取决于参数 u/v_1，即 $\eta_T = f(u/v_1)$，线性化后可得

$$\delta \eta_T = \psi_\eta (\delta u - \delta v_1) \tag{2-50}$$

式中：$\psi_\eta = \dfrac{\overline{u/v_1}}{\bar{\eta}_T} \dfrac{\partial \eta_T}{\partial (u/v_1)}$。

由于涡轮牵连速度：$u = \pi n D_T$，当涡轮直径 D_T 不变时有：$\delta u = \delta n$，再结合式（2-49），则式（2-50）可写为

$$\delta \eta_T = \psi_\eta \delta n - \frac{1}{2}\psi_\eta [a_{L_T,r_g} \delta r_g - \beta_T(\delta p_{2T} - \delta p_g)] \tag{2-51}$$

最后将式（2-47）、式（2-49）、式（2-51）代入式（2-43）可得

$$\delta N_T = \delta A_n + a_{N_T,p_g} \delta p_g + a_{N_T,p_{2T}} \delta p_{2T} + a_{N_T,n} \delta n + a_{N_T,r_g} \delta r_g \tag{2-52}$$

式中：$a_{N_T,p_g} = 1 - \beta_T\left(\dfrac{\psi_\eta}{2} - 1\right)$；$a_{N_T,p_{2T}} = \beta_T\left(\dfrac{\psi_\eta}{2} - 1\right)$；$a_{N_T,n} = \psi_\eta$；$a_{N_T,r_g} = a_{\dot{m}_T,r_g}(1-\psi_\eta)$。

4）液体管路方程

液体管路方程用压降表示时可写为

$$\Delta p = p_1 - p_2 = (R+\xi)\frac{\dot{m}^2}{\rho} \tag{2-53}$$

线性化后可写为

$$\delta \Delta p = 2\delta \dot{m} - \delta \rho + b_{\Delta p,R} \delta R + b_{\Delta p,\xi} \delta \xi \tag{2-54}$$

式中：$b_{\Delta p,R} = 1 - \dfrac{\Delta \bar{p}_f}{\Delta \bar{p}}$；$b_{\Delta p,\xi} = 1 - \dfrac{\Delta \bar{p}_L}{\Delta \bar{p}}$。

一般不采用压力降表示，而用管道出口压力表示。此时线性化方程可写为

$$\delta p_2 = a_{p_2,p_1}\delta p_1 - a_{p_2,\dot{m}}\delta\dot{m} + b_{p_2,\rho}\delta\rho - b_{p_2,R}\delta R - b_{p_2,\xi}\delta\xi \qquad (2-55)$$

式中：$a_{p_2,p_1} = \dfrac{\bar{p}_1}{\bar{p}_2}$；$a_{p_2,\dot{m}} = 2\dfrac{\Delta\bar{p}}{\bar{p}_2}$；$b_{p_2,\rho} = \dfrac{\Delta\bar{p}}{\bar{p}_2}$；$b_{p_2,R} = \dfrac{\Delta\bar{p}_f}{\bar{p}_2}$；$b_{p_2,\xi} = \dfrac{\Delta\bar{p}_L}{\bar{p}_2}$。

4. 常规泵压式发动机系统的线性解

以图 2-1 所示的常规泵压式液体火箭发动机系统为例，系统相关参数符号表示如下：发动机系统氧化剂流量 $\dot{m}_o$、燃料流量 $\dot{m}_f$、燃烧室压力 p_c、氧化剂流量 $\dot{m}_{c,o}$、燃料流量 $\dot{m}_{c,f}$、喉部面积 A_t、燃气发生器压力 p_g、氧化剂流量 $\dot{m}_{g,o}$、燃料流量 $\dot{m}_{g,f}$、喉部面积 A_g、氧化剂泵功率 $N_{p,o}$、效率 $\eta_{p,o}$、出口压力 $p_{p,\text{out},o}$、燃料泵功率 $N_{p,f}$、效率 $\eta_{p,f}$、出口压力 $p_{p,\text{out},f}$、涡轮功率 N_T、涡轮泵转速 n、氧化剂泵出口至燃烧室道压降 $\Delta p_{c,o}$、至燃气发生器通道压降 $\Delta p_{g,o}$、燃料泵出口至燃烧室通道压降 $\Delta p_{c,f}$、至燃气发生器通道压降 $\Delta p_{g,f}$，可以列出如下方程：

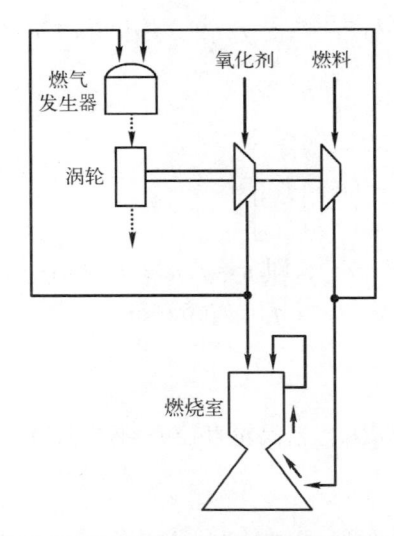

图 2-1 常规泵压式液体火箭发动机系统

功率平衡方程：

$$\bar{N}_T\delta N_T = \bar{N}_{p,o}\delta N_{p,o} + \bar{N}_{p,f}\delta N_{p,f} \qquad (2-56)$$

从泵到发动机燃烧室沿氧化剂和燃烧剂通道的压力平衡方程为

$$\bar{p}_{p,\text{out},o}\delta p_{p,\text{out},o} = \bar{p}_c\delta p_c + \Delta\bar{p}_{c,o}\delta\Delta p_{c,o} \qquad (2-57)$$

$$\bar{p}_{p,\text{out},f}\delta p_{p,\text{out},f} = \bar{p}_c\delta p_c + \Delta\bar{p}_{c,f}\delta\Delta p_{c,f} \qquad (2-58)$$

沿燃气发生器通道的压力平衡方程为

$$\bar{p}_{p,\text{out},o}\delta p_{p,\text{out},o} = \bar{p}_g\delta p_g + \Delta\bar{p}_{g,o}\delta\Delta p_{g,o} \qquad (2-59)$$

$$\bar{p}_{p,\text{out},f}\delta p_{p,\text{out},f} = \bar{p}_g\delta p_g + \Delta\bar{p}_{g,f}\delta\Delta p_{g,f} \qquad (2-60)$$

推进剂消耗量平衡方程为

$$\bar{\dot{m}}_{c,o}\delta\dot{m}_{c,o} + \bar{\dot{m}}_{g,o}\delta\dot{m}_{g,o} = \bar{\dot{m}}_o\delta\dot{m}_o \qquad (2-61)$$

$$\bar{\dot{m}}_{c,f}\delta\dot{m}_{c,f} + \bar{\dot{m}}_{g,f}\delta\dot{m}_{g,f} = \bar{\dot{m}}_f\delta\dot{m}_f \qquad (2-62)$$

式（2-56）~式（2-60）中相关变量用线性化形式方程（2-27）、式（2-36）、式（2-37）、式（2-52）和式（2-54）表示，并将其中系统氧化剂流量、燃料流量用方

程（2-61）和式（2-62）等价变换得到的表达式代入，最终可得 5 个方程，写成矩阵形式为

$$A\delta Y = B\delta X \tag{2-63}$$

式中：$\delta Y = \begin{bmatrix} \delta \dot{m}_{c,o} \\ \delta \dot{m}_{c,f} \\ \delta \dot{m}_{g,o} \\ \delta \dot{m}_{g,f} \\ \delta n \end{bmatrix}$；$\delta X = \begin{bmatrix} \delta \rho_o \\ \delta \rho_f \\ \delta \eta_{p,o} \\ \delta \eta_{p,f} \\ \vdots \\ \delta A_g \\ \delta A_t \end{bmatrix}$；$A$ 为 5×5 矩阵；B 为 5×n_d（干扰因素总数）矩阵。

令矩阵 $C = A^{-1}B$，则 C 为 5×n_d 矩阵，矩阵元素 c_{ij} 为干扰因素 X_j 对工作特性参数 Y_i 的影响因子（也称工作特性参数对干扰因素的灵敏度）。发动机系统工作特性参数 Y_i 的解为

$$\delta Y_i = \sum_{j=1}^{n_d} C_{Y_i,X_j} \delta X_j \tag{2-64}$$

知道 δY_i 后就可求出 Y_i 值，即

$$Y_i = \overline{Y}_i(1 + \delta Y_i) \tag{2-65}$$

在综合分析各种干扰因素对系统参数的影响后，就有可能实现下列两个目的：①为发动机系统调整及调节提供初始数据；②对发动机系统的主要部组件几何尺寸的公差进行最佳分配。

系统部组件的技术公差是对许多矛盾综合权衡后确定的，包括工艺可能性、制造费用等因素。从线性化分析可以发现，只有少数部组件的几何尺寸，才对确定反映发动机系统工作的经济性、准确性和可靠性的基本参数 p_c、F、I_s、r 有很大的影响。这些几何参数主要有喷管喉部面积 A_t、泵轮的工作直径 D_p、涡轮轮盘直径 D_T、节流孔板（圈）D_{th} 等。

一般可以选择诸如 p_c、I_s 等几个系统参数作为衡量几何尺寸公差的标准，对于某个选定的系统参数 Y_i 有

$$\delta Y_i = \sum C_{y,x_i} \delta X_i \tag{2-66}$$

式中：X_i 为 A_t、D_p、D_T、D_{th} 等几何参数。

系统参数 Y 最大相对偏差为

$$\delta Y_{\max} = \sum_{i=1}^{n} |C_i d_{x_i}| \leq \varepsilon \tag{2-67}$$

式中：ε 为临界容许偏差；d_{x_i} 为几何参数最大相对偏差。

一般来说，ε 和灵敏度系数 C_i 是已知的。假设局部偏差均匀分布，则有

$$\frac{\varepsilon}{n} = |C_i| d_{x_i} \tag{2-68}$$

因此

$$d_{x_i} = \frac{\varepsilon}{n} / |C_i| \tag{2-69}$$

由式（2-69）可知：在系统参数容许偏差一定的情况下，灵敏度小的部组件的公差可以大些，灵敏度大的部组件允许的公差小一些，也就是说，对系统参数影响越敏感的部组件尺寸，其加工公差控制要越严格。

2.3.2 静态模型非线性解法

对简单的采用燃气发生器循环的泵压式液体火箭发动机，在设计工作点附近，可采用线性化方法计算求解。但是，如果工作状态偏离设计点较远时，线性化方法就会带来较大的误差，特别是对于 SSME 那样的分级燃烧循环，此时需要采用非线性方法计算求解。以图 2-2 所示的单富氧预燃室分级燃烧循环液体火箭发动机系统为例，部分参数表示符号如下：发动机系统氧化剂流量 $\dot{m}_o$、燃料流量 $\dot{m}_f$，预燃室压力 p_g、特征速度 c_g^*、喉部面积 $A_{t,g}$，燃烧室压力 p_c、特征速度 c^*、喉部面积 A_t、燃料流量 $\dot{m}_{c,f}$，氧化剂泵效率 $\eta_{p,o}$、入口压力 $p_{p,\text{in},o}$，燃料泵效率 $\eta_{p,f}$、入口压力 $p_{p,\text{in},f}$，涡轮泵转速 n、涡轮效率 η_T、出口燃气压力 p_{2T}，氧化剂泵后至预燃室通道流阻 $(R+\xi)_{g,o}$，燃料泵后至预燃室燃料流量 $\dot{m}_{g,f}$、通道流阻 $(R+\xi)_{g,f}$，燃料泵后至燃烧室燃料流量 $\dot{m}_{c,f}$、通道流阻 $(R+\xi)_{c,f}$，涡轮后燃气至燃烧室通道流阻 ξ_g，氧化剂密度 ρ_o，燃料密度 ρ_f，可以列出如下方程，但均以原有的非线性形式表示：

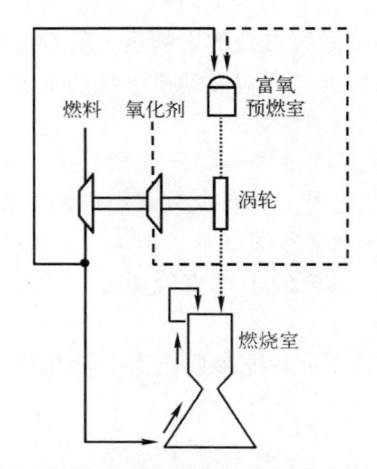

图 2-2 单富氧预燃室分级燃烧循环液体火箭发动机系统简图

功率平衡方程：

$$\eta_T(\dot{m}_o+\dot{m}_{g,f})\frac{k}{k-1}(RT)_g\left[1-\left(\frac{p_{2T}}{p_g}\right)^{\frac{k-1}{k}}\right]$$

$$=\frac{\dot{m}_o\left(A_o\rho_o n^2-B_o n\dot{m}_o-C_o\dfrac{\dot{m}_o^2}{\rho_o}\right)}{\eta_{p,o}\rho_o}+\frac{\dot{m}_f\left(A_f\rho_f n^2-B_f n\dot{m}_f-C_f\dfrac{\dot{m}_f^2}{\rho_f}\right)}{\eta_{p,f}\rho_f} \qquad (2-70)$$

氧化剂泵后及燃料泵后至预燃室通道的压力平衡方程：

$$A_o\rho_o n^2-B_o n\dot{m}_o-C_o\frac{\dot{m}_o^2}{\rho_o}+p_{p,\text{in},o}=\frac{c_g^*}{A_{t,g}}(\dot{m}_o+\dot{m}_{g,f})+(R+\xi)_{g,o}\frac{\dot{m}_o^2}{\rho_o} \qquad (2-71)$$

$$A_f \rho_f n^2 - B_f n \dot{m}_f - C_f \frac{\dot{m}_f^2}{\rho_f} + p_{p,\text{in},f} = \frac{c_g^*}{A_{t,g}}(\dot{m}_o + \dot{m}_{g,f}) + (R+\xi)_g \frac{\dot{m}_{g,f}^2}{\rho_f} \tag{2-72}$$

燃料泵后至燃烧室通道的压力平衡方程：

$$A_f \rho_f n^2 - B_f n \dot{m}_f - C_f \frac{\dot{m}_f^2}{\rho_f} + p_{p,\text{in},f} = \frac{c^*}{A_t}(\dot{m}_o + \dot{m}_f) + (R+\xi)_{c,f} \frac{\dot{m}_{c,f}^2}{\rho_f} \tag{2-73}$$

涡轮后燃气至燃烧室通道的压力平衡方程：

$$p_{2T} = \frac{c^*}{A_t}(\dot{m}_o + \dot{m}_f) + \xi_g \frac{(\dot{m}_o + \dot{m}_{f,g})^2}{\rho_g} \tag{2-74}$$

推进剂消耗量平衡方程：

$$\dot{m}_f = \dot{m}_{c,f} + \dot{m}_{g,f} \tag{2-75}$$

将式（2-74）、式（2-75）代入式（2-70）~式（2-73），可得

$$\begin{cases} f_1(n, \dot{m}_o, \dot{m}_{c,f}, \dot{m}_{g,f}) = 0 \\ f_2(n, \dot{m}_o, \dot{m}_{c,f}, \dot{m}_{g,f}) = 0 \\ f_3(n, \dot{m}_o, \dot{m}_{c,f}, \dot{m}_{g,f}) = 0 \\ f_4(n, \dot{m}_o, \dot{m}_{c,f}, \dot{m}_{g,f}) = 0 \end{cases} \tag{2-76}$$

这是一组含有四个变量的非线性代数方程，可用多种非线性方程组求解方法求解。非线性静态模型大致可以解决下列问题。

（1）与线性模型类似可以用于研究诸干扰因素对发动机性能的影响，其结果要更准确一些，而且不受工作状态必须在设计工作点附近的约束。

（2）确定非设计状态时的性能，为调整提供数据。

（3）进行公差分配，实现优化设计。

2.3.3 静态特性顺序化计算方法

液体火箭发动机静态特性的计算分析，一般采用小偏差方法或者非线性方法。小偏差方法要对发动机系统方程进行线性化，线性化过程比较麻烦，而且当发动机工作状态偏离额定点较远时，用这种方法计算会带来较大的误差。非线性方法则要根据发动机具体构型，建立描述发动机性能参数和内外干扰因素之间关系的一组非线性代数方程组，然后编程计算。这两种方法都不具备通用性，如果用它们来分析计算不同型号发动机的静态特性，则需要根据发动机构型重新建立系统方程，并编程计算。不但过程复杂，而且所建立的系统方程组方程数目多，对提高计算机求解速度和精度不利。

本节提出一种液体火箭发动机静态特性顺序化计算方法，基于该方法编写的计算程序具有通用性，只要根据发动机系统结构组织输入文件，便可对不同型号的发动机进行静态特性计算，而且系统未知量少，计算速度快、精度高。

1. 顺序化计算方法基本思想

实际系统很多是由一系列具有各自功能的子系统或部件按照一定的连接关系组合而成的，它受各种约束而按一定的规律运行。如发动机系统就是由管道、涡轮、泵、燃气发生器、推力室等基本部件按一定的方式组合而成的，只是系统的结构、组成系统的部件种类及数目不同。对这类系统进行分析计算，可采用以部件为中心的策略。建立封装紧密、易

于组装和可扩充的部件模型,并将实际系统分割成可按一定顺序进行计算的部件,依次对这些部件进行计算,最后根据约束条件对部件的参数进行调整。为了将系统约束和系统计算求解方法也表示成部件形式,采用功能型部件、检验型部件和系统调节器三类广义部件来表示实际系统。

功能型部件用来表示系统中具有一定功能的部件或子系统,它由固有特性参数、输入参数获取函数、功能函数等部分组成。根据功能型部件是否含有系统可调参数,又可将功能型部件分为系统可调型功能部件(简称 A1 类部件)和固定型功能部件(简称 A2 类部件),它们的结构示意如图 2-3 所示。

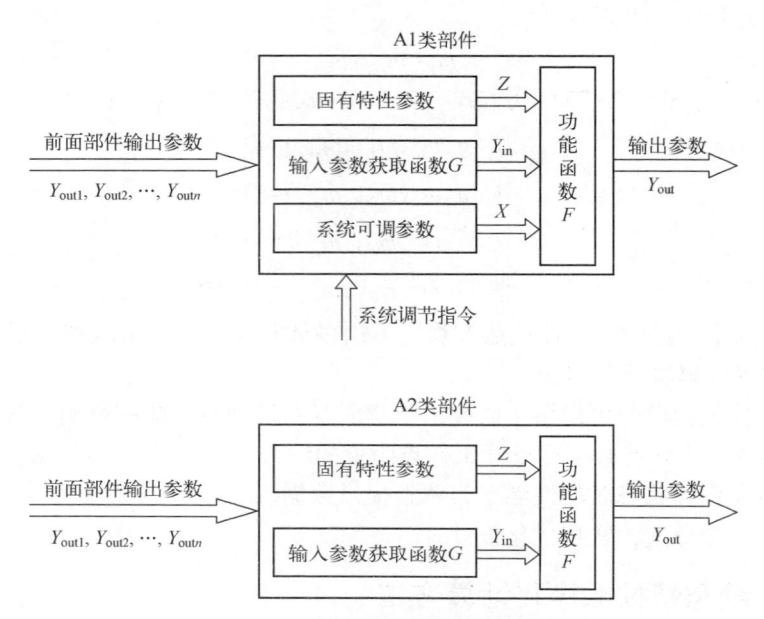

图 2-3 功能型部件结构示意

功能型部件参数间的函数关系可写成如下形式:

$$Y_{in} = G(Y_{out1}, Y_{out2}, \cdots, Y_{outn}) \tag{2-77}$$

$$Y_{out} = F(X, Y_{in}, Z) \tag{2-78}$$

式中:Y_{in} 为部件输入参数,通过部件输入参数获取函数 G,由在部件前与该部件相连的 n 个功能型部件的输出参数 $Y_{out1}, Y_{out2}, \cdots, Y_{outn}$ 中获取;Y_{out} 为部件输出参数,供在其后与之相连的功能型或检验型部件使用;X 为系统可调参数,它属于 A1 类部件本身所有,由系统调节器控制;Z 为部件固有特性参数;F 为部件的功能函数。A2 类部件的功能函数式不含系统可调参数。

A1 类和 A2 类部件在发动机系统中大量存在,如可将发动机推进剂管道分支看成一个 A1 类部件,该部件输入参数获取函数用于获取推进剂,功能函数则将推进剂按一定的份额分配给各个分支,这些份额为系统可调参数,并可根据系统约束进行调整,管道分支数 n 则可看成部件固有特性参数。

A1 类和 A2 类部件在实际系统中也大量存在,如将工厂中人和机床组成的零件加工单元看成一个 A1 类部件，则机床的加工精度等参数对应于 A1 类部件的固有特性参数部分，人获取零件加工原料等过程相当于输入参数获取部分，零件加工类型和要求等相当于系统可调参数部分，人开动机床加工零件等则相当于功能函数部分，加工后的零件等则是输出参数。

检验型部件用来表示系统中的约束，它由固有特性参数、输入参数获取函数和检验函数等部分组成，其结构示意如图 2-4 所示。

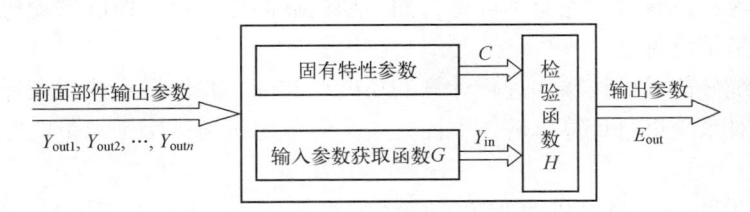

图 2-4　检验型部件结构示意

检验型部件参数间的函数关系可写成如下形式：

$$Y_{in} = G(Y_{out1}, Y_{out2}, \cdots, Y_{outn}) \tag{2-79}$$

$$E_{out} = H(Y_{in}, C) \tag{2-80}$$

式中：Y_{in} 为部件输入参数，通过部件输入参数获取函数 G，由在部件前与该部件相连的 n 个功能型部件的输出参数 $Y_{out1}, Y_{out2}, \cdots, Y_{outn}$ 中获取；E_{out} 为部件输出参数，称 E_{out} 为检验指标，检验指标只供系统调节器使用；C 为部件固有特性参数；H 为检验函数。

检验型部件在实际系统中大量存在，如可将工厂中的工序检验单元看成一个检验型部件，检验标准等相当于部件的固有特性参数部分，检验员进行检验等过程相当于检验函数，检验结果等则是输出参数。

检验型部件也可以由客观规律或约束抽象而成，如将发动机系统中燃烧室混合比等于设计混合比这一约束表示成检验型部件，其输入参数获取函数用来获取燃烧室混合比 MR，部件固有特性参数为设计混合比 MR_{design}，检验函数则用来看这两个混合比是否相等，并输出检验结果。如果将部件的检验函数设定为 $H = MR/MR_{design}$，则输出的检验结果为这两个混合比的比值。

系统调节器用来对整个系统中所有 A1 类部件的系统可调参数进行调节，使系统满足其各种约束，其结构示意如图 2-5 所示。

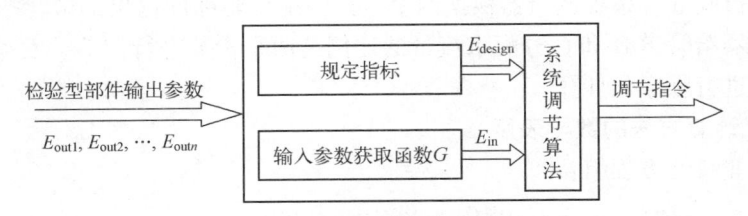

图 2-5　系统调节器结构示意

系统调节器由规定指标、输入参数获取函数和系统调节算法三部分组成，其中输入参数获取函数 G 用来获取系统所有检验型部件输出的检验指标，系统调节算法根据检验指标

与规定指标 E_{design} 是否一致来对系统所有 A1 类部件的系统可调参数进行调节。系统调节器的输入参数获取函数可写成如下形式：

$$E_{\text{in}} = G(E_{\text{out1}}, E_{\text{out2}}, \cdots, E_{\text{out}n}) \tag{2-81}$$

式中：E_{in} 为系统调节算法的输入参数。系统调节算法很多，下一节将给出一种以顺序化计算为基础的调节算法。

系统调节器是一个广义抽象的部件，它在实际系统中有可能全部或部分可见，如系统中的反馈控制等；也有可能完全不可见，如发动机喉部烧蚀时，控制发动机系统参数改变的系统调节器是不可见的。

将实际系统分割成可按顺序进行计算的功能型部件，并根据系统约束适当设定检验型部件后，便可对系统进行计算求解。下面是一个简单的例子，用于示范实际系统顺序化计算求解过程。

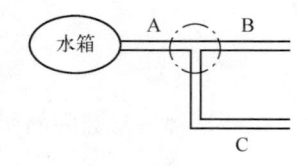

图 2-6 所示为一个简单供水系统，该系统水箱压力、环境压力及管道 A、B、C 的流阻系数已知，要求确定各管道流量。则采用顺序化计算方法将可该系统划分为水箱、管道 A、流量分配器、管道 B 和管道 C 五个功能型部件，其中水箱和流量分配器为 A1 类部件，管道 A、B、C 为 A2 类部件。为了表示管道 B 和 C 的出口压力与环境压力相等这一约束，还设立两个压力匹配检验部件。该系统顺序化计算求解结构示意如图 2-7 所示。

图 2-6 简单供水系统示意

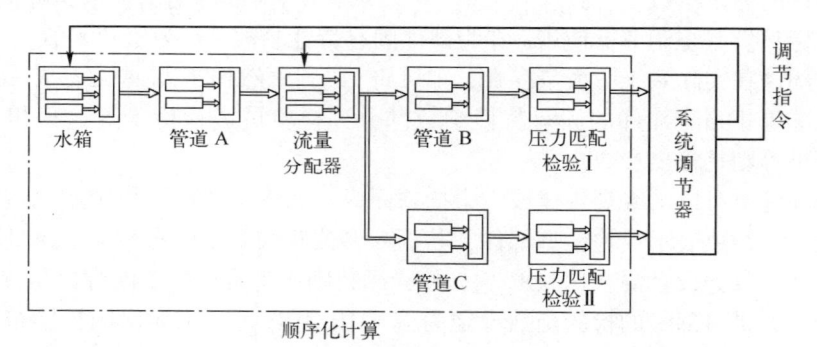

图 2-7 顺序化计算求解结构示意

该系统部件计算顺序为水箱、管道 A、流量分配器、管道 B、管道 C、压力匹配检验 I、压力匹配检验 II。系统调节器根据两个压力匹配检验部件输出的检验指标，对水箱流量、流量分配器给管道 B 和 C 分配水流量的比例这两个参数进行调节。发动机系统同样可采用上述方法进行顺序化计算。

2. 顺序化计算方法的数学表示

设有 n 维非线性方程组：

$$\begin{cases} f_1(x_1, x_2, \cdots, x_n) = c_1 \\ f_2(x_1, x_2, \cdots, x_n) = c_2 \\ \quad\quad\quad \vdots \\ f_n(x_1, x_2, \cdots, x_n) = c_n \end{cases} \tag{2-82}$$

如果能通过对其进行等价变换，如先选择 m 个独立未知量，然后选择 $n-m$ 个方程按一定的顺序进行等价变换，将其余 $n-m$ 个未知量依次表示成 m 个独立未知量和变换表示顺序靠前的未知量的函数，并给未知量和方程重新编号后，能将方程改写成如下形式：

$$\begin{cases} x_{m+1}=f_{m+1}(x_1,x_2,\cdots,x_m) \\ x_{m+2}=f_{m+2}(x_1,x_2,\cdots,x_m,x_{m+1}) \\ \vdots \\ x_n=f_n(x_1,x_2,\cdots,x_m,\cdots,x_{n-1}) \\ h_1(x_1,x_2,\cdots,x_m,\cdots,x_n)=e_1 \\ \vdots \\ h_m(x_1,x_2,\cdots,x_m,\cdots,x_n)=e_m \end{cases} \quad (2\text{-}83)$$

则称该方程组为可顺序化计算方程组。如果描述某个系统的方程组为可顺序化计算方程组，则称该系统为可顺序化计算系统。

与功能型部件、检验型部件、系统调节器三类广义部件模型相对照，式（2-83）中的 $x_1,x_2,\cdots,x_m$ 相当于系统可调型功能部件的系统可调参数，$f_{m+1},f_{m+2},\cdots,f_n$ 相当于功能型部件的功能函数，$h_1,h_2,\cdots,h_m$ 相当于检验型部件的检验函数，$e_1,e_2,\cdots,e_m$ 则相当于系统调节器的规定指标。由于 A1 类部件的功能函数只含有属于该部件本身所有的系统可调参数，A2 类部件的功能函数及检验型部件的检验函数则都不含系统可调参数，功能型部件的功能函数和检验型部件的检验函数只是式（2-83）中函数式 f 和 h 的特例，因此将实际系统划分成功能型部件并适当设定检验型部件后，由系统所有功能型部件的功能函数和检验型部件的检验函数所组成的方程组也只是式（2-83）的一个特例。式（2-83）的解法完全可以用于确定系统所有 A1 类部件的系统可调参数，即可用来作为系统调节器的系统调节算法。

记 $\boldsymbol{X}_1=(x_1,x_2,\cdots,x_m)^\mathrm{T}$，$\boldsymbol{X}_2=(x_{m+1},x_{m+2},\cdots,x_n)^\mathrm{T}$，$\boldsymbol{X}=(x_1,x_2,\cdots,x_n)^\mathrm{T}$，$\boldsymbol{E}=(e_1,e_2,\cdots,e_m)^\mathrm{T}$，$\boldsymbol{H}(\boldsymbol{X})=(h_1(\boldsymbol{X}),h_2(\boldsymbol{X}),\cdots,h_m(\boldsymbol{X}))^\mathrm{T}$，则式（2-82）可用如下形式表示：

$$\begin{cases} x_{m+1}=f_{m+1}(\boldsymbol{X}_1) \\ x_{m+2}=f_{m+2}(\boldsymbol{X}_1,x_{m+1}) \\ \vdots \\ x_n=f_n(\boldsymbol{X}_1,x_{m+1},x_{m+2},\cdots,x_{n-1}) \\ \boldsymbol{H}(\boldsymbol{X})=\boldsymbol{E} \end{cases} \quad (2\text{-}84)$$

称式（2-84）为可顺序化计算方程组的标准形。由式（2-84）可知，$x_{m+1},x_{m+2},\cdots,x_n$ 是 $\boldsymbol{X}_1$ 的函数，如将 $x_{m+1},x_{m+2},\cdots,x_n$ 代入方程 $\boldsymbol{H}(\boldsymbol{X})=\boldsymbol{E}$，则有

$$\boldsymbol{H}(\boldsymbol{X})=\boldsymbol{G}(\boldsymbol{X}_1)=\boldsymbol{E} \quad (2\text{-}85)$$

只要从式（2-85）解出 $\boldsymbol{X}_1$，便可得到 $\boldsymbol{X}$。式（2-85）可用牛顿法或布罗依登法等方法求解。采用牛顿法求解时，先给出 $\boldsymbol{X}_1$ 初值，然后采用下式迭代求 $\boldsymbol{X}_1$：

$$\boldsymbol{X}_1^{k+1}=\boldsymbol{X}_1^k+\left(\frac{\mathrm{D}\boldsymbol{G}}{\mathrm{D}\boldsymbol{X}_1}\right)^{-1}\bigg|_{\boldsymbol{X}_1=\boldsymbol{x}_1^k}(\boldsymbol{E}-\boldsymbol{G}(\boldsymbol{X}_1^k)) \quad (2\text{-}86)$$

式中：$\dfrac{\mathrm{D}\boldsymbol{G}}{\mathrm{D}\boldsymbol{X}_1} = \begin{bmatrix} \dfrac{\partial g_1}{\partial x_1} & \dfrac{\partial g_1}{\partial x_2} & \cdots & \dfrac{\partial g_1}{\partial x_m} \\ \dfrac{\partial g_2}{\partial x_1} & \dfrac{\partial g_2}{\partial x_2} & \cdots & \dfrac{\partial g_2}{\partial x_m} \\ \vdots & \vdots & & \vdots \\ \dfrac{\partial g_m}{\partial x_1} & \dfrac{\partial g_m}{\partial x_2} & \cdots & \dfrac{\partial g_m}{\partial x_m} \end{bmatrix}$。

然而，直接求函数 $\boldsymbol{G}(\boldsymbol{X}_1)$ 及一阶全微分矩阵 $\mathrm{D}\boldsymbol{G}/\mathrm{D}\boldsymbol{X}_1$ 的具体表达式比较繁琐，可利用差商矩阵代替一阶全微分矩阵，进行求解。具体步骤如下。

(1) 赋初值 $\boldsymbol{X}_1^0 = (x_1^0, x_2^0, \cdots, x_m^0)^\mathrm{T}$，$k=0$。

(2) 按顺序计算 $\boldsymbol{X}_2^k = (x_{m+1}^k, x_{m+2}^k, \cdots, x_n^k)^\mathrm{T}$，$\boldsymbol{H}(\boldsymbol{X}^k) = (h_1(\boldsymbol{X}^k), h_2(\boldsymbol{X}^k), \cdots, h_m(\boldsymbol{X}^k))^\mathrm{T}$。

(3) 判断收敛性。若 $\|\boldsymbol{E} - \boldsymbol{H}(\boldsymbol{X}^k)\| < \varepsilon$，则停止计算。

(4) 计算差商矩阵 $\left(\dfrac{\Delta \boldsymbol{H}}{\Delta \boldsymbol{X}_1}\right)^k$，差商矩阵每列由下面三步来求得：

① $\boldsymbol{X}_{1j}^k = (x_1^k, x_2^k, \cdots, x_j^k + \Delta x_j, \cdots, x_m^k)^\mathrm{T}$；

② 按顺序计算 $\boldsymbol{X}_{2j}^k$ 和 $\boldsymbol{H}(\boldsymbol{X}_j^k)$；

③ 计算差商矩阵第 j 列：$\left(\dfrac{\Delta \boldsymbol{H}}{\Delta x_j}\right)^k = \dfrac{\boldsymbol{H}(\boldsymbol{X}_j^k) - \boldsymbol{H}(\boldsymbol{X}^k)}{\Delta x_j}$。

(5) 用全主元高斯法解方程：$\left(\dfrac{\Delta \boldsymbol{H}}{\Delta \boldsymbol{X}_1}\right)^k b = \boldsymbol{E} - \boldsymbol{H}(\boldsymbol{X}^k)$。

(6) $\boldsymbol{X}_1^{k+1} = \boldsymbol{X}_1^k + b$，$k = k+1$，转第 2 步。

系统调节器的系统调节算法相当于上述步骤的 (3)~(6)。从上述步骤可以看出，用顺序化计算方法求解非线性方程组，有 $n-m$ 个方程自然满足，并且最终用牛顿法进行求解的非线性方法组，其方程的个数也从 n 个下降为 m 个，所利用的差商矩阵大小为 $m \times m$。如果直接用牛顿法求解方程组 (2-82)，则求解的方程个数为 n 个，差商矩阵大小为 $n \times n$。因此，利用顺序化计算方法，可减少计算量，加快计算速度并提高精度。

3. 发动机基本部件处理方法

发动机基本部件以功能型部件的形式表示，各部件的功能函数主要根据该部件静态特性计算式，按功能型部件的形式改写。描述部件静态特性的关系式有些是拟合式，如燃气发生器热值等，因此部件功能函数有些也含有拟合式。进行静态特性分析所需的基本部件有贮箱、泵、虚拟转速发生器、管道、燃气发生器、涡轮、推力室、汽蚀文氏管、比例分配器等，还可根据需要扩充建立特殊部件模型。静态特性分析常用部件模型如下。

1) 泵

泵为 A2 类部件。输入参数 $\boldsymbol{Y}_\mathrm{in} = (n, p_\mathrm{in}, \dot{m}, \rho)^\mathrm{T}$，输出参数 $\boldsymbol{Y}_\mathrm{out} = (p_\mathrm{out}, \dot{m}, \rho, N_P)^\mathrm{T}$，固有特性参数 $\boldsymbol{Z} = (A, B, C, \eta_p)^\mathrm{T}$，主要功能函数如下：

$$p_\mathrm{out} = A\rho n^2 - Bn\dot{m} - \dfrac{C\dot{m}^2}{\rho} + p_\mathrm{in} \tag{2-87a}$$

$$N_p = \frac{\dot{m}(p_{\text{out}} - p_{\text{in}})}{\eta_p \rho} \tag{2-87b}$$

2) 虚拟转速发生器

虚拟转速发生器为 A1 类部件，无输入参数。系统可调参数 $\mathbf{Z} = n$，输出参数 $\mathbf{Y}_{\text{out}} = n_{\text{out}}$，功能函数如下：

$$n_{\text{out}} = n \tag{2-88}$$

设置虚拟转速发生器是为了便于用功能型部件来表示泵，泵从虚拟转速发生器获得转速，给推进剂增压。虚拟转速发生器的转速 n 由系统约束确定。

3) 管道

管道为 A2 类部件，输入参数 $\mathbf{Y}_{\text{in}} = (p_{\text{in}}, \dot{m}_{\text{in}}, \rho_{\text{in}})^{\text{T}}$，输出参数 $\mathbf{Y}_{\text{out}} = (p_{\text{out}}, \dot{m}_{\text{out}}, \rho_{\text{out}})^{\text{T}}$，固有特性参数 $\mathbf{Z} = \xi$，主要功能函数如下：

$$\dot{m}_{\text{out}} = \dot{m}_{\text{in}}, \quad \rho_{\text{out}} = \rho_{\text{in}}, \quad p_{\text{out}} = p_{\text{in}} - \xi \dot{m}_{\text{in}}^2 / \rho_{\text{in}} \tag{2-89}$$

上述模型表示管道以一定压力、流量和密度获得推进剂后，将推进剂减压输出。

4) 燃气发生器

燃气发生器为 A2 类部件，输入参数 $\mathbf{Y}_{\text{in}} = (\dot{m}_{o,\text{in}}, \dot{m}_{f,\text{in}})^{\text{T}}$，输出参数 $\mathbf{Y}_{\text{out}} = (\dot{m}_{o,\text{out}}, \dot{m}_{f,\text{out}}, RT)^{\text{T}}$，固有特性参数 $\mathbf{Z} = (C_1, C_2)^{\text{T}}$，功能函数如下：

$$\dot{m}_{o,\text{out}} = \dot{m}_{o,\text{in}}, \quad \dot{m}_{f,\text{out}} = \dot{m}_{f,\text{in}}, \quad RT = C_1 \dot{m}_{o,\text{in}} / \dot{m}_{f,\text{in}} + C_2 \tag{2-90}$$

上述模型表示燃气发生器获得氧化剂和燃料后，生成热值为 RT 的燃气输出。式 (2-89) 给出的是燃气热值 RT 的一次拟合式，燃气热值还可以采用更高阶的拟合式。

5) 推力室

推力室为 A2 类部件。输入参数 $\mathbf{Y}_{\text{in}} = (\dot{m}_{o,\text{in}}, \dot{m}_{f,\text{in}})^{\text{T}}$，输出参数 $\mathbf{Y}_{\text{out}} = (p_c, F)^{\text{T}}$，固有特性参数 $\mathbf{Z} = (A_t, c^*, C_1, C_2)^{\text{T}}$，主要功能函数如下：

$$p_c = (\dot{m}_{o,\text{in}} + \dot{m}_{f,\text{in}}) c^* / A_t \tag{2-91a}$$

$$F = C_1 (\dot{m}_{o,\text{in}} + \dot{m}_{f,\text{in}}) + C_2 \tag{2-91b}$$

上述模型表示推力室获得氧化剂和燃料后，产生推力输出。式 (2-91) 给出的是燃烧室压力和推力的拟合关系式，同样可以采用更精确的拟合式。

6) 涡轮

涡轮为 A2 类部件。输入参数 $\mathbf{Y}_{\text{in}} = (RT, \dot{m}_{o,\text{in}}, \dot{m}_{f,\text{in}})^{\text{T}}$，输出参数 $\mathbf{Y}_{\text{out}} = (N_T, \dot{m}_{o,\text{out}}, \dot{m}_{f,\text{out}})^{\text{T}}$，固有特性参数 $\mathbf{Z} = (\eta_T, \pi_T)^{\text{T}}$，主要功能函数如下：

$$N_T = \eta_T (\dot{m}_{o,\text{in}} + \dot{m}_{f,\text{in}}) \frac{k}{k-1} RT \left(1 - \frac{1}{\pi_T^{\frac{k-1}{k}}}\right) \tag{2-92}$$

上述模型表示涡轮获得热值为 RT 的燃气后，产生一定的功率输出。

7) 汽蚀文氏管

汽蚀文氏管为 A2 类部件。输入参数 $\mathbf{Y}_{\text{in}} = p_{\text{in}}$，输出参数 $\mathbf{Y}_{\text{out}} = \dot{m}_{o,\text{out}}$，固有特性参数 $\mathbf{Z}$ 为汽蚀系数 C 和饱和蒸气压 p_s。功能函数如下：

$$\dot{m}_{\text{out}} = \sqrt{(p_{\text{in}} - p_s)/C} \tag{2-93}$$

上述模型表示汽蚀文氏管流量与入口压力、饱和蒸气压和汽蚀系数相关。

8) 比例分配器

比例分配器为 A2 类部件。输入参数 $Y_{in} = \dot{m}_{in}$，输出参数 $Y_{out} = (\dot{m}_{out1}, \dot{m}_{out2})^T$，固有特性参数 $Z = (C_1, C_2)^T$。功能函数如下：

$$\dot{m}_{out1} = C_1 \dot{m}_{in}/(C_1+C_2), \quad \dot{m}_{out2} = C_2 \dot{m}_{in}/(C_1+C_2) \tag{2-94}$$

上述模型表示比例分配器将所获得的流量按一定的比例分配出去。

4. 发动机系统平衡关系式处理方法

进行发动机系统静态特性计算时，发动机系统中的流量平衡、功率平衡和压力匹配都必须满足。发动机系统中流量平衡主要存在于汽蚀文氏管及管路的分支和汇合处，功率平衡主要是指涡轮提供的功率与泵和伺服机构等消耗的功率之间的平衡，压力匹配则主要存在于管路汇合处。

管路的分支和汇合处的流量平衡可通过设置功能型部件流量分配器和混合器来得到满足，这两种部件的模型如下。

1) 流量分配器

流量分配器为 A1 类部件。输入参数有 $\dot{m}$、p_{in} 等，由输入参数获取函数从提供推进剂的部件获得。输出参数有 $\dot{m}_1, \dot{m}_2, \cdots, \dot{m}_n, p_{out}$ 等，固有特性参数为分支数 n，系统可调参数 $X = (k_1, k_2, \cdots, k_{n-1})^T$，主要功能函数如下：

$$\dot{m}_1 = k_1 \dot{m}, \dot{m}_2 = k_2 \dot{m}, \cdots, \dot{m}_n = (1-k_1-k_2-\cdots-k_{n-1})\dot{m} \tag{2-95}$$

上述模型表示流量分配器获得推进剂后，将其按一定的份额分配给各个分支，这些份额可根据系统约束进行调整。流量分配器是一个虚拟的功能型部件，它用来表示分支处的流量平衡。

2) 混合器

混合器为 A2 类部件，无系统可调参数。输入参数有 $\dot{m}_1, \rho_1, \dot{m}_2, \rho_2, \cdots, \dot{m}_n, \rho_n$ 等，由输入参数获取函数从汇合的各支路输出参数中获取。输出参数有 $\dot{m}, \rho, \dot{m}_o, \dot{m}_f, p_{out}$ 等，固有特性参数有汇合的支路数 n、汇合点压力 p_{mix} 等。主要功能函数如下：

$$\dot{m} = \sum_{i=1}^{n} \dot{m}_i, \quad \dot{m}_o = \sum_{i=1}^{n} \dot{m}_{o,i}, \quad \dot{m}_f = \sum_{i=1}^{n} \dot{m}_{f,i}, \quad p_{out} = p_{mix} \tag{2-96}$$

上述模型表示混合器将各分支的推进剂混合后输出。混合器也是一个虚拟部件，它用来表示汇合点处的流量平衡。

汽蚀文氏管处的流量平衡、汇合点处的压力匹配及系统功率平衡可通过设置流量平衡检验器、压力平衡检验器和功率平衡检验器三种检验型部件来表示，部件模型如下。

1) 流量平衡检验器

流量平衡检验器输入参数 $Y_{in} = (\dot{m}_a, \dot{m}_e)$。用于汽蚀文氏管时，$\dot{m}_a$ 为文氏管出口流量，$\dot{m}_e$ 为在文氏管前与文氏管相连元件的出口流量。用来表示流量等于设计流量约束时，$\dot{m}_a$ 为实际流量，$\dot{m}_e$ 为设计流量。输出参数 $Y_{out} = e_m$，称 e_m 为流量平衡指标。检验函数如下：

$$e_m = \dot{m}_a / \dot{m}_e \tag{2-97}$$

2) 压力平衡检验器

压力平衡检验器输入参数 $Y_{in} = (p_{out}, p_{mix})$，$p_{out}$ 为在汇合点上游与汇合点相连元件的出口压力，p_mix为汇合点压力。输出参数$Y_\text{out}=e_p$，称e_p为压力平衡指标。检验函数如下：

$$e_p = p_\text{out}/p_\text{mix} \tag{2-98}$$

3）功率平衡检验器

功率平衡检验器输入参数$Y_\text{in}=(N_T, N_s, N_{p1}, N_{p2}, \cdots, N_{pk})$，$N_s$为伺服机构功率，$N_T$为涡轮功率，$N_{pi}$为泵功率，$k$为涡轮带动的泵的数目。输出参数$Y_\text{out}=e_N$，称$e_N$为功率平衡指标。检验函数如下：

$$e_N = \left(N_s + \sum_{i=1}^{k} N_{p,i}\right)/N_T \tag{2-99}$$

显然，系统达到静态平衡状态时，这些系统平衡指标的值都应为1。

5. 发动机静态特性顺序化计算求解方法

发动机系统静态特性顺序化计算首先需将发动机系统用前面定义的功能型部件表示；其次要根据系统的各种约束设置检验型部件；最后对所有部件进行编号，按编号依次进行计算，用系统调节算法求解。

检验型部件代表系统约束，准确、完全地设置检验型部件对确定系统的解十分重要。前面定义的三类平衡检验器的设置要根据发动机系统来定，一般在涡轮泵处设置功率平衡检验器，在汽蚀文氏管处设置流量平衡检验器，在汇合点处设置压力平衡检验器。

汽蚀文氏管在发动机系统中是一个比较特殊的部件，它用来保证向发动机燃烧室和燃气发生器稳定地供应推进剂。在汽蚀文氏管处设置流量平衡检验器是因为依照预定顺序计算发动机系统部件，当计算到汽蚀文氏管时，在文氏管前与之直接相连的元件的出口压力、流量、密度已由该元件确定，这些参数应由汽蚀文氏管继承，但在给定文氏管入口压力、推进剂饱和蒸气压及汽蚀系数后，文氏管的流量便可确定，因此文氏管处存在流量平衡问题，必须设置流量平衡检验器。同理，当计算到汇合点时，与汇合点相连元件的出口压力也与汇合点压力存在压力平衡问题，因此在汇合点处必须设置压力平衡指标。

部件编号的原则是对系统按顺序计算时，编号靠后的部件的输入数据能从编号在其前面且与之直接相连的部件的输出数据中取得，一般可按照推进剂流动方向进行编号。编号可在发动机顺序化计算图或发动机系统图上进行，编号完后即可对所有部件按编号顺序进行计算。对于具体的发动机系统方案而言，其系统平衡指标e_i均是系统可调参数x_i的函数，即$f_i(x_1, x_2, \cdots, x_n) = e_i$，$(i=1, 2, \cdots, n)$。对系统按预定的顺序对各个部件进行一次计算后，系统平衡指标e_i的值不一定都是1，可用前面提到的方法求解。

由前述原理和算法可知，只要定义了组成发动机系统的各种功能型部件和进行静态特性计算所需的各种检验型部件，基本部件之间的相互连接关系，以及根据连接关系获取部件输入数据的函数，便可实现对各种发动机系统方案进行静态特性计算。

由功能型部件和检验型部件的结构可知，利用面向对象程序设计的类很容易描述各种功能型和检验型部件。可为每种部件各定义一个相应的类，类中除包含该部件的输入参数获取函数、功能函数或检验函数外，还将部件的输出数据和系统可调参数设置为类的公用数据，将部件的输入数据和固有特性参数设置为类的专用数据。由类的数据使用权限可知，这样的数据设置使在部件后面与该部件直接相连的其他部件只能使用该部件的输出参数和系统可调参数等公用数据，而对该部件的输入参数和固有特性参数等专用数据无影响。

可以采用任何一种面向对象程序设计语言来设计基于上述方法的发动机静态特性计算程序，这里仅简要介绍一个用 C++ 语言编制的静态特性计算程序 SPBSC。该程序根据前述部件模型，分别对贮箱、泵、虚拟转速发生器、管道、燃气发生器、涡轮、推力室、汽蚀文氏管、比例分配器等功能型部件，以及流量平衡检验器、压力平衡检验器和功率平衡检验器等检验型部件进行了类定义，各个类的部件输入参数获取函数在设计时共考虑了近百种部件间的相互连接关系，这些类义基本上可以满足通用静态特性计算程序设计的需要。如果发动机系统包含新的部件，则可以为其定义一个新的类，加入程序中。这使程序简单明了，并且容易维护。

静态特性计算程序 SPBSC 进行静态特性计算的简要过程框图参见图 2-8 和图 2-9。该程序只要根据发动机系统图、部件设置和编号，以及相关的数据来组织输入文件，便可进行静态特性计算。

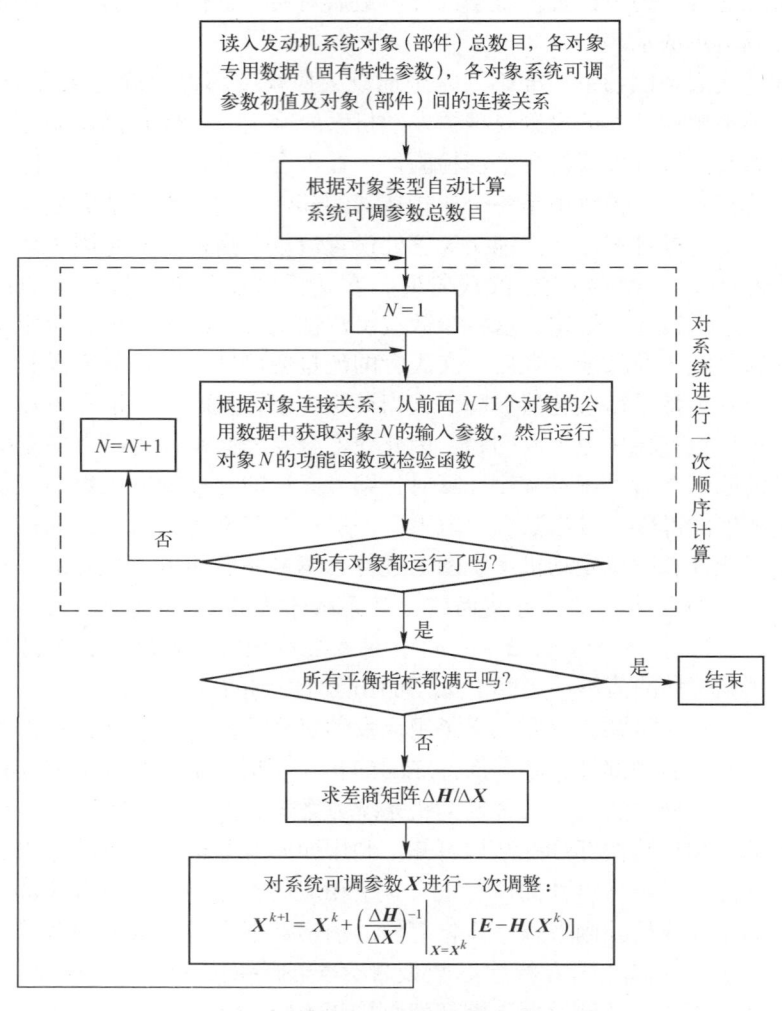

图 2-8　发动机静态特性顺序化计算求解框图

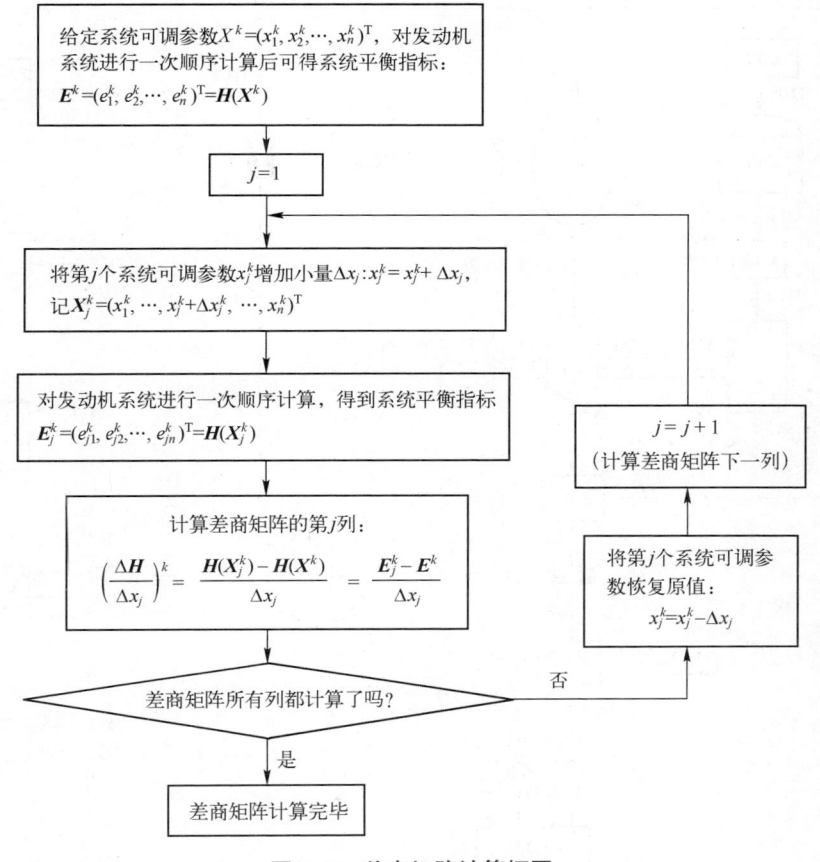

图 2-9 差商矩阵计算框图

2.4 液体火箭推进系统静态分析

本节主要基于液体火箭推进系统静态模型，分析内外干扰因素对发动机特性的影响，给出液体火箭推进系统调整任务和方法，以及不同动力循环发动机最大燃烧室压力计算方法。

2.4.1 液体火箭推进系统内外干扰因素影响分析

应用 2.3.3 节提出方法和程序对某液体火箭发动机的静态特性进行了分析和计算，该发动机的部件划分及设置示意如图 2-10 所示，图中符号 D 代表公用输出数据流。

在图 2-10 中一共有 7 个平衡检验器，其中流量平衡检验器 C27、C28 和 C30 用于计算文氏管流量平衡指标，功率平衡检验器 C29 用于计算涡轮泵功率平衡指标，压力平衡检验器 C31、C32 和 C33 用于计算泵后至燃烧室的压力平衡指标。系统未知量与平衡检验器数目相等，一共也是 7 个。它们分别是系统氧化剂流量、燃料流量、虚拟转速发生器 C3 的转速，以及流量分配器 C6、C8、C19 和 C20 的流量分配系数。用顺序化计算方法对该发动机系统进行静态特性分析，只要解出上述 7 个独立变量，就可以确定系统静态特性参数。

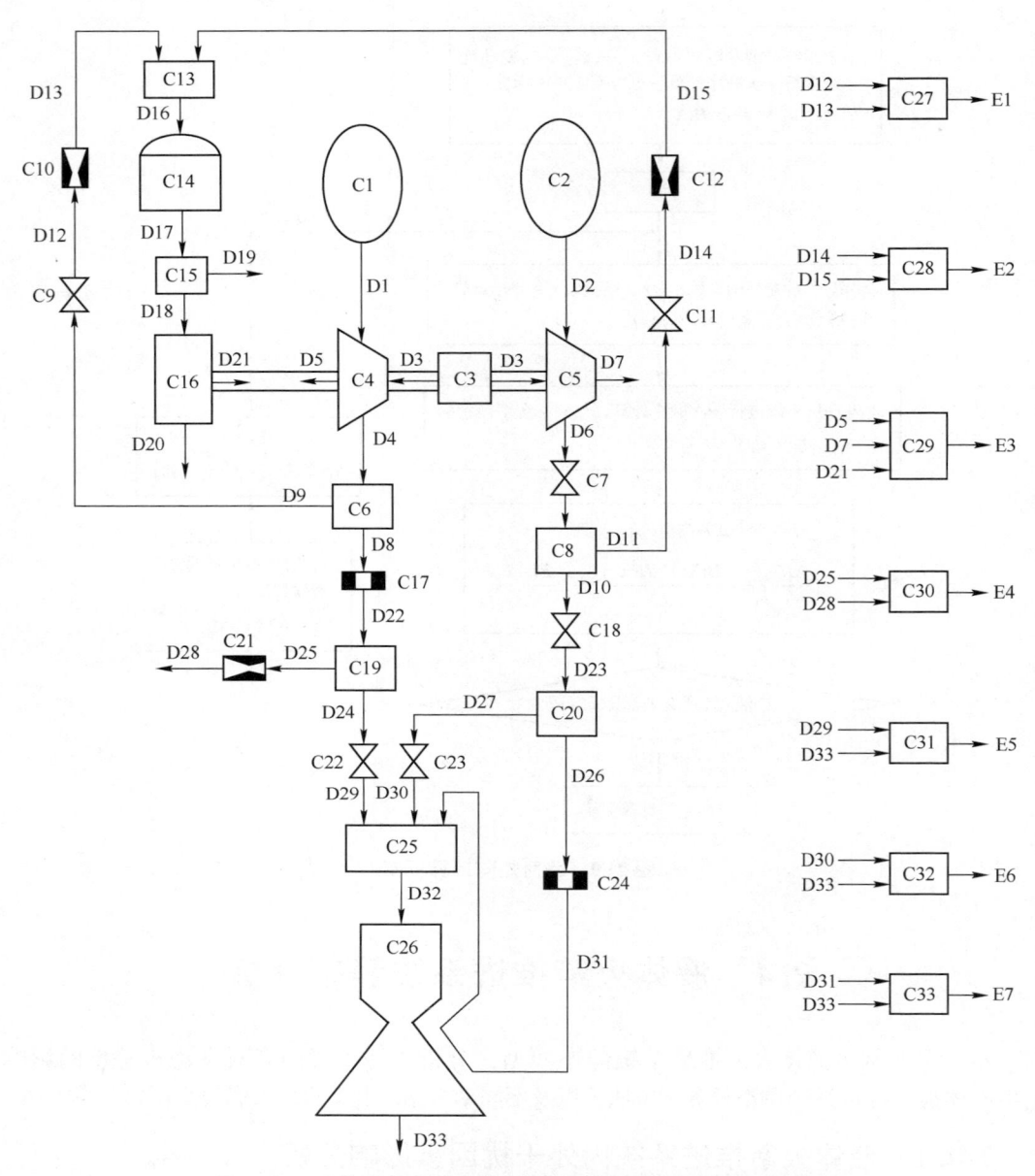

图 2-10 液体火箭发动机静态特性计算部件划分及设置示意

C1—氧化剂贮箱；C2—燃料贮箱；C3—虚拟转速发生器；C4、C5—泵；C6、C8、C19、C20—流量分配器；
C7、C9、C11、C17、C18、C22、C23、C24—压降元件；C10、C12、C21—汽蚀文氏管；C13、C25—混合器；
C14—燃气发生器；C15—比例分配器；C16—涡轮；C26—燃烧室；C27、C28、C30—流量平衡检验器；
C29—功率平衡检验器；C31、C32、C33—压力平衡检验器。

分别计算分析以下三种情形干扰因素对发动机特性参数影响。

（1）泵入口压力变化对发动机特性参数的影响。假设由飞行过载或者氧化剂贮箱箱压变化等因素造成氧化剂泵入口压力比额定值增大 0.05MPa，其他干扰因素不变。部分发动机特性参数计算结果见表 2-1。

第 2 章　液体火箭推进系统的静态特性

表 2-1　氧化剂泵入口压力增加 0.05MPa 时部分发动机参数计算结果

序号	名　称	所属公用数据代号	变　化　值
1	发动机氧化剂流量	D1	0.65kg/s
2	发动机燃料流量	D2	−0.096kg/s
3	氧化剂泵功率	D5	3.93kW
4	燃料泵功率	D7	−1.38kW
5	涡轮功率	D21	2.55kW
6	燃烧室混合比	D32	0.0101
7	燃烧室压力	D33	0.015MPa
8	推力室推力	D33	1.568kN

从表 2-1 中可以看出，氧化剂泵入口压力增大 0.05MPa 后，发动机的氧化剂流量略有增大，燃料流量略有下降，氧化剂泵功率和涡轮功率略有增大，燃料泵功率略有降低，推力室的混合比、压力和推力略有增大。

（2）推进剂密度变化对发动机特性参数的影响。如果没有温度调节或者隔热措施，使用环境温度变化会引起推进剂温度变化。假设环境温度升高导致推进剂密度下降，分别计算仅氧化剂密度降低 1%、仅燃料密度降低 1%、氧化剂和燃料密度均降低 1%，其他干扰因素不变时，发动机特性参数的变化。部分参数相对变化量计算结果见表 2-2。

表 2-2　推进剂密度降低时部分发动机参数计算结果

序号	参 数 名 称	参数相对变化量/%		
		燃料密度降低 1%	氧化剂密度降低 1%	两者密度均降低 1%
1	发动机氧化剂流量	0.369	−1.068	−0.701
2	发动机燃料流量	−1.226	0.529	−0.696
3	氧化剂泵功率	0.500	−0.840	−0.343
4	燃料泵功率	−0.927	0.612	−0.314
5	涡轮功率	−0.224	−0.102	−0.326
6	燃烧室混合比	1.685	−1.632	0.019
7	燃烧室压力	−0.137	−0.572	−0.710
8	推力室推力	−0.156	−0.621	−0.779

从表 2-2 中可以看出，仅燃料密度下降 1% 时，发动机氧化剂流量增大、燃料流量下降，氧化剂泵功率增大，而涡轮功率和燃料泵功率下降，燃烧室混合比增大，压力和推力略有下降。从这个结果可知，燃料初温升高、密度下降，将会导致发动机系统的氧化剂流量增大、燃料流量减小、混合比增大，如果火箭按额定混合比装载氧化剂和燃料，且在工作过程中不调节发动机混合比的情况下，则装载的氧化剂会率先耗完，残留一定质量的燃料成为"死"质量。

仅氧化剂密度下降 1% 时，发动机氧化剂流量下降、燃料流量增大，燃料泵功率增大，而涡轮功率和氧化剂泵功率下降，燃烧室混合比、压力和推力室推力下降。同理，在这种情况下，如果火箭仍按额定混合比装载氧化剂和燃料，且在工作过程中不调节发动机混合比时，装载的燃料会先耗完。

当氧化剂和燃料的密度均下降1%时，发动机氧化剂和燃料流量、氧化剂泵和燃料泵功率、涡轮功率、燃烧室压力和推力室推力均有不同程度的下降，燃烧室混合比近似不变。从表2-2中可以看出，氧化剂和燃料的密度均下降1%时各参数相对变化量，基本上都与仅燃料密度下降1%时和仅氧化剂密度下降1%时各参数相对变化量之和相等。这从非线性解的角度说明，当干扰因素较小时，可以采用线性化小偏差方法求解。

（3）泵效率对发动机特性参数的影响。以氧化剂泵效率下降为例，当氧化剂泵的效率下降0~5%，其他干扰因素不变时，发动机氧化剂流量、燃气发生器氧化剂流量、涡轮泵转速、推力室推力四个参数的相对变化量计算结果如图2-11所示。

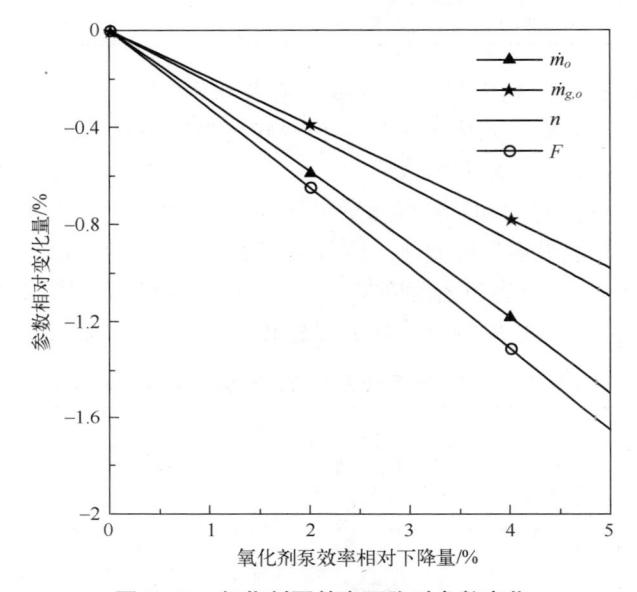

图 2-11 氧化剂泵效率下降时参数变化

从图2-11中可以看出，发动机系统氧化剂流量、燃气发生器氧化剂流量、涡轮泵转速、推力室推力均随氧化剂泵效率下降而下降，这四个参数中下降幅度最大的是推力室推力，下降幅度最小的是燃气发生器氧化剂流量，但这四个参数下降的幅度均比氧化剂泵效率下降的幅度小。

以部件为中心的液体火箭发动机静态特性顺序化计算方法具有以下优点。

（1）能直观地从确定发动机系统独立未知量数目（或方程数目）。采用以部件为中心的顺序化计算方法进行静态特性计算，在发动机系统各种部件中，具有系统可调参数的部件只有贮箱、虚拟转速发生器和流量分配器三种，根据贮箱个数、虚拟转速发生器个数及流量分配器分支数即可确定独立变量的个数。图2-10所示的发动机系统有两个贮箱（提供两个独立变量）、一个虚拟转速发生器、四个流量分配器（每个都有两个分支，各提供一个独立变量），所以该发动机系统共有7个独立变量。只要这7个变量的值确定了，发动机系统的其他参数也就确定了。系统独立变量数目的确定，对设置检验型部件及确定发动机系统设计参数的数目具有指导意义。对于唯一确定的系统，其约束的数目必须和独立未知量的数目相等。因此，图2-10所示的发动机系统只能有7个检验型部件，这些部件分别是流量平衡检验器 C27、C28、C30，功率平衡检验器 C29，以及压力平衡检验器 C31、C32 和 C33。

（2）能大大降低方程维数并减少用非线性方法求解未知量的个数，提高计算速度并提高精度。对于图 2-10 所示的发动机系统，采用以部件为中心的顺序化计算方法进行静态特性计算最终用非线性法解的方程只有 7 个，直接列非线性方程组求解的方程则有 25 个。这是因为以部件为中心的顺序化计算方法通过设置流量分配器和混合器满足了系统流量平衡，它仅需要求解该系统功率平衡、汽蚀文氏管流量匹配和汇合点处压力匹配等 7 个方程。

（3）能简单直观地根据发动机系统图或顺序化计算部件划分和设置图组织输入文件，不必针对具体系统列方程就能进行计算，通用性好。

（4）输入和系统解以部件为基本部分，易于理解系统及部件行为。

2.4.2 液体火箭推进系统的调整

1. 系统调整任务和方法

在发动机的生产制造过程中由于零部件制造公差造成的尺寸散布及涡轮泵的效率、管路中流阻损失，还有推进剂性质和温度造成的散布，所有这些内外干扰因素均会导致发动机性能参数的散布。因此，每台发动机其性能参数不可能是一样的，哪怕是同一批生产的发动机，甚至有时其个别参数会超出所允许的极限。

这种情况会导致运载火箭入轨精度及系统可靠性降低，为了补偿内外干扰因素的影响并提高运载火箭入轨精度，就得确保所有发动机在额定工作条件下基本参数保持不变，这就必须通过选定在推进剂供应管路中设置的必要调节元件特性，如节流圈直径、阀门开度或阀芯位置等，保证发动机工作过程的正常的基本参数值，这就是发动机系统的调整。

发动机的工作特性可用许多参数来表示，但一般可从经济性、工作能力来衡量。经济性指标可用比冲来表示，而比冲主要取决于燃烧室压力和推进剂的组元比。这样，从经济性出发，调整的首要和基本任务是保证以下条件：

$$p_c = \bar{p}_c \qquad r_c = \bar{r}_c$$

工作能力的指标主要取决于发动机系统方案，以涡轮泵供应系统方案为例，涡轮的工作能力是要首先保证的。这是因为涡轮的工作叶片处在高温高压的气体中，而火箭发动机的涡轮叶片通常是不冷却的，当燃气的温度、压力偏离额定值时，叶片可能被烧坏，而燃气温度取决于燃气发生器的推进剂组元比（r_g）。所以调整的第二个任务是保证下列条件：

$$r_g = \bar{r}_g$$

对于采用多发动机推进的火箭而言，每台发动机的推力偏差都将会增加火箭控制系统的困难。所以调整的第三个任务是保证下列条件：

$$F_j = \bar{F}$$

按照发动机装置的构造特点，调整条件可以分为两种：

（1）$\delta \dot{m}_{c,o} = 0$，$\delta \dot{m}_{c,f} = 0$，$\delta r_g = 0$。

（2）$\delta r_c = 0$，$\delta p_c = 0$，$\delta r_g = 0$。

在第一个方案中，燃烧室压力 p_c 不直接进行调节，然而由于保证正常的氧化剂和燃料消耗，从而间接地保证 p_c 接近额定压力。

调整的原始数据主要包括发动机工作过程的额定参数及部件的试验结果。发动机额定参数主要有燃烧室压力、燃烧室中推进剂的消耗量、燃气发生器中推进剂的组元比，此外还有泵的入口压力和推进剂的密度等。

部件的试验结果主要有推进剂流路特性和泵的特性。推进剂流路特性确定管路及其他部件中的压力损失，包括从泵到发动机燃烧室的管路压降、从泵到燃气发生器的管路压降、燃烧室冷却套压降、活门压降等。

通常用水做流路特性试验，在压降相等时可用下式换算推进剂为流动介质时的流量：

$$\dot{m}_j = \dot{m}_w \sqrt{\frac{\rho_j}{\rho_w}} \tag{2-100}$$

式中：$\dot{m}_j$ 为推进剂组元的流量；$\dot{m}_w$ 为液流试验时水的流量；ρ_j、ρ_w 分别为推进剂组元和水的密度。

泵的特性主要是额定转速（$\bar{n}$）下泵的特性曲线 $p_p = p_p(\dot{m}, \bar{n})$，可将特性曲线拟合成如下形式的方程：

$$p_{p,\text{out}} = An^2 - Bn\dot{m} - C\dot{m}^2 + p_{p,\text{in}} \tag{2-101}$$

涡轮特性曲线 $N_T = N_T(n, p_g, RT_g)$ 经拟合后也可得如下形式的方程：

$$N_T = p_g n \left(C_1 - \frac{C_2 n}{\sqrt{RT_g}} \right) \tag{2-102}$$

2. 常规泵压式系统的调整

以图 1-12 所示的燃气发生器循环液体火箭发动机为例，由于这种系统方案的发动机燃烧室和燃气发生器之间没有直接的联系，因此可以直接进行燃烧室和发生器的调整。

首先，通过在燃烧室管路中装上节流圈的方法，进行燃烧室参数调节以满足条件：

$$\delta \dot{m}_{c,o} = \delta \dot{m}_{c,f} = 0$$

其次，通过在燃气发生器管路中装上节流圈的办法，进行燃气发生器参数调节以满足条件：

$$\delta r_g = 0$$

1）燃烧室参数的调整

为了满足条件 $\delta \dot{m}_o = \delta \dot{m}_f = 0$，要求泵的扬程应有以下值：

$$\begin{cases} p_{p,o}^* = \bar{p}_c + \sum \Delta p_{o,o} - \bar{p}_{i,o} \\ p_{p,f}^* = \bar{p}_c + \sum \Delta p_{o,f} - \bar{p}_{i,f} \end{cases} \tag{2-103}$$

式中：$\sum \Delta p_{o,o}$、$\sum \Delta p_{o,f}$ 分别为氧化剂泵和燃料泵出口到燃烧室通道的总损失；$\bar{p}_{i,o}$、$\bar{p}_{i,f}$ 分别为氧化剂泵和燃料泵的入口压力。

利用下式就可求出保证额定流量的泵的转速：

$$p_{p,j}^* = \bar{p}_c + \sum \Delta p_{o,j} - \bar{p}_{i,j} = A_j n_j^{*2} - B_j n_j^* \bar{\dot{m}}_j - C_j \bar{\dot{m}}_j^2 \tag{2-104}$$

解这个方程可得

$$n_j^* = \frac{B_j \bar{\dot{m}}_j \pm \sqrt{(B_j \bar{\dot{m}}_j)^2 + 4A_j(\bar{p}_c + \sum \Delta p_{i,j} - \bar{p}_{o,j} + C_j \bar{\dot{m}}_j^2)}}{2A_j} \tag{2-105}$$

由于管路与泵的特性曲线各不相同,计算得到的 n_o^*、n_f^* 通常不相同。当氧化剂泵、燃料泵和涡轮由同一个轴连接时,氧化剂泵和燃料泵转速相同。因此,在 $n_o^* \neq n_f^*$ 的情况下,为保证发动机的工作,应从 n_o^*、n_f^* 中选择最大的。例如,当 $n_o^* > n_f^*$ 时,为保证氧化剂泵的增压量,燃料泵转速应提高到与 n_o^* 相等的值,此时燃料泵产生的压头就比要求的高,当管路的特性固定不变时,推力室燃料流量也将大于要求值。为使燃烧剂流量等于额定值,必须在燃料泵后增加一个节流圈,消耗掉多余的压头。节流圈两边的压差为

$$\Delta p_{\mathrm{th}} = p'_{p,f} - p^*_{p,f} = A_f (n_o^{*2} - n_f^{*2}) - B_f \dot{m}_f (n_o^* - n_f^*) \tag{2-106}$$

确定了节流圈两边压差后,可用下式计算它的直径:

$$d_{\mathrm{th}} = 2\sqrt{\frac{\overline{\dot{m}_f}}{\pi k C_d \sqrt{2\rho_f \Delta p_{\mathrm{th}}}}} \tag{2-107}$$

式中: C_d 为流量系数;k 为热膨胀修正系数。

2) 涡轮泵组件和燃气发生器参数的调整

前文已述,要使燃烧室的参数调整到额定值,必须保证涡轮泵转速和燃烧室推进剂节流圈的直径。而涡轮转速由涡轮泵功率平衡确定,因此为了保证涡轮转速等于燃烧室参数调整所需的转速,可通过功率平衡来确定燃气发生器压力 p_g,进而再调整燃气发生器的管路系统来实现。调整到目标状态涡轮的功率为

$$N_T^* = \sum N_{p,j}^* \tag{2-108}$$

式中: $N_{p,j}^* = \dfrac{\overline{\dot{m}_j} p_{p,j}^*}{\overline{\eta}_{p,j} \overline{\rho}_j}$,可由发动机燃烧室的调整结果和泵的试验结果求得。

目标状态下涡轮功率为

$$N_T^* = p_g^* n^* \left(C_1 - \frac{C_2 n^*}{\sqrt{RT_g}} \right) \tag{2-109}$$

从而可得燃气发生器为保证发动机燃烧室在额定工况工作所需的压力:

$$p_g^* = \left(\frac{\overline{\dot{m}_o} p_{p,o}^*}{\overline{\eta}_{p,o} \overline{\rho}_o} + \frac{\overline{\dot{m}_f} p_{p,f}^*}{\overline{\eta}_{p,f} \overline{\rho}_f} \right) \frac{1}{n^* \left(C_1 - \dfrac{C_2 n^*}{\sqrt{RT_g}} \right)}$$

知道 p_g^* 后,就可从压力平衡方程求得泵后至燃气发生器管路上的压降:

$$\begin{cases} \Delta p_{g,o}^* = p_{p,o}^* - p_g^* \\ \Delta p_{g,f}^* = p_{p,f}^* - p_g^* \end{cases} \tag{2-110}$$

同样,如果算得的 $\Delta p_{g,j}^*$ 与液流试验值 $\Delta p_{g,j}$ 不同,就必须求得两者的差值,在燃气发生器管路安装节流圈或者改变已有节流圈的直径来补偿这个差值。

需要指出的是,发动机系统中设置的预先调节元件的参数,如节流圈的直径、汽蚀文氏管的汽蚀系数等,也可通过系统静态特性计算来确定。只要将这些调节元件的参数设为未知量,并增加相应调节目标作为约束,如发动机推力等于额定推力、燃烧室和燃气发生器的混合比等于额定混合比,则保证调节目标总数应与独立可调元件总数相等,并进行非线性方程组求解便可得到这些调节元件的参数。

2.4.3 最大燃烧室压力计算方法

1. 分级燃烧循环最大燃烧室压力计算方法

分级燃烧循环（高压补燃循环）按照预燃室的特点又可进一步分为：①富氧预燃室循环，即发动机的全部氧化剂和一小部分燃料在预燃室中燃烧，生成富氧气体。②富燃预燃室循环，即发动机的全部燃料和一小部分氧化剂在预燃室中燃烧，生成富燃气体。③富氧和富燃双预燃室循环，这种方案氧化剂涡轮泵和燃料涡轮泵分别由富氧预燃室和富燃预燃室产生的燃气驱动，该方案可以分别选择最佳的泵转速并降低供应系统的结构质量。

对于图 2-2 所示的分级燃烧循环，涡轮泵功率平衡方程为

$$N_T = \sum_j N_{p,j} \tag{2-111}$$

式中：N_T 为涡轮的可用功率；$N_{p,j}$ 为泵消耗的功率。

涡轮功率可进一步表示为

$$N_T = \eta_T \dot{m}_T \frac{k}{k-1} (RT)_T \left[1 - \left(\frac{p_2}{p_1} \right)^{\frac{k-1}{k}} \right] \tag{2-112}$$

式中：p_1、p_2 分别为涡轮的入口、出口压力。

泵功率可表示为

$$N_{p,j} = \frac{\dot{m}_j (p_{p,\text{out}} - p_{p,\text{in}})}{\eta_{p,j} \rho_j} \tag{2-113}$$

由式（2-111）~式（2-113）可知，当发动机燃烧室压力 p_c 增大时，泵后压力、泵所消耗的功率也增大，必然要增加涡轮功率。而涡轮功率的提高取决于下列因素：η_T、$(RT)_T$、$\dot{m}_T$ 和 p_2/p_1。η_T 的提高有一定困难，$(RT)_T$ 的提高明显受涡轮叶片耐热性的限制。$\dot{m}_T$ 由于整个发动机的一种组元全部进入了预燃室，同时受 $(RT)_T$ 的限制，结果 $\dot{m}_T$ 的增加是不可能的。唯一有望提高的是压比 p_1/p_2，但 p_1 的提高必然导致泵后压力的进一步提高，同时，p_2、p_c 有直接关系，不可能减少，这种互相关系必然存在一个满足式（2-111）的 $p_{c,\max}$。

图 2-2 所示的分级燃烧循环的功率平衡方程可进一步写为

$$\eta_T \dot{m}_T \frac{k}{k-1} (RT)_T \left[1 - \left(\frac{p_2}{p_1} \right)^{\frac{k-1}{k}} \right] = \frac{\dot{m}_o (p_{p,o,\text{out}} - p_{p,o,\text{in}})}{\eta_{p,o} \rho_o} + \frac{\dot{m}_f (p_{p,f,\text{out}} - p_{p,f,\text{in}})}{\eta_{p,f} \rho_f} \tag{2-114}$$

从系统图可以看出

$$p_2 = p_c + \Delta p_2 \tag{2-115}$$

式中：Δp_2 为涡轮出口至燃烧室的气体管道上的压力损失。

又 $p_1 = p_g$，从而涡轮压力比 π_T 可表示为

$$\pi_T = \frac{p_1}{p_2} = \frac{p_g}{p_c + \Delta p_2} \tag{2-116}$$

因此

$$p_{p,o,\text{out}} = p_g + \Delta p_{g,o} = \pi_T (p_c + \Delta p_2) + \Delta p_{g,o} \tag{2-117}$$

$$p_{p,f,\text{out}} = p_g + \Delta p_{g,f} = \pi_T (p_c + \Delta p_2) + \Delta p_{g,f} \tag{2-118}$$

$$(RT)_T = (RT)_g \tag{2-119}$$

这样，功率平衡方程可以进一步写为

$$\eta_T \dot{m}_T \frac{k}{k-1}(RT)_g \left(1-\frac{1}{\pi_T^{\frac{k-1}{k}}}\right) \tag{2-120}$$

$$=\dot{m}_o \frac{\pi_T(p_c+\Delta p_2)+\Delta p_{g,o}-p_{p,o,\text{in}}}{\rho_o \eta_{p,o}} + \dot{m}_f \frac{\pi_T(p_c+\Delta p_2)+\Delta p_{g,f}-p_{p,f,\text{in}}}{\rho_f \eta_{p,f}}$$

为了分析燃烧室压力 p_c 与诸因素的关系，找出满足功率平衡条件的 $p_{c,\max}$ 及其对应的最佳涡轮 $\pi_{T,\text{opt}}$，作进一步简化：

$$\begin{cases} \eta_{p,o}=\eta_{p,f}=\eta_p \\ \Delta p_{g,o}=\Delta p_{g,f}=\Delta p_g \\ p_{p,o,\text{in}}=p_{p,f,\text{in}}=p_{p,\text{in}} \end{cases} \tag{2-121}$$

则式（2-120）变为

$$\eta_T \dot{m}_T \frac{k}{k-1}(RT)_g \left(1-\frac{1}{\pi_T^{\frac{k-1}{k}}}\right) = \frac{\pi_T(p_c+\Delta p_2)+\Delta p_g-p_{p,\text{in}}}{\eta_p}\left(\frac{\dot{m}_o}{\rho_o}+\frac{\dot{m}_f}{\rho_f}\right) \tag{2-122}$$

继而利用如下关系式：

$$\dot{m}=\dot{m}_o+\dot{m}_f$$

$$r_c=\frac{\dot{m}_o}{\dot{m}_f}$$

$$\dot{m}_o=\frac{r_c}{r_c+1}\dot{m}$$

$$\dot{m}_f=\frac{1}{r_c+1}\dot{m}$$

则式（2-122）变为

$$p_c=(A+p_{p,\text{in}}-\Delta p_g)\frac{1}{\pi_T}-\frac{A}{\pi_T^{\frac{2k-1}{k}}}-\Delta p_2 \tag{2-123}$$

式中：$A=\dfrac{\dot{m}_T}{\dfrac{\dot{m}_o}{\rho_o}+\dfrac{\dot{m}_f}{\rho_f}}\eta_p \eta_T \dfrac{k}{k-1}(RT)_g$。

对于富氧预燃室：

$$\frac{\dot{m}_T}{\dfrac{\dot{m}_o}{\rho_o}+\dfrac{\dot{m}_f}{\rho_f}}=\frac{r_c(r_g+1)\rho_o\rho_f}{r_g(\rho_f r_c+\rho_o)} \tag{2-124}$$

从式（2-123）中可以看出，燃烧室压力 p_c 主要取于涡轮的压比 π_T，求导数可得

$$\frac{\mathrm{d}p_c}{\mathrm{d}\pi_T}=\frac{A+p_{p,\text{in}}-\Delta p_g}{\pi_T^2}-A\frac{2k-1}{k}\frac{1}{\pi_T^{\frac{3k-1}{k}}} \tag{2-125}$$

令上式值为零，就可求得 $p_{c,\max}$ 下的涡轮压比 $\pi_{T,\text{opt}}$，即

$$\pi_{T,\text{opt}} = \left(\frac{A}{A + p_{p,\text{in}} - \Delta p_g} \cdot \frac{2k-1}{k} \right)^{\frac{k}{k-1}} \tag{2-126}$$

其对应的 $p_{c,\text{max}}$ 为

$$p_{c,\text{max}} = (A - \Delta p_g + p_{p,\text{in}}) \frac{1}{\pi_{T,\text{opt}}} - \frac{A}{\pi_{T,\text{opt}}^{\frac{2k-1}{k}}} - \Delta p_2 \tag{2-127}$$

对于图 1-9（b）所示带有燃料二级泵的分级燃烧循环，确定 $p_{c,\text{max}}$ 的步骤类似。其系统的功率平衡方程为

$$\eta_T \dot{m}_T \frac{k}{k-1}(RT)_g \left(1 - \frac{1}{\pi_T^{\frac{k-1}{k}}}\right) = \frac{\dot{m}_o(p_{p,o,\text{out}} - p_{p,o,\text{in}})}{\eta_{p,o}\rho_o} + \frac{\dot{m}_f(p_{p,f,\text{Mout}} - p_{p,f,\text{Min}})}{\eta_{p,f,M}\rho_f} + \frac{\dot{m}_{g,f}(p_{p,f,\text{Aout}} - p_{p,f,\text{Mout}})}{\eta_{p,f,A}\rho_f} \tag{2-128}$$

同样：

$$\begin{cases} \pi_T = \dfrac{p_g}{p_c + \Delta p_2} \\ p_{p,o,\text{out}} = p_g + \Delta p_{g,o} \\ p_{p,f,\text{Mout}} = p_c + \Delta p_{c,f} \\ p_{p,f,\text{Aout}} = p_g + \Delta p_{g,f} \end{cases} \tag{2-129}$$

功率方程可变为

$$p_c = \frac{A\left(1 - \dfrac{1}{\pi_T^{\frac{k-1}{k}}}\right) - B\Delta p_2 \pi_T - D}{B\pi_T + C} \tag{2-130}$$

式中： $A = \dfrac{1+r_g}{r_g} \eta_T \dfrac{k}{k-1}(RT)_g$； $B = \dfrac{1}{\rho_o \eta_{p,o}} + \dfrac{1}{\rho_f \eta_{p,f,A} r_g}$； $C = \dfrac{1}{\rho_f \eta_{p,f,M} r_c} - \dfrac{1}{\rho_f \eta_{p,f,A} r_g}$； $D = \dfrac{\Delta p_{g,f} - \Delta p_{c,f}}{\rho_f \eta_{p,f,A} r_g} + \dfrac{\Delta p_{c,f} - p_{p,\text{in}}}{\rho_f \eta_{p,f,M} r_c}$。

同样，将式（2-130）对涡轮压比求导，并令其值为零，整理可得

$$\frac{2k-1}{k} \cdot \frac{1}{\pi_T^{\frac{k-1}{k}}} + \frac{C}{B} \cdot \frac{k-1}{k} \cdot \frac{1}{\pi_T^{\frac{2k-1}{k}}} + \frac{D - A - C \cdot \Delta p_2}{A} = 0 \tag{2-131}$$

与式（2-125）相比，式（2-131）是一个关于 π_T 的非线性方程式，可采用 Newton 法求解。

令

$$F_1 = \frac{2k-1}{k} \cdot \frac{1}{\pi_T^{\frac{k-1}{k}}} + \frac{C}{B} \cdot \frac{k-1}{k} \cdot \frac{1}{\pi_T^{\frac{2k-1}{k}}} + \frac{D - A - C \cdot \Delta p_2}{A} \tag{2-132}$$

$$\frac{dF_1}{d\pi_T} = -\frac{(2k-1)(k-1)}{k^2} \frac{1}{\pi_T^{\frac{2k-1}{k}}} - \frac{C}{B} \frac{(k-1)(2k-1)}{k^2} \frac{1}{\pi_T^{\frac{3k-1}{k}}} \tag{2-133}$$

每次迭代求解 π_T 的修正量为

$$\Delta \pi_T = -\frac{F_1}{dF_1/d\pi_T}$$

经过若干次迭代后，即可求得 $\pi_{T,\text{opt}}$。

需要指出的是，上述计算是基于简化后得到的显式方程，实际上，有些简化条件不一定成立，如式（2-121）给出的简化条件。此时，可写出系统功率平衡计算非线性方程组，将涡轮压比作已知量，利用非线性方法求解燃烧室压力，即给出一个涡轮压比，就可以计算得到相应的燃烧室压力，根据燃烧室压力随涡轮压比的变化确定最大燃烧室压力。列非线性方程组时，需要将泵的压力增量写成如下形式：

$$\Delta p = C_1 p_c + C_2 \pi_T p_c + C_3 \tag{2-134}$$

对图1-9（b）所示的分级燃烧循环进行功率平衡计算，其中燃烧室混合比设计值取2.6，预燃室混合比设计值取52，其他计算参数取值如表2-3所列。

表 2-3 计算参数取值表

液氧泵				煤油泵一级				煤油泵二级泵				涡轮
C_1	C_2	C_3	η_{op}	C_1	C_2	C_3	η_{fp1}	C_1	C_2	C_3	η_{fp2}	η_T
0	1.222	-3MPa	0.66	1.90	0	-3MPa	0.65	-1.90	1.645	3MPa	0.65	0.72

不同涡轮压比下发动机燃烧室的压力计算结果如图2-12所示。从图2-12中可看出，燃烧室压力先随着涡轮压增大而增大，达到最大值20.57MPa（对应的涡轮压比约为2.88），然后随着涡轮压比增大而缓慢下降。当压比 π_T 为1.67时，燃烧室压力为16.6MPa，这与采用该动力循环方式的RD-120发动机额定工况燃烧室压力基本相同。

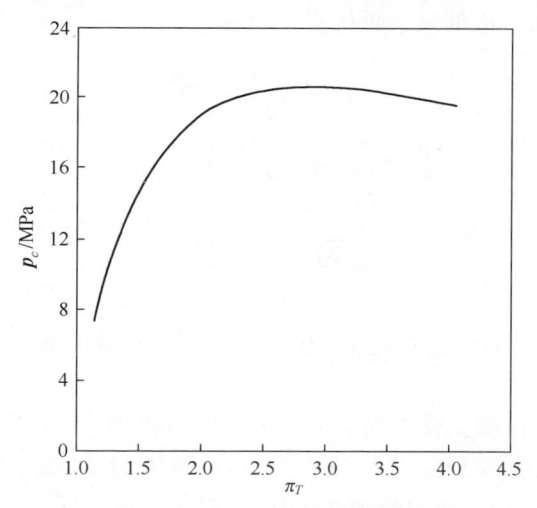

图 2-12 燃烧室压力随涡轮压比变化

2. 膨胀循环最大燃烧室压力计算方法

膨胀器循环作为闭式循环的一种，其特点是液氢从推力室冷却夹套获得热量，变成气氢作为涡轮工质，驱动涡轮。这种方案省略了预燃室，从而使重量减轻、结构紧凑、系统简化。参考图1-10，当两个泵由同一个涡轮驱动时，功率平衡方程可写为

$$\eta_T \dot{m}_f \frac{k}{k-1}(RT)_f \left(1-\frac{1}{\pi_T^{\frac{k-1}{k}}}\right) = \frac{\dot{m}_o(p_{p,o,\text{out}}-p_{p,o,\text{in}})}{\eta_{p,o}\rho_o}+\frac{\dot{m}_f(p_{p,f,\text{out}}-p_{p,f,\text{in}})}{\eta_{p,f}\rho_f} \tag{2-135}$$

同样，可令

$$\begin{cases} \pi_T = \dfrac{p_1}{p_c + \Delta p_{2,f}} \\ p_{p,o,\text{out}} = p_c + \Delta p_{2,o} \\ p_{p,f,\text{out}} = p_1 + \Delta p_{1,f} = \pi_T(p_c + \Delta p_{2,f}) + \Delta p_{1,f} \end{cases}$$

经过类似的假设后，式（2-134）可整理为

$$p_c = \frac{A\left(1 - \dfrac{1}{\pi_T^{\frac{k-1}{k}}}\right) - B}{\pi_T \rho_o + r_c \rho_f} - \Delta p_2 \tag{2-136}$$

式中：$A = \dfrac{k}{k-1}(RT)_f \eta_T \eta_p \rho_o$；$B = (\rho_o + \rho_f r_c)(\Delta p_1 - p_{p,\text{in}})$。

将式（2-136）对涡轮压比 π_T 求导，并令其值为零，经简化整理后可得

$$\frac{1}{\pi_{T,\text{opt}}^{\frac{k-1}{k}}}\left(1 + \frac{D}{\pi_{T,\text{opt}}}\right) = E \tag{2-137}$$

式中：$D = \dfrac{k-1}{2k-1} r_c \dfrac{\rho_f}{\rho_o}$；$E = \dfrac{k}{2k-1}\left(1 - \dfrac{B}{A}\right)$。

显然式（2-137）也是一个关于 $\pi_{T,\text{opt}}$ 的非线性方程，同样可用 Newton 法迭代求得 $\pi_{T,\text{opt}}$，从而可得 $\pi_{T,\text{opt}}$ 所对应的最大燃烧室压力 $p_{c,\text{max}}$：

$$p_{c,\text{max}} = \frac{A\left(1 - \dfrac{1}{\pi_{T,\text{opt}}^{\frac{k-1}{k}}}\right) - B}{\pi_{T,\text{opt}} \rho_o + r_c \rho_f} - \Delta p_2 \tag{2-138}$$

习　　题

1. 假设某型煤油在 20℃ 的密度为 800kg/m³、体积膨胀系数为 0.001，试求温度为 30℃ 时煤油的密度。

2. 某喷嘴流量特性试验，介质为水，通过挤压贮箱供应，贮箱与喷嘴之间通过管路、阀门连接，当贮箱增压为 1.5MPa 时，喷嘴的喷前压力为 1.2MPa、流量为 0.02kg/s，若喷嘴的流量系数为 0.6、出口压力恒为 0.1MPa，试求贮箱增压为 2.5MPa 时喷嘴的流量。

3. 对图 1-9（b）所示分级燃烧循环液体火箭发动机，要求发动机推力、燃烧室混合比、预燃室混合比均等于额定值，请提出预先调整方案，给出调节元件安装位置及调节元件参数计算方法。

4. 某节流圈需要消耗的压力为 1MPa 时，其内径为 20mm，如果该节流圈需要消耗的压力为 1.5MPa，那么其内径应该是多大？

5. 在图 1-9 给出的两种分级燃烧循环液体火箭发动机系统方案中，哪种方案发动机的最大燃烧室压力大？为什么？

第 3 章 液体火箭推进系统的动态特性

本章主要针对液体火箭推进系统的工作过程，建立发动机主要部件的动力学模型，分析主要部件的动力学特性及其影响因素。给出系统动力学分析和求解方法，对推进系统的稳定性进行分析。

3.1 动态特性概述

随着液体火箭推进系统的发展，特别是大推力、变工况、结构紧凑、长时间可靠工作液体火箭发动机水平的提高，对发动机工作特性的研究，不能只限于其稳态工作状态和静态特性。发动机动力学的研究在实践中已变得越来越重要，已成为正确设计和缩短研制周期所必做的工作。

动力学的研究包括下面几个方面。
（1）把发动机作为一个控制对象来研究它的动态响应特性。
（2）研究发动机的几个主要参数发生振荡的原因，建立稳定边界。
（3）研究并计算发动机的起动和关机过程（具体问题将在第 4 章讨论）。

液体火箭发动机是一个相当复杂的动力学系统，它的动力学特性可以用工作介质（液体推进剂及其燃烧产物）及各个部件的运动件（涡轮泵的转子、阀门、调节器等）的运动方程、质量和能量守恒等方程来研究，方程的形式和求解的方法取决于具体问题。

对起动、关机或工作参数做大幅度调整的问题，一般讲方程不宜做线性化处理。由于方程的非线性，且往往是一组方程，因此要求得解析解是很困难的，甚至是不可能的。应用计算机求近似的数值解不仅是可能的，而且是很经济的。

把发动机作为一个控制对象，研究发动机的低频不稳定性或者发动机的各个主要参数只做微小变化时，可用小偏差原理，将方程线性化，应用线性系统分析的理论，分析发动机对各种干扰的响应特性或建立稳定边界。

发动机的主要参数不仅随时间变化，也随空间变化。例如，当燃烧室中燃气压力出现高频振荡时或者管道中推进剂的流量和压力发生波动时，必须采用偏微分方程来描述其动力学过程。这些偏微分方程的解析解同样是很难得到的，也需要用计算机求数值解。

3.2 燃烧室的动力学特性

3.2.1 燃烧室动力学方程

反映燃烧室工作状态的主要参数是燃烧产物的压力 p_c 和温度 T_c（或气体常数与温度的

乘积 R_cT_c），这两个参数随时间变化的关系式就是燃烧室的动力学方程。

燃烧室中推进剂燃烧过程和喷管中燃气的流动过程是个相当复杂的物理化学过程，为了建立一个比较简单的数学模型，作如下假设。

（1）燃烧时滞 τ_c。推进剂喷入燃烧室到变成燃气要经过喷射雾化、蒸发、混合、燃烧等一系列的错综复杂的物理化学过程，并且不同推进剂的燃烧过程也不同。目前对这些过程还未完全弄清楚，通常用一个转化曲线 $\Phi(t)$，即推进剂从喷入燃烧室到 t 时刻之间转化为燃气的百分数来综合表示燃烧过程。该转化曲线从零开始平滑上升逐渐接近于 1，如图 3-1 中虚线所示。转化曲线的形状不仅与推进剂的性质、燃烧室结构有关，还与转化时的工作条件（如初始液滴的直径，转化时的燃烧室压力、温度等）有关。因此，要写出一个符合实际过程的转化曲线方程是很困难的。为了便于建立数学模型以进行分析，下面仅研究一个极端情况，即认为转化是经过一个时滞 τ_d 之后瞬时完成的，并且假设 τ_d 为一常数。

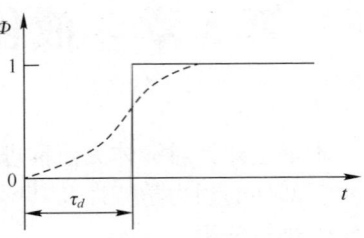

图 3-1 转化曲线示意

（2）任何瞬间，整个燃烧室中燃气压力、温度及气体成分都是均匀一致的。

（3）推进剂的燃烧产物服从理想气体状态方程。

根据燃烧室中质量守恒原则，在时间 dt 内产生的燃气，一部分通过喷管排出；另一部分补充加入燃烧室中，提高燃烧室中燃气压力。燃烧室中质量守恒方程可用下式表示：

$$\mathrm{d}m_c(t) = \dot{m}_{\mathrm{in}}(t)\mathrm{d}t - \dot{m}_{\mathrm{out}}(t)\mathrm{d}t \tag{3-1}$$

式中：$m_c(t)$ 为 t 时刻燃烧室中燃气质量；$\dot{m}_{\mathrm{in}}(t)$ 为 t 时刻燃气生成率；$\dot{m}_{\mathrm{out}}(t)$ 为 t 时刻从喷管中排出的气体质量流量。

如果燃烧时滞 τ_d 已知，则

$$\dot{m}_{\mathrm{in}}(t) = \dot{m}_{\mathrm{inj},o}(t-\tau_d) + \dot{m}_{\mathrm{inj},f}(t-\tau_d) \tag{3-2}$$

式中：$\dot{m}_{\mathrm{inj},o}(t-\tau_d)$ 为 $t-\tau_d$ 时刻从喷注器进入燃烧室的氧化剂流量；$\dot{m}_{\mathrm{inj},f}(t-\tau_d)$ 为 $t-\tau_d$ 时刻从喷注器进入燃烧室的燃料流量。

从喷管排出的气体质量流量 $\dot{m}_{\mathrm{out}}(t)$，由气体动力学方程得

$$\dot{m}_{\mathrm{out}}(t) = \Gamma_k \frac{p_c(t)A_t}{\sqrt{R_cT_c(t)}} \tag{3-3}$$

式中：$\Gamma_k = \sqrt{k}\left(\dfrac{2}{k+1}\right)^{\frac{k+1}{2(k-1)}}$；$k$ 为燃气比热比；A_t 为喷管喉部截面积；$p_c(t)$ 为 t 时刻燃烧室中燃气压力；R_cT_c 为 t 时刻燃烧室中气体常数与温度的乘积。

燃烧室中燃气质量 m_c 由气体状态方程得

$$m_c(t) = \frac{p_c(t)V_c}{R_cT_c(t)}$$

式中：V_c 为燃烧室容积。

对上式进行求导，得

$$\frac{\mathrm{d}m_c(t)}{\mathrm{d}t} = \frac{V_c}{R_cT_c(t)}\frac{\mathrm{d}p_c(t)}{\mathrm{d}t} - \frac{V_cp_c(t)}{(R_cT_c)^2(t)}\frac{\mathrm{d}R_cT_c(t)}{\mathrm{d}t} \tag{3-4}$$

燃气的气体常数与温度的乘积是燃烧室燃气压力与混合比 r_c 的函数,所以

$$\frac{\mathrm{d}(R_c T_c)}{\mathrm{d}t} = \frac{\partial(R_c T_c)}{\partial p_c}\frac{\mathrm{d}p_c}{\mathrm{d}t} + \frac{\partial(R_c T_c)}{\partial r_c}\frac{\mathrm{d}r_c(t)}{\mathrm{d}t} \tag{3-5}$$

将式(3-2)~式(3-5)代入式(3-1),经整理后得

$$\frac{V_c}{R_c T_c(t)}\left[1 - \frac{p_c(t)}{R_c T_c(t)}\frac{\partial(R_c T_c)}{\partial p_c}\right]\frac{\mathrm{d}p_c(t)}{\mathrm{d}t}$$

$$+ \left[\frac{\Gamma_k A_t}{\sqrt{R_c T_c(t)}} - \frac{V_c}{(R_c T_c)^2(t)}\frac{\partial(R_c T_c)}{\partial r_c}\frac{\mathrm{d}r_c(t)}{\mathrm{d}t}\right]p_c(t) \tag{3-6}$$

$$= \dot{m}_{inj,o}(t-\tau_d) + \dot{m}_{inj,f}(t-\tau_d)$$

对于常规发动机,除起动和关机过程,一般讲燃烧室燃气压力和混合比变化不大,可以认为 $R_c T_c$ 为常数,则上式可以简化成

$$\frac{V_c}{R_c T_c}\frac{\mathrm{d}p_c(t)}{\mathrm{d}t} + \frac{\Gamma_k A_t}{\sqrt{R_c T_c}} p_c(t) = \dot{m}_{inj,o}(t-\tau_d) + \dot{m}_{inj,f}(t-\tau_d) \tag{3-7}$$

3.2.2 动力学方程的线性化

把发动机作为一个控制对象来研究,它的主要参数的偏差量是很小的,更确切地说,偏差量与其稳态值相比是很小的。任一参数 φ 都可以用它的稳态值 $\overline{\varphi}$ 加上偏差量 $\Delta\varphi$ 表示,即

$$\varphi = \overline{\varphi} + \Delta\varphi$$

如果参数 φ 是变量 $X_1, X_2, \cdots, X_n$ 的函数,在 $\Delta\varphi \ll \overline{\varphi}$ 的情况下,有下列近似关系式:

$$\Delta\varphi = \frac{\partial\varphi}{\partial X_1}\Delta X_1 + \frac{\partial\varphi}{\partial X_2}\Delta X_2 + \cdots + \frac{\partial\varphi}{\partial X_n}\Delta X_n \tag{3-8}$$

用上述小偏差的方法,可以将非线性方程线性化。用该方法对式(3-6)作线性化处理,得

$$\frac{V_c}{R_c T_c}\left[1 - \frac{\overline{p}_c}{\overline{R_c T_c}}\overline{\left(\frac{\partial R_c T_c}{\partial p_c}\right)}\right]\frac{\mathrm{d}\Delta p_c(t)}{\mathrm{d}t} + \frac{\overline{\Gamma}_k A_t}{\sqrt{\overline{R_c T_c}}}\Delta p_c(t)$$

$$+ \frac{\overline{p}_c A_t}{\sqrt{\overline{R_c T_c}}}\Delta\Gamma_k(t) - \frac{\overline{\Gamma}_k A_t \overline{p}_c}{2\sqrt{(\overline{R_c T_c})^3}}\Delta R_c T_c(t) - \frac{\overline{p}_c V_c}{(\overline{R_c T_c})^2}\overline{\left(\frac{\partial R_c T_c}{\partial r_c}\right)}\frac{\mathrm{d}\Delta r_c(t)}{\mathrm{d}t} \tag{3-9}$$

$$= \Delta\dot{m}_{inj,o}(t-\tau_d) + \Delta\dot{m}_{inj,f}(t-\tau_d)$$

系数 Γ_k 是燃气比热比 k 的函数,而比热比 k 又是混合比的函数,所以

$$\Delta\Gamma_k = \overline{\left(\frac{\partial\Gamma_k}{\partial r_c}\right)}\Delta r_c \tag{3-10}$$

前面已经提到,RT 是压力和混合比的函数,所以

$$\Delta(R_c T_c) = \overline{\left(\frac{\partial R_c T_c}{\partial p_c}\right)}\Delta p_c + \overline{\left(\frac{\partial R_c T_c}{\partial r_c}\right)}\Delta r_c \tag{3-11}$$

将式(3-10)和式(3-11)代入式(3-9),并用相对偏差量表示,可得

$$\frac{\bar{p}_c V_c}{\bar{R}_c \bar{T}_c}\left[1-\frac{\bar{p}_c}{\bar{R}_c \bar{T}_c}\overline{\left(\frac{\partial R_c T_c}{\partial p_c}\right)}\right]\frac{\mathrm{d}\delta p_c}{\mathrm{d}t}+\bar{\dot{m}}_{\text{out}}\left[1-\frac{\bar{p}_c}{2\bar{R}_c \bar{T}_c}\overline{\left(\frac{\partial R_c T_c}{\partial p_c}\right)}\right]\delta p_c$$

$$=\frac{\bar{r}_c \bar{\dot{m}}_{\text{out}}}{\bar{\Gamma}_k}\left[\frac{\bar{\Gamma}_k}{2\bar{R}_c \bar{T}_c}\overline{\left(\frac{\partial R_c T_c}{\partial r_c}\right)}-\overline{\left(\frac{\partial \Gamma_k}{\partial r_c}\right)}\right]\delta r_c+\frac{\bar{r}_c \bar{p}_c V_c}{(\bar{R}_c \bar{T}_c)^2}\overline{\left(\frac{\partial R_c T_c}{\partial r_c}\right)}\frac{\mathrm{d}\delta r_c}{\mathrm{d}t}$$

$$+\bar{\dot{m}}_{\text{inj},o}\delta\dot{m}_{\text{inj},o}(t-\tau_d)+\bar{\dot{m}}_{\text{inj},f}\delta\dot{m}_{\text{inj},f}(t-\tau_d)$$

式中：$\bar{\dot{m}}_{\text{out}}=\dfrac{\bar{\Gamma}_k \bar{p}_c A_t}{\sqrt{\bar{R}_c \bar{T}_c}}$。

经过整理并引进一些系数，得下列形式的方程：

$$\tau_{c1}\frac{\mathrm{d}\delta p_c}{\mathrm{d}t}+\delta p_c=\tau_{c2}\frac{\mathrm{d}\delta r_c}{\mathrm{d}t}+K_{p_c}^{r}\delta r_c+K_{p_c}^{\dot{m}_o}\delta\dot{m}_{\text{inj},o}(t-\tau_d)+K_{p_c}^{\dot{m}_f}\delta\dot{m}_{\text{inj},f}(t-\tau_d) \tag{3-12}$$

式中：$\tau_{c1}=\dfrac{\bar{p}_c V_c\left[1-\bar{p}_c\overline{\left(\frac{\partial \ln(R_c T_c)}{\partial p_c}\right)}\right]}{\bar{R}_c \bar{T}_c \bar{\dot{m}}_{\text{out}}\left[1-\frac{1}{2}\bar{p}_c\overline{\left(\frac{\partial \ln(R_c T_c)}{\partial p_c}\right)}\right]}$ 为燃烧室时间常数；$\tau_{c2}=\dfrac{\bar{r}_c\overline{\left(\frac{\partial \ln(R_c T_c)}{\partial r_c}\right)}}{1-\bar{p}_c\overline{\left(\frac{\partial \ln(R_c T_c)}{\partial p_c}\right)}}\tau_{c1}$ 为

由于混合比 r_c 的变化而增加的时间常数；$K_{p_c}^{r}=\dfrac{\overline{\left(\frac{1}{2}\frac{\partial \ln(R_c T_c)}{\partial r_c}-\frac{\partial \ln \Gamma_k}{\partial r_c}\right)}}{1-\frac{\bar{p}_c}{2}\overline{\left(\frac{\partial \ln(R_c T_c)}{\partial p_c}\right)}}\bar{r}_c$ 为与混合比 r 有关

的室压放大系数；$K_{p_c}^{\dot{m}_o}=\dfrac{\bar{r}_c}{(1+\bar{r}_c)\left[1-\frac{1}{2}\bar{p}_c\overline{\left(\frac{\partial \ln(R_c T_c)}{\partial p_c}\right)}\right]}$ 为与氧化剂流量 $\dot{m}_{\text{inj},o}$ 有关的室压放大

系数；$K_{p_c}^{\dot{m}_f}=\dfrac{1}{(1+\bar{r}_c)\left[1-\frac{1}{2}\bar{p}_c\overline{\left(\frac{\partial \ln(R_c T_c)}{\partial p_c}\right)}\right]}$ 为与燃料流量 $\dot{m}_{\text{inj},f}$ 有关的室压放大系数。

对式（3-7）做线性化处理，并用相对偏差量表示，可得

$$\tau_c\frac{\mathrm{d}\delta p_c}{\mathrm{d}t}+\delta p_c=K_{p_c}^{\dot{m}_o}\delta\dot{m}_{\text{inj},o}(t-\tau_d)+K_{p_c}^{\dot{m}_f}\delta\dot{m}_{\text{inj},f}(t-\tau_d) \tag{3-13}$$

式中：$\tau_c=\dfrac{\bar{p}_c V_c}{\bar{\dot{m}}_{\text{out}}\bar{R}_c \bar{T}_c}$；$K_{p_c}^{\dot{m}_o}=\dfrac{\bar{r}_c}{1+\bar{r}_c}$；$K_{p_c}^{\dot{m}_f}=\dfrac{1}{1+\bar{r}_c}$。

3.2.3 动力学特性

这里只讨论燃烧室的传递函数、结构框图和单位阶跃响应，其他特性不作具体分析。对式（3-12）进行拉普拉斯变换可得

$$(1+\tau_{c1}s)L[\delta p_c]=(K_{p_c}^{r}+\tau_{c2}s)L[\delta r_c]+K_{p_c}^{\dot{m}_o}\mathrm{e}^{-\tau_d s}L[\delta\dot{m}_{\text{inj},o}]+K_{p_c}^{\dot{m}_f}\mathrm{e}^{-\tau_d s}L[\delta\dot{m}_{\text{inj},f}] \tag{3-14}$$

根据传递函数的定义可得

$$H_{p_c/\dot{m}_o}(s) = \frac{\delta p_c(s)}{\delta \dot{m}_{\text{inj},o}(s)} = \frac{K_{p_c}^{\dot{m}_o} e^{-s\tau_d}}{1+\tau_{c1}s}$$

$$H_{p_c/\dot{m}_f}(s) = \frac{\delta p_c(s)}{\delta \dot{m}_{\text{inj},f}(s)} = \frac{K_{p_c}^{\dot{m}_f} e^{-s\tau_d}}{1+\tau_{c1}s}$$

$$H_{p_c/r}(s) = \frac{\delta p_c(s)}{\delta r_c(s)} = \frac{K_{p_c}^{r}+\tau_{c2}s}{1+\tau_{c1}s}$$

由传递函数可以看出，燃烧室是一个具有惯性的时滞环节。由式（3-14），可得燃烧室的结构框图如图 3-2 所示。

对于常规发动机，用式（3-13）进行拉普拉斯变换可得

$$(1+\tau_c s)L[\delta p_c] = \{K_{p_c}^{\dot{m}_o}L[\delta \dot{m}_{\text{inj},o}] + K_{p_c}^{\dot{m}_f}L[\delta \dot{m}_{\text{inj},f}]\} e^{-s\tau_d} \tag{3-15}$$

此时，传递函数为

$$H_{p_c/\dot{m}_o}(s) = \frac{\delta p_c(s)}{\delta \dot{m}_{\text{inj},o}(s)} = \frac{K_{p_c}^{\dot{m}_o}}{1+\tau_c s} e^{-s\tau_d}$$

$$H_{p_c/\dot{m}_f}(s) = \frac{\delta p_c(s)}{\delta \dot{m}_{\text{inj},f}(s)} = \frac{K_{p_c}^{\dot{m}_f}}{1+\tau_c s} e^{-s\tau_d}$$

对应的结构框图如图 3-3 所示。

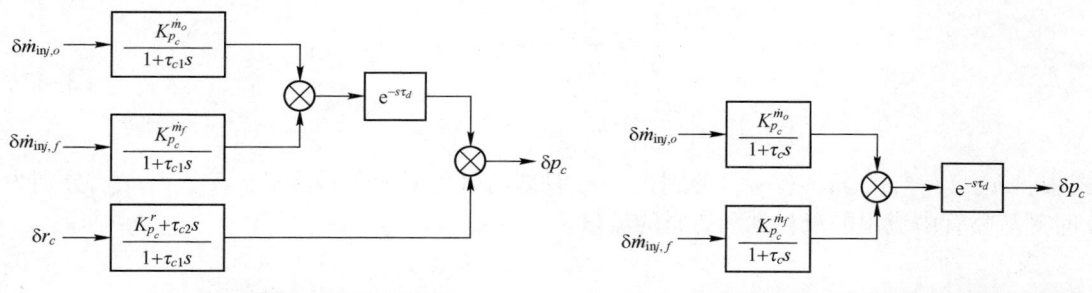

图 3-2　燃烧室的结构框图　　　　图 3-3　忽略混合比变化的燃烧室结构框图

当输入信号为单位阶跃函数时，如

$$\delta \dot{m}_{\text{inj},o} = u(t-\tau_d) = \begin{cases} 0, & t<\tau_d \\ 1, & t \geq \tau_d \end{cases}$$

由于传递函数的根为 $-\dfrac{1}{\tau_c}$，根据赫维赛德（Heaviside）定理，对单位阶跃函数的响应为

$$\delta p_c = \begin{cases} 0, & t<\tau_d \\ K_{p_c}^{\dot{m}_o}(1-e^{\frac{\tau_d-t}{\tau_c}}), & t \geq \tau_d \end{cases}$$

其瞬变过程响应如图 3-4 所示。

由图 3-4 可知，燃烧室是一个稳定的器件，即燃烧室压力随时间的变化稳定地达到一个不变的值。它的动力学特性是由时间常数 τ_c 和放大系数的值确定的，时间常数越小，压力随干扰变化的过渡过程越短，放大系数则反映燃烧室压力对流量干扰的敏感性。

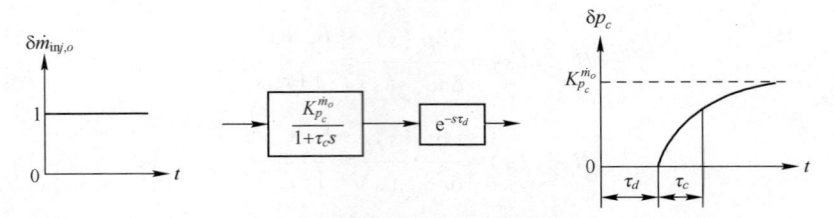

图 3-4 燃烧室瞬变过程的响应

引入燃烧室特征长度 L^* 和发动机的特征速度 c^*，则时间常数也可以写为

$$\tau_c = \frac{\bar{p}_c V_c}{\dot{m}_{\text{out}} R_c T_c} = \frac{L^* c^*}{R_c T_c}$$

如果推进剂混合比不变，则 $c^*/(R_c^* T_c^*)$ 为常数，这样时间常数 τ_c 就正比于特征长度。由此可知，喉部面积一定时，燃烧室时间常数 τ_c 与燃烧室容积成正比；燃烧室容积一定时，燃烧室时间常数与喷管喉部面积成反比。

燃烧室中燃气混合比 r_c 的动力学方程。由混合比的定义可得

$$\frac{\mathrm{d}r_c}{\mathrm{d}t} = \frac{1}{m_{c,f}} \frac{\mathrm{d}m_{c,o}}{\mathrm{d}t} - \frac{m_{c,o}}{m_{c,f}^2} \frac{\mathrm{d}m_{c,f}}{\mathrm{d}t} = r_c \left(\frac{1}{m_{c,o}} \frac{\mathrm{d}m_{c,o}}{\mathrm{d}t} - \frac{1}{m_{c,f}} \frac{\mathrm{d}m_{c,f}}{\mathrm{d}t} \right) \tag{3-16}$$

式中：$m_{c,o}$、$m_{c,f}$ 分别为燃烧室中燃气所含氧化剂和燃料的质量。

根据质量守恒定律：

$$\begin{cases} \dfrac{\mathrm{d}m_{c,o}}{\mathrm{d}t} = \dot{m}_{\text{inj},o}(t-\tau_d) - \dot{m}_{\text{out},o} \\ \dfrac{\mathrm{d}m_{c,f}}{\mathrm{d}t} = \dot{m}_{\text{inj},f}(t-\tau_d) - \dot{m}_{\text{out},f} \end{cases} \tag{3-17}$$

式中：$\dot{m}_{\text{inj},o}(t-\tau_d)$、$\dot{m}_{\text{inj},f}(t-\tau_d)$ 分别为 $t-\tau_d$ 时刻的氧化剂和燃料流量；$\dot{m}_{\text{out},o}$、$\dot{m}_{\text{out},f}$ 分别为 t 时刻从喷管中流出的氧化剂和燃料的流量。

又

$$\begin{cases} m_{c,o} = \dfrac{r_c}{1+r_c} m_c \\ m_{c,f} = \dfrac{1}{1+r_c} m_c \end{cases} \tag{3-18}$$

将式（3-18）和式（3-17）代入式（3-16）得

$$\begin{aligned} \frac{\mathrm{d}r_c}{\mathrm{d}t} &= r_c \left\{ \frac{1+r_c}{r_c m_c} [\dot{m}_{\text{inj},o}(t-\tau_d) - \dot{m}_{\text{out},o}] - \frac{1+r_c}{m_c} [\dot{m}_{\text{inj},f}(t-\tau_d) - \dot{m}_{\text{out},f}] \right\} \\ &= r_c \left[\frac{1+r_c}{r_c m_c} \dot{m}_{\text{inj},o}(t-\tau_d) - \frac{1+r_c}{r_c m_c} \dot{m}_{\text{out},o} - \frac{1+r_c}{m_c} \dot{m}_{\text{inj},f}(t-\tau_d) + \frac{1+r_c}{m_c} \dot{m}_{\text{out},f} \right] \\ &= \frac{1+r_c}{m_c} [\dot{m}_{\text{inj},o}(t-\tau_d) - r_c \dot{m}_{\text{inj},f}(t-\tau_d) - (\dot{m}_{\text{out},o} - r_c \dot{m}_{\text{out},f})] \\ &= \frac{(1+r_c) R_c T_c}{p_c V_c} [\dot{m}_{\text{inj},o}(t-\tau_d) - r_c \dot{m}_{\text{inj},f}(t-\tau_d)] \end{aligned} \tag{3-19}$$

3.3 液体管路的动力学特性

本节主要推导液体管路动力学微分方程，对动力学方程进行线性化，建立液体管路的传递函数，分析液体管路的单位阶跃响应。

液体管路的主要参数是管路中液体的流量和压力，其动力学方程就是流量和压力随时间变化的关系。推导动力学方程时基本假设如下。

（1）推进剂是不可压缩的；
（2）管路是刚性的；
（3）流动是一维非定常的。

根据纳维—斯托克斯方程，有

$$\frac{\mathrm{d}v}{\mathrm{d}t} = F_x - \frac{1}{\rho}\frac{\partial p}{\partial x} - F_f \tag{3-20}$$

式中：v 为流动速度；F_x 为作用于流体上的外力；F_f 为作用于流体上的管壁摩擦力；p 为流体压力；x 为管路长度坐标。

将整个管路分成若干小段，只要每个小段的管路长度足够小，这样偏导数 $\partial p/\partial x$ 就可以用 Δp_i 和 Δx_i 代替，则对每一小段，管路方程（3-20）都可写成

$$\rho \frac{\mathrm{d}v_i}{\mathrm{d}t}\Delta x_i = \rho F_{xi}\Delta x_i - \Delta p_i - \rho F_{fi}\Delta x_i$$

管路总长 $L = \sum \Delta x_i$，这样对整个管路有

$$\rho \sum \frac{\mathrm{d}v_i}{\mathrm{d}t}\Delta x_i = \rho \sum F_{xi}\Delta x_i + (p_1 - p_2) - \rho \sum F_{fi}\Delta x_i \tag{3-21}$$

式中：p_1、p_2 分别为管路两端压力；$\rho \sum F_{fi}\Delta x_i$ 为由推进剂黏性引起的水力损失，用 p_l 表示；$\rho \sum \frac{\mathrm{d}v_i}{\mathrm{d}t}\Delta x_i$ 为由惯性引起的压力变化，用 p_w 表示；$\rho \sum F_{xi}\Delta x_i$ 为由沿 x 方向外力引起的压力变化，用 p_x 表示。

一般地讲，水力损失 p_l 与动能 $\rho v^2/2$ 成正比，根据连续方程，质量流量 $\dot{m} = \rho v A$ 为常数，p_l 可用下式表示：

$$p_l = \xi \dot{m}^2/2\rho \tag{3-22}$$

式中：ξ 为阻力系数，可用实验方法测定。

同样根据连续方程，p_w 可用下式表示：

$$p_w = \left(\sum \frac{\Delta x_i}{A_i}\right)\frac{\mathrm{d}\dot{m}}{\mathrm{d}t} \tag{3-23}$$

式中：$\sum \frac{\Delta x_i}{A_i}$ 为惯性系数，用 R' 表示。

将式（3-22）和式（3-23）代入式（3-21）得

$$R'\frac{\mathrm{d}\dot{m}}{\mathrm{d}t} - (p_1 - p_2) + \xi \frac{\dot{m}^2}{2\rho} - p_x = 0$$

或

$$R'\frac{\mathrm{d}\dot{m}}{\mathrm{d}t}-(p_1-p_2)+\left(\xi+\frac{1}{A_1^2}-\frac{1}{A_2^2}\right)\frac{\dot{m}^2}{2\rho}-p_x=0 \tag{3-24}$$

对式（3-24）进行线性化处理可得

$$\Delta p_2-\Delta p_1+R'\frac{\mathrm{d}\Delta\dot{m}}{\mathrm{d}t}+\left(\xi+\frac{1}{A_1^2}-\frac{1}{A_2^2}\right)\dot{m}\frac{\Delta\dot{m}}{\rho}-\Delta p_x=0$$

再用相对偏差量表示，得

$$\bar{p}_2\delta p_2-\bar{p}_1\delta p_1+R'\bar{\dot{m}}\frac{\mathrm{d}\delta\dot{m}}{\mathrm{d}t}+\left(\xi+\frac{1}{A_1^2}-\frac{1}{A_2^2}\right)\bar{\dot{m}}^2\frac{\delta\dot{m}}{\rho}-\bar{p}_x\delta p_x=0$$

对上式进行拉普拉斯变换得

$$(\tau_{\dot{m}}s+1)L[\delta\dot{m}]=K_{\dot{m}}^{p_1}L[\delta p_1]-K_{\dot{m}}^{p_2}L[\delta p_2]+K_{\dot{m}}^{p_x}L[\delta p_x] \tag{3-25}$$

式中：$\tau_{\dot{m}}=\dfrac{R'}{b_1\bar{\dot{m}}}$；$b_1=\dfrac{1}{\rho}\left(\xi+\dfrac{1}{A_1^2}-\dfrac{1}{A_2^2}\right)$；$K_{\dot{m}}^{p_1}=\dfrac{\bar{p}_1}{b_1\bar{\dot{m}}^2}$；$K_{\dot{m}}^{p_2}=\dfrac{\bar{p}_2}{b_1\bar{\dot{m}}^2}$；$K_{\dot{m}}^{p_x}=\dfrac{\bar{p}_x}{b_1\bar{\dot{m}}^2}$。

根据传递函数的定义，由式（3-25）得传递函数：

$$H_{\dot{m}/p_i}(s)=\pm\frac{K_{\dot{m}}^{p_i}}{\tau_{\dot{m}}s+1}$$

当 p_i 为 p_1 或 p_x 时，取"+"；p_i 为 p_2 时，取"-"。

由传递函数看出，管道是一个惯性元件，它的单位阶跃响应为

$$\delta\dot{m}(t)=K_{\dot{m}}^{p_i}(1-\mathrm{e}^{-t/\tau_{\dot{m}}})$$

其结构框图和响应曲线见图3-5。

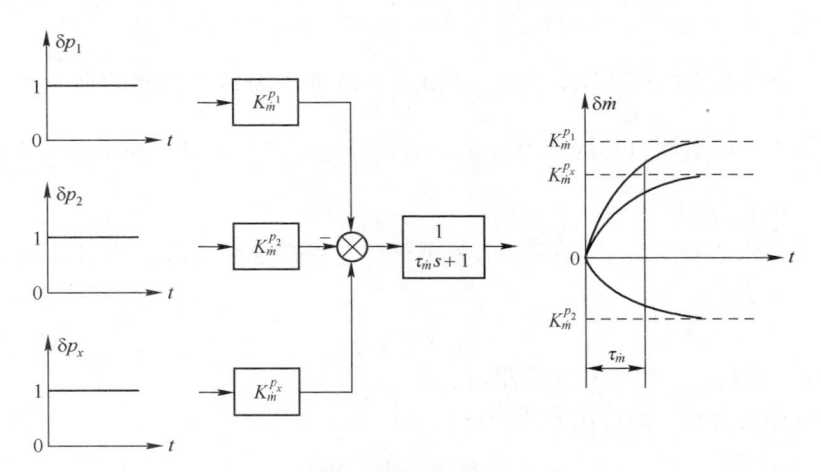

图 3-5 管路结构框图及瞬态响应曲线

从响应曲线看出，管路是一个稳定的惯性元件，其动态特性取决于时间常数 $\tau_{\dot{m}}$ 和放大系数 $K_{\dot{m}}^{p_i}$。而时间常数与管路长度 L、流体密度 ρ 成正比，与阻力系数 ξ、管路流通面积 A 及质量流量 $\dot{m}$ 成反比。放大系数 $K_{\dot{m}}^{p_i}$ 与压力 p_i 成正比、与水力损失成反比。

3.4 涡轮泵的动力学特性

本节主要推导离心泵、涡轮、涡轮泵组件的动力学方程，对动力学方程线性化，建立结构框图和传递函数，分析其动态响应特性。

3.4.1 离心泵的动力学特性

离心泵的动力学特性是泵的增压量、功率和转矩随时间变化的特性，增压量 Δp、功率 N 和转矩 M 之间有如下关系：

$$\begin{cases} N = \dfrac{\dot{m}\Delta p}{\rho} \\ M = N/\omega \end{cases}$$

式中：$\dot{m}$ 为离心泵的质量流量；ρ 为流体的密度；ω 为离心泵的旋转角速度。

由上面关系式可知，只要得到了增压量随时间变化的特性，则功率和转矩随时间变化的问题就迎刃而解了，因此本节着重讨论泵增压量的动力学特性。

根据流体在泵中流动的状态，将整个通道分成三段，第一段从泵的入口 1—1 截面到泵轮的入口 2—2 截面，第二段从泵轮的入口 2—2 截面到泵轮的出口 3—3 截面，第三段从泵轮的出口 3—3 截面到泵的出口 4—4 截面，分段如图 3-6 所示。

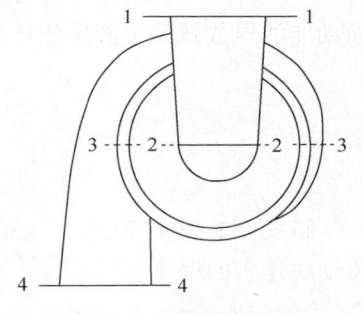

图 3-6 泵的通道分段

第一段与第三段是一个变截面管路，忽略体积力作用，由式（3-24）得

$$p_1 - p_2 = R'_{1-2}\frac{d\dot{m}}{dt} + \left(\xi_{1-2} + \frac{1}{A_1^2} - \frac{1}{A_2^2}\right)\frac{\dot{m}^2}{2\rho} \tag{3-26}$$

$$p_3 - p_4 = R'_{3-4}\frac{d\dot{m}}{dt} + \left(\xi_{3-4} + \frac{1}{A_3^2} - \frac{1}{A_4^2}\right)\frac{\dot{m}^2}{2\rho} \tag{3-27}$$

式中：流阻系数 ξ_{1-2} 和 ξ_{3-4} 均可通过实验测定。

对于第二段而言，根据泵轮中流体的能量守恒有

$$N = M\omega + p_2 A_2 w_2 - p_3 A_3 w_3 \tag{3-28}$$

式中：N 为泵轮中流体具有的功率；M 为泵轮传给流体的转矩；ω 为流体具有的旋转角速度；p_2、p_3 分别为泵轮的进出口压力；w_2、w_3 分别为泵轮的进出口相对速度。

泵轮中流体的角动量 R 为

$$R = \int_{s_2}^{s_3} v_u r \rho A ds = \int_{s_2}^{s_3} r(u - w\cos\beta)\rho A ds$$

式中：r 为旋转半径；u 为圆周速度（牵连速度）；w 为相对速度；β 为相对速度与圆周速度的夹角；s 为流体流线方向坐标。

泵轮中流体速度及相关夹角见图 3-7。

根据力学原理，角动量的导数等于力矩，所以

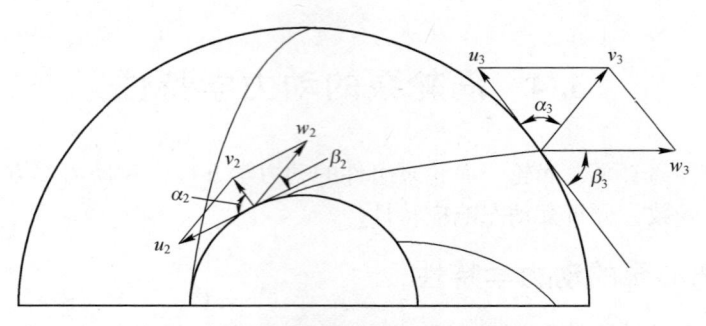

图 3-7　泵轮中流体速度及相关夹角

$$M = \frac{\mathrm{d}R}{\mathrm{d}t} = r(u - w\cos\beta)\rho Aw \Big|_2^3 + \int_{s_2}^{s_3} r\left(\frac{\mathrm{d}u}{\mathrm{d}t} - \frac{\mathrm{d}w}{\mathrm{d}t}\cos\beta\right)\rho A\mathrm{d}s \tag{3-29}$$

同样根据力学原理，泵轮中流体的动能 E 有下列表达式：

$$E = \int_{s_2}^{s_3} \frac{\rho}{2} v^2 A \mathrm{d}s = \frac{1}{2}\int_{s_2}^{s_3}(u^2 - 2uw\cos\beta + w^2)\rho A\mathrm{d}s$$

而动能的导数就等于液体的功率，所以

$$\begin{aligned}N = \frac{\mathrm{d}E}{\mathrm{d}t} &= \frac{1}{2}(u^2 - 2uw\cos\beta + w^2)\rho Aw \Big|_2^3 \\ &+ \int_{s_2}^{s_3}\left[u\frac{\mathrm{d}u}{\mathrm{d}t} - \left(u\frac{\mathrm{d}w}{\mathrm{d}t} + w\frac{\mathrm{d}u}{\mathrm{d}t}\right)\cos\beta + w\frac{\mathrm{d}w}{\mathrm{d}t}\right]\rho A\mathrm{d}s\end{aligned} \tag{3-30}$$

将式（3-29）和式（3-30）代入式（3-28），并考虑到 $\omega = u/r$，得到流体在泵轮中流动时压力的增量：

$$p_3 - p_2 = \frac{\rho}{2}\left[(u_3^2 - w_3^2) - (u_2^2 - w_2^2)\right] - \rho\int_{s_2}^{s_3}\left(\frac{\mathrm{d}w}{\mathrm{d}t} - \frac{\mathrm{d}u}{\mathrm{d}t}\cos\beta\right)\mathrm{d}s$$

实际流体是有黏性的，流体在泵轮中流动也会有损失，由黏性引起的损失称水力损失，与管道中流动过程一样，可以假设它与流量平方成正比，上式应为

$$p_3 - p_2 = \frac{\rho}{2}(u_3^2 - w_3^2 - u_2^2 + w_2^2) - \left(\xi_{2-3} + \frac{1}{A_2^2} - \frac{1}{A_3^2}\right)\frac{\dot{m}^2}{2\rho} - \rho\int_{s_2}^{s_3}\left(\frac{\mathrm{d}w}{\mathrm{d}t} - \frac{\mathrm{d}u}{\mathrm{d}t}\cos\beta\right)\mathrm{d}s \tag{3-31}$$

用式（3-26）、式（3-27）和式（3-31）得到泵的压头方程如下：

$$\begin{aligned}p_4 - p_1 &= \frac{\rho}{2}(u_3^2 - w_3^2 - u_2^2 + w_2^2) - \rho\int_{s_2}^{s_3}\left(\frac{\mathrm{d}w}{\mathrm{d}t} - \frac{\mathrm{d}u}{\mathrm{d}t}\cos\beta\right)\mathrm{d}s \\ &- \left(\xi_{1-4} + \frac{1}{A_1^2} - \frac{1}{A_4^2}\right)\frac{\dot{m}^2}{2\rho} - (R'_{1-2} + R'_{3-4})\frac{\mathrm{d}\dot{m}}{\mathrm{d}t}\end{aligned} \tag{3-32}$$

通过泵轮的质量流量与相对速度有如下关系：

$$\dot{m} = K\rho Aw\sin\beta$$

式中：A 为通道总面积，$A = 2\pi rb$；K 为因叶片厚度使面积减少的系数；b 为泵轮通道宽度。

对上式求导得

$$\frac{\mathrm{d}\dot{m}}{\mathrm{d}t} = K\rho A\sin\beta\frac{\mathrm{d}w}{\mathrm{d}t} \tag{3-33}$$

因为 $u = \omega r = \dfrac{2\pi n}{60} r = \dfrac{\pi D}{60} n$，故有

$$\frac{\mathrm{d}u}{\mathrm{d}t} = \frac{\pi D}{60} \frac{\mathrm{d}n}{\mathrm{d}t} \tag{3-34}$$

式中：n 的单位为 r/min。

将式（3-33）和式（3-34）代入式（3-32）中的积分项：

$$\rho \int_{s_2}^{s_3} \left(\frac{\mathrm{d}w}{\mathrm{d}t} - \frac{\mathrm{d}u}{\mathrm{d}t} \cos\beta \right) \mathrm{d}s$$

$$= \rho \int_{s_2}^{s_3} \left(\frac{1}{K\rho A \sin\beta} \frac{\mathrm{d}\dot{m}}{\mathrm{d}t} \right) \mathrm{d}s - \int_{s_2}^{s_3} \frac{\pi}{60} \frac{\mathrm{d}n}{\mathrm{d}t} D\cos\beta \mathrm{d}s$$

$$= \frac{\mathrm{d}\dot{m}}{\mathrm{d}t} \int_{s_2}^{s_3} \left(\frac{1}{KA\sin\beta} \right) \mathrm{d}s - \frac{\pi\rho}{60} \frac{\mathrm{d}n}{\mathrm{d}t} \int_{s_2}^{s_3} D\cos\beta \mathrm{d}s$$

式中两个积分用下列和式近似计算：

$$\int_{s_2}^{s_3} \left(\frac{1}{KA\sin\beta} \right) \mathrm{d}s = \sum \frac{\Delta x_i}{K_i A_i \sin\beta_i} = \frac{R'_{2-3}}{\rho}$$

$$\int_{s_2}^{s_3} D\cos\beta \mathrm{d}s = \sum D_i \cos\beta_i \Delta x_i = b_{3H} \frac{60}{\rho\pi}$$

因此积分

$$\rho \int_{s_2}^{s_3} \left(\frac{\mathrm{d}w}{\mathrm{d}t} - \frac{\mathrm{d}u}{\mathrm{d}t} \cos\beta \right) \mathrm{d}s = R'_{2-3} \frac{\mathrm{d}\dot{m}}{\mathrm{d}t} - b_{3H} \frac{\mathrm{d}n}{\mathrm{d}t}$$

将上式代入式（3-32）得

$$p_4 - p_1 = \frac{\rho}{2}(u_3^2 - w_3^2 - u_2^2 + w_2^2) - (R'_{1-2} + R'_{2-3} + R'_{3-4})\frac{\mathrm{d}\dot{m}}{\mathrm{d}t} - \left(\xi_{1-4} + \frac{1}{A_1^2} - \frac{1}{A_4^2}\right)\frac{\dot{m}^2}{2\rho} + b_{3H}\frac{\mathrm{d}n}{\mathrm{d}t}$$

稳态时：

$$\frac{\mathrm{d}\dot{m}}{\mathrm{d}t} = \frac{\mathrm{d}n}{\mathrm{d}t} = 0$$

$$p_4^* - p_1^* = \frac{\rho}{2}(u_3^2 - w_3^2 - u_2^2 + w_2^2) - b_{1H}\dot{m}^2$$

式中：$b_{1H} = \dfrac{1}{2\rho}\left(\xi_{1-4} + \dfrac{1}{A_1^2} - \dfrac{1}{A_4^2}\right)$。

由泵的静态特性可知

$$p_4^* - p_1^* = a_{1H}n^2 - a_{2H}\dot{m}n - b_{1H}\dot{m}^2$$

最终可得

$$p_4 - p_1 = a_{1H}n^2 - a_{2H}n\dot{m} - b_{1H}\dot{m}^2 - b_{2H}\frac{\mathrm{d}\dot{m}}{\mathrm{d}t} + b_{3H}\frac{\mathrm{d}n}{\mathrm{d}t} \tag{3-35}$$

式中：$a_{1H} = 4\pi^2 \varphi_b \rho r_3^2$；$a_{2H} = \varphi_b \tan\beta_3/(K_3 b_3)$；$b_{2H} = R'_{1-2} + R'_{2-3} + R'_{3-4}$；$\varphi_b$ 为考虑到叶片数的压头修正系数；β_3 为泵轮出口处相对速度与圆周速度的夹角；r_3 为泵轮出口处半径；b_3 为泵轮出口处泵轮厚度；K_3 为泵轮出口处，考虑到叶片厚度的通道面积修正系数。

实际计算结果表明，$\mathrm{d}\dot{m}/\mathrm{d}t$ 和 $\mathrm{d}n/\mathrm{d}t$ 这两项的影响不大，可以略去。泵的增压量动力

学方程可以简写成如下形式：

$$p_4-p_1=a_{1H}n^2-a_{2H}n\dot{m}-b_{1H}\dot{m}^2 \tag{3-36}$$

这个方程实际上与静特性一样，它反映泵的惯性是不大的，因此某些书上说泵是一个放大零件，其道理就在此。

1）离心泵功率动力学方程

将式（3-29）代入式（3-28）并应用连续方程可得

$$N = \dot{m}\left[\frac{4\pi^2}{60^2}(r_3^2-r_2^2)n^2 - \frac{2\pi}{60}(w_3r_3\cos\beta_3 - w_2r_2\cos\beta_2)n + \frac{p_2-p_3}{\rho}\right] \\ + \omega\rho\int_{s_2}^{s_3}rA\left(\frac{2\pi r}{60}\frac{\mathrm{d}n}{\mathrm{d}t} - \frac{\mathrm{d}w}{\mathrm{d}t}\cos\beta\right)\mathrm{d}s \tag{3-37}$$

式中：第一项为泵功率的稳态值，用 $N^*(\dot{m},n)$ 表示，由静特性方程得知

$$N^*(\dot{m},n) = K_{N1}n^2\dot{m} - K_{N2}n\dot{m}^2 \tag{3-38}$$

式中：$K_{N1}=4\varphi_b\varphi_v\pi^2r_3^2$；$K_{N2}=\dfrac{\varphi_b\cot\beta_3\varphi_v^2}{r_3bK\rho}$；$\varphi_v$ 为泵的容积效率。

第二项用前面的类似方法，即

$$\rho\omega\int_{s_2}^{s_3}rA\left(\frac{2\pi r}{60}\frac{\mathrm{d}n}{\mathrm{d}t} - \frac{\mathrm{d}w}{\mathrm{d}t}\cos\beta\right)\mathrm{d}s \\ = \frac{\pi^2\rho n}{900}\frac{\mathrm{d}n}{\mathrm{d}t}\sum A_ir_i^2\Delta x_i - \frac{\pi n}{30}\frac{\mathrm{d}\dot{m}}{\mathrm{d}t}\sum r_i\cos\beta_i\Delta x_i \tag{3-39} \\ = A_{N1}n\frac{\mathrm{d}n}{\mathrm{d}t} - A_{N2}n\frac{\mathrm{d}\dot{m}}{\mathrm{d}t}$$

式中：$A_{N1}=\dfrac{\pi^2\rho}{900}\sum A_ir_i^2\Delta x_i$；$A_{N2}=\dfrac{\pi}{30}\sum r_i\cos\beta_i\Delta x_i$。

将式（3-38）和式（3-39）代入式（3-37）得

$$N = K_{N1}n^2\dot{m} - K_{N2}n\dot{m}^2 + A_{N1}n\frac{\mathrm{d}n}{\mathrm{d}\tau} - A_{N2}n\frac{\mathrm{d}\dot{m}}{\mathrm{d}t} \tag{3-40}$$

2）泵转矩动力学方程

因为 $M=N/\omega$，所以

$$M = K_{M_1}n\dot{m} - K_{M_2}\dot{m}^2 + A_{M_1}\frac{\mathrm{d}n}{\mathrm{d}t} - A_{M_2}\frac{\mathrm{d}\dot{m}}{\mathrm{d}t} \tag{3-41}$$

式中：$K_{M_1}=120\pi\varphi_br_3^2$；$K_{M_2}=\dfrac{30\varphi_b\varphi_v^2\cot\beta_3}{b\pi K\rho r_3}$；$A_{M_1}=\dfrac{\rho\pi}{30}\sum A_ir_i^2\Delta x_i$；$A_{M_2}=\sum r_i\cos\beta_i\Delta x_i$。

3）动力学方程线性化

对式（3-35）进行线性化处理，得

$$\Delta(p_4-p_1)=(2a_{1H}\bar{n}-a_{2H}\bar{\dot{m}})\Delta n-(a_{2H}\bar{n}+2b_{1H}\bar{\dot{m}})\Delta\dot{m}-b_{2H}\frac{\mathrm{d}\Delta\dot{m}}{\mathrm{d}t}+b_{3H}\frac{\mathrm{d}\Delta n}{\mathrm{d}t}$$

引进无因次相对偏差符号：

$$\delta p_H = \frac{\Delta(p_4-p_1)}{\bar{p}_H}, \quad \delta n = \frac{\Delta n}{\bar{n}}, \quad \delta\dot{m} = \frac{\Delta\dot{m}}{\bar{\dot{m}}}$$

得到

$$\delta p_H = \tau_{1H}\frac{\mathrm{d}\delta n}{\mathrm{d}t}+K_{1H}\delta n-\tau_{2H}\frac{\mathrm{d}\delta \dot{m}}{\mathrm{d}t}-K_{2H}\delta \dot{m} \tag{3-42}$$

式中：$\tau_{1H}=\dfrac{b_{3H}\bar{n}}{\bar{p}_H}$；$K_{1H}=(2a_{1H}\bar{n}-a_{2H}\bar{m})\dfrac{\bar{n}}{\bar{p}_H}$；$\theta_{2H}=\dfrac{b_{2H}\bar{m}}{\bar{p}_H}$；$K_{2H}=(a_{2H}\bar{n}+2b_{1H}\bar{m})\dfrac{\bar{m}}{\bar{p}_H}$。

根据式（3-42），离心泵的结构框图见图 3-8。

实际上 τ_{1H} 和 τ_{2H} 都很小，可以略去，则泵的动力学方程可以简化为

$$\delta p_H = K_{1H}\delta n - K_{2H}\delta \dot{m} \tag{3-43}$$

对式（3-42）和式（3-43）分别取拉普拉斯变换得到下列方程：

$$L[\delta p_H] = (\tau_{1H}s+K_{1H})L[\delta n] - (\tau_{2H}s+K_{2H})L[\delta \dot{m}]$$

和

$$L[\delta p_H] = K_{1H}L[\delta n] - K_{2H}L[\delta \dot{m}]$$

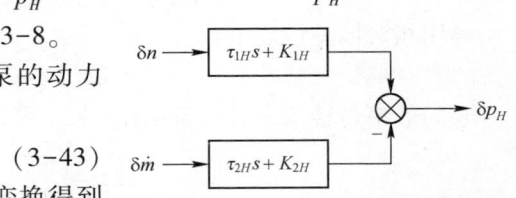

图 3-8　离心泵的结构框图

由上列方程得到泵的传递函数如下：

$$H_{p_H/n}(s) = \tau_{1H}s + K_{1H}$$

$$H_{p_H/\dot{m}} = -(\tau_{2H}s + K_{2H})$$

或

$$H_{p_H/n}(s) = K_{1H}$$

$$H_{p_H/\dot{m}} = -K_{2H}$$

时间常数 τ_{1H} 和 τ_{2H} 很小，说明泵的惯性不大，可以把泵近似地看成一个放大元件，其放大系数 K_{1H} 表示增压量对转速的增益，它是正的，即增压量随转速增加而增加，其增加的倍数为 K_{1H}；而 K_{2H} 前有负号，这表示增压量随流量的增加而减少，减少的倍数为 K_{2H}。

如果已知泵的静态特性曲线，则 K_{1H} 和 K_{2H} 可以用下式求得：

$$K_{1H} = \overline{\left(\frac{\partial p_H}{\partial n}\right)}\frac{\bar{n}}{\bar{p}_H}$$

$$K_{2H} = \overline{\left(\frac{\partial p_H}{\partial \dot{m}}\right)}\frac{\bar{\dot{m}}}{\bar{p}_H}$$

对式（3-41）进行线性化处理，得

$$\Delta M = K_{M_1}\bar{\dot{m}}\Delta n + (K_{M_1}\bar{n}-2K_{M_2}\bar{\dot{m}})\Delta \dot{m}+A_{M_1}\frac{\mathrm{d}\Delta n}{\mathrm{d}t}-A_{M_2}\frac{\mathrm{d}\Delta \dot{m}}{\mathrm{d}t}$$

再引进相对偏差量符号，得

$$\delta M = K_{1M}\delta n + K_{2M}\delta \dot{m} + \tau_{1M}\frac{\mathrm{d}\delta n}{\mathrm{d}t}-\tau_{2M}\frac{\mathrm{d}\delta \dot{m}}{\mathrm{d}t} \tag{3-44}$$

式中：$K_{1M}=\dfrac{K_{M_1}\bar{\dot{m}}\bar{n}}{\bar{M}}$；$K_{2M}=\dfrac{(K_{M_1}\bar{n}-2K_{M_2}\bar{\dot{m}})\bar{\dot{m}}}{\bar{M}}$；$\tau_{1M}=\dfrac{A_{M_1}\bar{n}}{\bar{M}}$；$\tau_{2M}=\dfrac{A_{M_2}\bar{n}}{\bar{M}}$。

如果已知泵的压头和效率的静态特性曲线，则可以用下面的方法求泵转矩动力学方程。因为

$$M = \frac{p_H}{2\pi\rho n\eta}\dot{m}$$

故有

$$\Delta M = \frac{\overline{p_H}}{2\pi\rho\bar{n}\bar{\eta}}\Delta\dot{m} - \frac{\overline{p_H}\overline{\dot{m}}}{2\pi\rho\bar{n}^2\bar{\eta}}\Delta n + \frac{\overline{\dot{m}}}{2\pi\rho\bar{n}\bar{\eta}}\Delta P_H - \frac{\overline{p_H}\overline{\dot{m}}}{2\pi\rho\bar{n}\bar{\eta}}\Delta\eta$$

再用相对偏差量表示：

$$\delta M = \delta\dot{m} - \delta n + \delta p_H - \delta\eta \tag{3-45}$$

泵的效率是转速 n 和流量 $\dot{m}$ 的函数，所以

$$\Delta\eta = \overline{\left(\frac{\partial\eta}{\partial n}\right)}\Delta n + \overline{\left(\frac{\partial\eta}{\partial\dot{m}}\right)}\Delta\dot{m}$$

用相对偏差量表示：

$$\delta\eta = \overline{\left(\frac{\partial\eta}{\partial n}\right)}\frac{\bar{n}}{\bar{\eta}}\delta n + \overline{\left(\frac{\partial\eta}{\partial\dot{m}}\right)}\frac{\overline{\dot{m}}}{\bar{\eta}}\delta\dot{m} \tag{3-46}$$

将式（3-43）和式（3-46）代入式（3-45）得

$$\delta M = K_{M_p}^{\dot{m}}\delta\dot{m} - K_{M_p}^{n}\delta n \tag{3-47}$$

式中：$K_{M_p}^{\dot{m}} = 1 - \overline{\left(\frac{\partial p_H}{\partial\dot{m}}\right)}\frac{\overline{\dot{m}}}{\overline{p_H}} - \overline{\left(\frac{\partial\eta}{\partial\dot{m}}\right)}\frac{\overline{\dot{m}}}{\bar{\eta}}$；$K_{M_p}^{n} = 1 - \overline{\left(\frac{\partial p_H}{\partial n}\right)}\frac{\overline{\dot{m}}}{\overline{p_H}} + \overline{\left(\frac{\partial\eta}{\partial n}\right)}\frac{\bar{n}}{\bar{\eta}}$。

3.4.2 涡轮及涡轮泵组件的动力学特性

本节主要推导涡轮及涡轮泵组件动力学方程，对动力学方程进行线性化，建立涡轮及涡轮泵组件的结构框图和传递函数，分析涡轮泵的动态特性。

1) 涡轮转矩动力学方程

以两级冲击式涡轮为例（单级涡轮作为两级涡轮的特例来处理），涡轮转矩为

$$M_T = \sum_{i=1}^{2} P_{ui}\frac{d_{Ti}}{2} \tag{3-48}$$

式中：P_{ui} 为涡轮工质作用于叶片上的圆周力；d_{Ti} 为叶片的平均直径。

运用气体动量变化原理，气体作用在叶片上的圆周力可用下式计算：

$$\begin{cases} P_{u1} = \dot{m}_g(v_1\cos\alpha_1 + v_2\cos\alpha_2) \\ P_{u2} = \dot{m}_g(v_3\cos\alpha_3 + v_4\cos\alpha_4) \end{cases} \tag{3-49}$$

式中：$\dot{m}_g$ 为涡轮工质流量；v_1、v_2 分别为第一级涡轮叶片进、出口绝对速度；v_3、v_4 分别为第二级涡轮叶片进、出口绝对速度；α_1、α_2 分别为第一级涡轮叶片进、出口绝对速度与圆周速度的夹角；α_3、α_4 分别为第一级涡轮叶片进、出口绝对速度与圆周速度的夹角。

两级涡轮速度三角形如图 3-9 所示。

根据速度三角形，有下列关系式：

$$\begin{cases} w_1\cos\beta_1 = v_1\cos\alpha_1 - u_1 \\ v_2\cos\alpha_2 = w_2\cos\beta_2 - u_1 \\ w_3\cos\beta_3 = v_3\cos\alpha_3 - u_2 \\ v_4\cos\alpha_4 = w_4\cos\beta_4 - u_2 \end{cases} \tag{3-50}$$

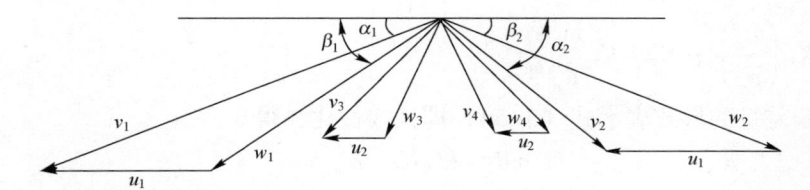

图 3-9　两级涡轮速度三角形示意

由于实际气体总是有黏性的，所以流动过程总会有损失，表现为速度的降低，通常用损失系数 φ 表示：

$$\begin{cases} w_2 = \varphi_1 w_1 \\ w_4 = \varphi_2 w_3 \\ v_3 = \varphi_H v_2 \end{cases} \tag{3-51}$$

将式（3-50）和式（3-51）代入式（3-49）得

$$\begin{cases} P_{u1} = a_1 \dot{m}_g (v_1 \cos\alpha_1 - u_1) \\ P_{u2} = a_2 \dot{m}_g \left\{ \varphi_H \dfrac{\cos\alpha_3}{\cos\alpha_2} \left[\varphi_1 \dfrac{\cos\beta_2}{\cos\beta_1} (v_1 \cos\alpha_1 - u_1) \right] - u_2 \right\} \end{cases} \tag{3-52}$$

式中：$a_1 = 1 + \varphi_1 \dfrac{\cos\beta_2}{\cos\beta_1}$；$a_2 = 1 + \varphi_2 \dfrac{\cos\beta_2}{\cos\beta_1}$。

将 $u_1 = \pi d_1 n/60$，$u_2 = \pi d_2 n/60$ 和 $v_1 = \dot{m}_g/(\rho A_c \sin\alpha_1)$ 代入式（3-52），然后再代入式（3-48），整理后得

$$M_T = K_{T1} \dot{m}^2 - K_{T2} \dot{m} n \tag{3-53}$$

式中：$K_{T1} = \dfrac{a_1 d_1 \cot\alpha_1}{2\rho A_c} + \dfrac{a_2 d_2 \varphi_1 \varphi_H}{2\rho A_c} \dfrac{\cos\alpha_3 \cos\beta_2}{\cos\alpha_2 \cos\beta_1} \cot\alpha_1$；$K_{T2} = \dfrac{\pi}{120} \left(a_1 d_1^2 + a_2 d_1 d_2 \varphi_1 \varphi_H \dfrac{\cos\alpha_3 \cos\beta_2}{\cos\alpha_2 \cos\beta_1} + a_2 d_2^2 \right)$；$\rho$ 为喷嘴出口截面气体密度；A_c 为喷嘴出口面积。

对于单级冲击式涡轮而言，式（3-53）的形式不变，只是 $\varphi_2 = \varphi_H = 0$，$K_{T1}$ 和 K_{T2} 系数有下列形式：

$$K_{T1} = \dfrac{a_1 d_1 \cot\alpha_1}{2\rho A_c}$$

$$K_{T2} = \dfrac{\pi a_1 d_1^2}{120}$$

从气体发生器中流出的流量 $\dot{m}_g$ 可用下式表示：

$$\dot{m}_g = \Gamma_k p_g A_{t,g} / \sqrt{(R_g T_g)}$$

如果气体发生器中的混合比不变，则 $R_g T_g = \text{const.}$，那么

$$\dot{m}_g = \dfrac{\overline{\dot{m}_g}}{\overline{p_g}} p_g$$

所以

$$M_T = K'_{T1} p_g^2 - K'_{T2} p_g n \tag{3-54}$$

式中：$K'_{T1} = K_{T1} \left(\dfrac{\overline{m}_g}{\overline{p}_g}\right)^2$；$K'_{T2} = K_{T2} \dfrac{\overline{m}_g}{\overline{p}_g}$。

用相对偏差量的形式表示式（3-54）即其线性化，得

$$\delta M_T = K_{M_T}^{p_g} \delta p_g - K_{M_T}^{n} \delta n \tag{3-55}$$

式中：$K_{M_T}^{p_g} = \dfrac{2K'_{T1}\overline{p}_g^2 - K'_{T2}\overline{p}_g\overline{n}}{\overline{M}_T}$；$K_{M_T}^{n} = \dfrac{K'_{T2}\overline{p}_g\overline{n}}{\overline{M}_T}$。

2）涡轮泵组件的方程

涡轮泵组件即涡轮转子与同轴泵轮的组件，其动力学方程就是它的旋转速度随时间变化的关系。以一个涡轮同时驱动氧化剂泵和燃料泵为例，根据角动量定理，角动量的变化率应等于外力矩的总和，设角动量为 R，则有

$$\frac{\mathrm{d}R}{\mathrm{d}t} = \sum M = M_T - M_{po} - M_{pf} \tag{3-56}$$

式中：M_T、M_{po}、M_{pf} 分别为涡轮、氧化剂泵和燃料泵的力矩。

因为 $R = J\omega$，其中 J 为涡轮泵组件的转动惯量，ω 为旋转角速度，转动惯量可用下式表示：

$$J = \iiint_v \rho(x^2 + y^2)\mathrm{d}x\mathrm{d}y\mathrm{d}z$$

式中：ρ 为旋转体密度；z 轴为旋转轴；x—y 平面垂直于 z 轴。

对于涡轮泵组件而言，旋转体可分两部分，一部分是涡轮泵组件结构，另一部分是泵轮中的氧化剂与燃料。因此，转动惯量也可分成相应的两部分，分别用 J_R 和 J_L 表示：

$$J_R = \iiint_{v_R} \rho_R(x^2 + y^2)\mathrm{d}x\mathrm{d}y\mathrm{d}z = \sum_{i=1}^{k} \Delta m_i r_i^2$$

$$J_L = \iiint_{v_L} \rho_L(x^2 + y^2)\mathrm{d}x\mathrm{d}y\mathrm{d}z$$

其中，J_R 与时间无关，除充填过程和腾空过程外，J_L 也可用上式进行近似计算，且不随时间变化。

由式（3-56）得

$$J\frac{\mathrm{d}\omega}{\mathrm{d}t} + \omega\frac{\mathrm{d}J_L}{\mathrm{d}t} = M_T - M_{po} - M_{pf} \tag{3-57}$$

如不考虑充填和腾空过程，则上式可以简化成

$$J\frac{\mathrm{d}\omega}{\mathrm{d}t} = M_T - M_{po} - M_{pf} \tag{3-58}$$

因为 $\omega = 2\pi n/60$，上式又可写成

$$\frac{\pi J}{30}\frac{\mathrm{d}n}{\mathrm{d}t} = M_T - M_{po} - M_{pf}$$

用相对偏差量的形式写出上式，得

$$\frac{\pi}{30}\overline{n}J\frac{\mathrm{d}\delta n}{\mathrm{d}t} = \overline{M}_T \delta M_T - \overline{M}_{po} \delta M_{po} - \overline{M}_{pf} \delta M_{pf}$$

将式（3-47）和式（3-55）代入上式，整理后得下列方程：

$$\tau_a \frac{\mathrm{d}\delta n}{\mathrm{d}t} + \delta n = K_{p_g} \delta p_g - K_{M_{po}} \delta \dot{m}_{po} - K_{M_{pf}} \delta \dot{m}_{pf} \tag{3-59}$$

式中：$\tau_a = \dfrac{\pi \bar{n} \bar{J}}{30(\overline{M}_T K_{M_T}^n - \overline{M}_{po} K_{M_{po}}^n - \overline{M}_{pf} K_{M_{pf}}^n)}$；$K_{p_g} = \dfrac{\overline{M}_T K_{M_T}^{p_g}}{\overline{M}_T K_{M_T}^n - \overline{M}_{po} K_{M_{po}}^n - \overline{M}_{pf} K_{M_{pf}}^n}$；$K_{M_{po}} = \dfrac{\overline{M}_{po} K_{M_{po}}^{\dot{m}_o}}{\overline{M}_T K_{M_T}^n - \overline{M}_{po} K_{M_{po}}^n - \overline{M}_{pf} K_{M_{pf}}^n}$；$K_{M_{pf}} = \dfrac{\overline{M}_{pf} K_{M_{pf}}^{\dot{m}_f}}{\overline{M}_T K_{M_T}^n - \overline{M}_{po} K_{M_{po}}^n - \overline{M}_{pf} K_{M_{pf}}^n}$。

对式（3-59）进行拉普拉斯变换，得

$$(\tau_a s + 1) L[\delta n] = K_{p_g} L[\delta p_g] - K_{M_{po}} L[\delta \dot{m}_{po}] - K_{M_{pf}} L[\delta \dot{m}_{pf}]$$

根据上式，可以得到涡轮泵组件传递函数：

$$H_{n/p_g}(s) = \frac{K_{p_g}}{\tau_a s + 1}$$

$$H_{n/\dot{m}_{po}}(s) = \frac{K_{M_{po}}}{\tau_a s + 1}$$

$$H_{n/\dot{m}_{pf}}(s) = \frac{K_{M_{pf}}}{\tau_a s + 1}$$

涡轮泵组件的结构框图如图 3-10 所示。

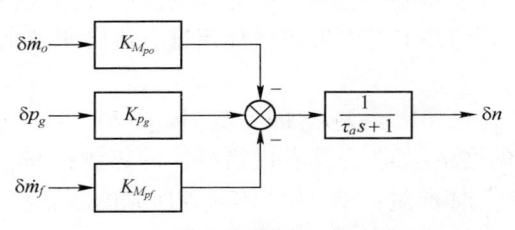

图 3-10 涡轮泵组件的结构框图

由涡轮泵组件的传递函数看出，涡轮泵组件是一个一阶惯性元件，它的单位阶跃响应为

$$\delta n = K_i (1 - \mathrm{e}^{-t/\tau_a})$$

式中：K_i 为 K_{p_g} 或 $K_{M_{po}}$ 或 $K_{M_{pf}}$，取决于输入信号。

3.5 自动器的动力学特性

液体火箭发动机系统中自动器种类很多，根据不同的操作能源可分为电动、气动、液动和火药爆破等不同类型的阀门，本节以气动阀门和液压控制阀门为例，推导气其气腔压力、温度、运动件等动力学微分方程，对动力学方程进行线性化，建立其结构框图和传递函数，分析其动态特性。

3.5.1 气动阀门的动力学特性

典型气动阀门的结构如图 3-11 所示，包含控制活塞、活塞杆带动阀盘、弹簧、阀座等部分。活塞一侧是控制腔，控制腔有一定容积 V，有供控制气体进出的管口；另一侧是弹簧，还有控制推进剂流动的阀座和推进剂进出的管口。

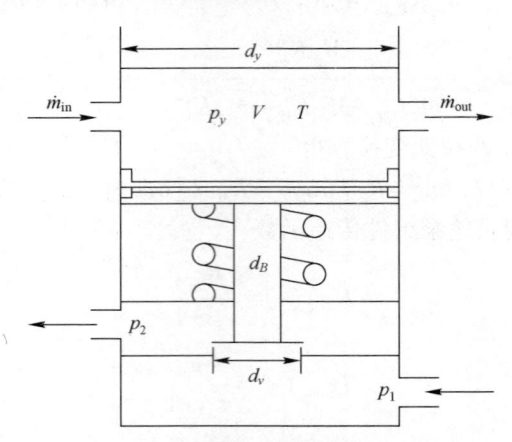

图 3-11 典型气动阀门的结构简图

1）气动阀门控制腔方程

气动阀门控制腔内气体质量是变化的，因此控制腔内气体状态参数之间的关系不能简单地应用热力学方程，必须考虑到控制腔内气体流进、流出所带来的影响。其能量方程应当有下列形式：

$$dU = \delta Q + h_{in} dm_{in} - h_{out} dm_{out} - \delta W$$

式中：dU 为气体的内能的增量；δQ 为外界供给气体的热量；dm_{in} 为流入控制腔的气体质量；dm_{out} 为流出控制腔的气体质量；δW 为气体对外所做的膨胀功；h_{in}、h_{out} 为流入、流出气体的热焓。

考虑到 $\dfrac{dm}{dt} = \dot{m}$，即单位时间流入（或流出）的气体质量是流量 $\dot{m}$，故上式可以写成

$$\frac{dU}{dt} = \dot{m}_{in} h_{in} - \dot{m}_{out} h_{out} + \frac{dQ}{dt} - \frac{dW}{dt} \tag{3-60}$$

根据热力学，有下列方程：

$$\begin{cases} dU = m c_v dT \\ pV = mRT \\ c_v = \dfrac{R}{k-1} \end{cases} \tag{3-61}$$

式中：c_v 为气体定容比热；T 为气体温度；V 为控制腔容积；R 为控制气体的气体常数；k 为控制气体的比热比。

由式（3-61）得

$$\frac{dU}{dt} = \frac{1}{k-1} \left(V \frac{dp}{dt} + p \frac{dV}{dt} \right)$$

而 $dW = pdV$，所以：

$$\frac{dp}{dt} = \frac{k-1}{V}\left(\dot{m}_{in}h_{in} - \dot{m}_{out}h_{out} - \frac{k}{k-1}p\frac{dV}{dt} + \frac{dQ}{dt}\right) \tag{3-62}$$

又因为 $\rho = \frac{m}{V}$，而 $\frac{dp}{d\rho} = \frac{dp/dt}{d\rho/dt}$，所以：

$$\frac{dp}{d\rho} = (k-1)\frac{\dot{m}_{in}h_{in} - \dot{m}_{out}h_{out} - \frac{k}{k-1}p\frac{dV}{dt} + \frac{dQ}{dt}}{\frac{dm}{dt} - \rho\frac{dV}{dt}}$$

式中：$\frac{dm}{dt} = \dot{m}_{in} - \dot{m}_{out}$。

上式又可改写成

$$\frac{dp}{d\rho} = (k-1)\frac{\dot{m}_{in}h_{in} - \dot{m}_{out}h_{out} - \frac{k}{k-1}p\frac{dV}{dt} + \frac{dQ}{dt}}{\dot{m}_{in} - \dot{m}_{out} - \rho\frac{dV}{dt}} \tag{3-63}$$

2）阀盘组件的运动方程

阀盘组件包括阀盘、活塞、活塞杆及弹簧，阀门的动力学特性由阀门组件的运动方程来描述。方程由力的平衡方程来建立，作用于阀盘组件上的力有以下几个部分。

① 液体的作用力 F_L

$$F_L = p_1 A_1 - p_2 A_2 = \frac{\pi d_v^2}{4}p_1 - \left(\frac{\pi d_v^2}{4} - \frac{\pi d_B^2}{4}\right)p_2$$

式中：p_1、p_2 分别为阀盘两边液体压力；d_v、d_B 分别为阀门和活塞杆直径。

② 控制气体作用力（包括大气作用力）F_y

$$F_y = p_H A_{y2} - p_y A_{y1} = p_H \frac{\pi}{4}(d_y^2 - d_B^2) - p_y \frac{\pi d_y^2}{4}$$

式中：P_H 为大气压力；P_y 为控制腔气体压力；d_y 为活塞直径。

③ 弹簧作用力 F_c

$$F_c = F_{c0} - Cx$$

式中：F_{c0} 为弹簧预紧力（阀门关闭时的弹簧力）；C 为弹簧刚度；x 为阀门行程。

④ 运动件上受到的摩擦力 F_f

$$F_f = C_f \frac{dx}{dt} = C_f \dot{x}$$

式中：C_f 为摩擦系数（假设为常数）；$\dot{x}$ 为阀盘组件运动速度。

⑤ 惯性力 F_j

$$F_j = m_\Sigma \ddot{x} = (m_y + m_D + m_B + m_C)\ddot{x}$$

式中：m_Σ 为运动件的总质量；m_y、m_D、m_B 分别为活塞、阀盘、活塞杆的质量；m_C 为弹簧的有效质量。

由力的平衡得下列方程：

$$m_\Sigma \ddot{x} + C_f \dot{x} + Cx = p_1 A_1 - p_2 A_2 - p_y A_{y1} + p_H A_{y2} + F_{c0} \tag{3-64}$$

3) 气动阀门开起时滞 τ_1 的计算

阀门处于关闭状态时，控制腔中气体压力为 p_{y0}。设 p_{y0} 为已知，要打开阀门时，应打开控制腔的放气管嘴，同时关闭其进气管嘴，让控制腔中气体压力下降，当压力由 p_{y0} 降到 $p_{y\tau 1}$ 时，式（3-64）有下列形式：

$$p_1 A_1 - p_2 A_2 - p_{y\tau 1} A_{y1} + p_H A_{y2} + F_{c0} = 0$$

即

$$P_{y\tau 1} = \frac{p_1 A_1 - p_2 A_2 + p_H A_{y2} + F_{c0}}{A_{y1}} \tag{3-65}$$

控制腔中气体压力 p_{y0} 由降到 $p_{y\tau 1}$ 所需之时间，即阀门开起时滞 τ_1。气体压力变化的过程是个排气过程，假设该过程是个多变过程，其多变指数为 k，气体经排气管嘴排出时是以超声速流排入大气，排气管嘴面积为 A_n。时滞 τ_1 时刻阀门开始要运动但还没运动，因此 $dV=0$。因进口管已关闭，所以 $\dot{m}_{in}=0$，这时式（3-62）和式（3-63）有如下形式：

$$\frac{dp_y}{dt} = \frac{k-1}{V}\left(\frac{dQ}{dt} - \dot{m}_{out} h_{out}\right) \tag{3-66}$$

$$\frac{dp_y}{d\rho} = -\frac{k-1}{\dot{m}_{out}}\left(\frac{dQ}{dt} - \dot{m}_{out} h_{out}\right) \tag{3-67}$$

根据热力学和气体动力学，气体的热焓和流出气体的流量有下列表达式。

$$h_{out} = \frac{k}{k-1} RT \tag{3-68}$$

$$\dot{m}_{out} = \mu \frac{\Gamma_k p_y A_n}{\sqrt{RT}} \tag{3-69}$$

式中：R 为控制腔中气体常数；T 为控制腔中气体温度；μ 为流量系数。

将式（3-68）和式（3-69）代入式（3-66）得

$$\frac{dp_y}{dt} = \frac{k-1}{V}\left(\frac{dQ}{dt} - \frac{k}{k-1}\mu \Gamma_k p_y A_n \sqrt{RT}\right) \tag{3-70}$$

根据气体密度的定义 $\rho = \frac{m}{V}$，而这时 $dV = 0$，所以：

$$\frac{d\rho}{dt} = \frac{1}{V}\frac{dm}{dt} = -\frac{\dot{m}_{out}}{V} = -\frac{\mu \Gamma_k p_y A_n}{V\sqrt{RT}} \tag{3-71}$$

由状态方程 $p_y = \rho RT$ 得

$$\frac{dp_y}{dt} = \rho R \frac{dT}{dt} + RT \frac{d\rho}{dt} \tag{3-72}$$

由式（3-70）、式（3-71）和式（3-72）得

$$\frac{dT}{dt} = \frac{(k-1)\mu \Gamma_k A_n \sqrt{RT}}{V}\left(\frac{\sqrt{T}}{\mu \Gamma_k p_y A_n \sqrt{R}}\frac{dQ}{dt} - T\right) \tag{3-73}$$

外界加给气体的热是通过阀的壳体传给气体的，由壳体的壁传给气体的热量，根据传热学有下列表达式：

$$\frac{dQ}{dt} = \alpha(T_0 - T)S$$

式中：T_0 为壳体壁温；S 为传热的面积；α 为热传导系数。

假设壁面与气体之间是自由对流换热，则传热系数有下式：

$$\alpha = \frac{x}{\sqrt{T}} p_y^{2/3} (T_0 - T)^{1/3}$$

式中：x 为取决于气体种类的系数。

因为阀壳体质量比气体的质量大很多，金属壁的热传导率很高，在很短的排气过程，可以认为壁温不变，即 $T_0 = C$，这样就有

$$\frac{dQ}{dt} = xT^{-1/2} p_y^{2/3} (T_0 - T)^{4/3} S \tag{3-74}$$

上式表示 dQ/dt 是控制腔气体压力 p_y 和温度的非线性函数。为了得到线性方程，在压力 p_y 和温度变化的可能范围内，借助线性关系式，用最小二乘法去线性逼近，可得

$$\begin{cases} p_y^{2/3} = \dfrac{9}{8} p_{y0}^{-1/3} p_y \\ (T_0 - T)^{4/3} = \dfrac{9}{10} T_0^{1/3} (T_0 - T) \end{cases} \tag{3-75}$$

将式 (3-75) 代入式 (3-74) 得

$$\frac{dQ}{dt} = 1.01x \left(\frac{T_0}{p_{y0}}\right)^{1/3} \frac{p_y(T_0 - T)}{\sqrt{T}} S \tag{3-76}$$

将式 (3-76) 代入式 (3-73) 经过整理后得

$$\frac{d\overline{T}}{\phi^2 - \overline{T}^2} = \frac{\omega}{\phi} dt \tag{3-77}$$

式中：$\overline{T} = \sqrt{\dfrac{T}{T_0}}$；$\phi = \sqrt{\dfrac{\theta}{\theta + 1}}$；$\omega = \dfrac{1}{2}\phi r(1+\theta)\sqrt{T_0}$；$\theta = \dfrac{1.01xS}{\mu \varGamma_k A_n R} \sqrt[3]{\dfrac{T_0}{p_{y0}}}$；$r = \dfrac{(k-1)\mu \varGamma_k A_n \sqrt{R}}{V}$。

对式 (3-77) 积分，当 $t=0$ 时，$\overline{T}=1$；当 $t=\tau$ 时，$\overline{T}=\sqrt{\dfrac{T}{T_0}}$。因此：

$$\frac{T}{T_0} = \phi^2 \text{cth}^2(\omega t + \varepsilon) \tag{3-78}$$

式中：$\varepsilon = \text{arth}\phi$。

将式 (3-78) 代入式 (3-71)，并考虑到 $p_y = \rho RT$，可得

$$\frac{d\rho}{\rho} = -\frac{r\sqrt{T_0}}{k-1} \phi \text{cth}(\omega t + \varepsilon) dt$$

对上式积分，当 $t=0$ 时，$\rho = \rho_0$；当 $t=t$ 时，$\rho = \rho$。可得

$$\frac{\rho}{\rho_0} = \frac{\text{sh}^\zeta(\omega t + \varepsilon)}{\theta^{\zeta/2}} \tag{3-79}$$

式中：$\zeta = -\dfrac{2}{(k-1)(1+\theta)}$。

由式（3-78）和式（3-79）及状态方程得

$$\frac{p_y}{p_{y0}} = \frac{\phi^2 \operatorname{cth}^2(\omega t+\varepsilon)}{\theta^{\zeta/2}} \operatorname{sh}^\zeta(\omega t+\varepsilon)$$

根据上式，当 $p_y = p_{y\tau_1}$ 时，$t = \tau_1$，则

$$p_{y\tau_1} = p_{y0} \frac{\phi^2}{\theta^{\zeta/2}} \operatorname{th}^2(\omega\tau_1+\varepsilon) \operatorname{sh}^\zeta(\omega\tau_1+\varepsilon)$$

由于上式是一个非线性超越方程，已知 $p_{y\tau_1}$ 后，求解 τ_1 解析解是很困难的，可以用计算机求数值解。

如果认为控制腔的排气过程是绝热过程，即 $dQ/dt=0$，则式（3-73）变成如下形式：

$$\frac{dT}{dt} = -\frac{(k-1)\mu\Gamma_k A_n \sqrt{R}}{V} T^{3/2} = -rT^{3/2}$$

经同样整理后得

$$\frac{d\overline{T}}{\overline{T}^2} = -r\frac{\sqrt{T_0}}{2}dt$$

上式积分后得

$$\overline{T}^{-1} = \frac{r}{2}\sqrt{T_0}\,t + C$$

当 $t=0$ 时，$T=T_0$，所以 $C=1$，再令 $\omega_1 = \frac{r}{2}\sqrt{T_0}$，则

$$\frac{T}{T_0} = (1+\omega_1 t)^{-2}$$

根据绝热过程方程，得

$$\frac{p_y}{p_{y0}} = (1+\omega_1 t)^{\frac{2k}{1-k}}$$

当 $p_y = p_{y\tau_1}$ 时，$t = \tau_1$，所以：

$$\tau_1 = \frac{1}{\omega_1}\left[\left(\frac{p_{y\tau_1}}{p_{y0}}\right)^{\frac{1-k}{2k}} - 1\right]$$

如果假设控制腔的排气过程是等温过程，即 $T=T_0$，由状态方程得

$$\frac{dp}{dt} = RT_0\frac{d\rho}{dt}$$

将式（3-71）代入上式得

$$\frac{dp}{dt} = -RT_0\frac{\mu\Gamma_k p A_n}{V\sqrt{RT_0}} = -\frac{\mu\Gamma_k A_n\sqrt{RT_0}}{V}p$$

即

$$\frac{dp}{p} = -\theta_1 dt \tag{3-80}$$

式中：$\theta_1 = \dfrac{\mu\Gamma_k A_n\sqrt{RT_0}}{V}$。

对式（3-80）积分，考虑到当 $t=0$ 时，$p=p_0$，得

$$\ln\frac{p}{p_0}=-\theta_1 t$$

当 $p_y=p_{y\tau 1}$ 时，$t=\tau_1$，所以：

$$\tau_1=-\frac{1}{\theta_1}\ln\frac{p_{y\tau 1}}{p_{y0}}$$

计算开起、关闭过程，除要应用式（3-62）、式（3-63）和式（3-64）外，还应补充一些方程，如传热方程、气体流动方程及气体状态方程等，联立求解。一般来说，解析解是很难得到的，可以用计算机求近似的数值解。

3.5.2 液压阀门的动力学特性

液压阀门的结构与气动阀门一样，只是控制气体换成控制液体。

1) 控制腔方程

dt 时间内流入控制腔的液体的体积应等于由活塞运动引起的控制腔容积的增量 $A_y dx$ 和由控制腔压力的增加引起的控制腔容积的增量 dV_c，以及腔内液体体积的减少和气体体积的减少之代数和，即

$$Qdt = dV_c + A_y dx - dV_L - dV_g \tag{3-81}$$

式中：Q 为流入控制腔的液体的容积流量；V_c 为控制腔容积；A_y 为活塞面积；x 为活塞行程；V_L 为控制腔内液体体积；V_g 为控制腔内气体体积。

根据体积弹性模量 β 的定义有

$$\beta_c=\frac{dp}{dV_c}\cdot V_c;\quad \beta_L=-\frac{dp}{dV_L}\cdot V_L;\quad \beta_g=-\frac{dp}{dV_g}\cdot V_g$$

代入式（3-81）得

$$Q=A_y\frac{dx}{dt}+\left(\frac{V_c}{\beta_c}+\frac{V_L}{\beta_L}+\frac{V_g}{\beta_g}\right)\frac{dp}{dt} \tag{3-82}$$

式中：β_c、β_L、β_g 分别为控制腔及腔中液体、气体的弹性模量；V_c、V_L、V_g 分别为控制腔及腔中液体及气体的体积。

因为 $V_c=V_L+V_g$，如果略去控制腔中气体体积，即 $V_g=0$，则 $V_c=V_L$，式（3-82）变成

$$Q=A_y\frac{dx}{dt}+\left(\frac{1}{\beta_c}+\frac{1}{\beta_L}\right)V\frac{dP}{dt} \tag{3-83}$$

式中：β_L 取决于控制液体的种类；β_c 取决于控制腔的结构及其材料。如果是薄壁圆筒形结构，则有

$$\beta_c=\frac{\delta E}{D} \tag{3-84}$$

式中：δ 为壁厚；E 为材料的弹性模量；D 为直径。

如果是厚壁圆筒形结构，则有

$$\beta_c=\frac{E}{2(1+v)} \tag{3-85}$$

式中：v 为材料的泊松比。

计算结果表明，一般情况下，$\beta_c \gg \beta_L$，所以式（3-83）还可进一步简化为

$$Q = A_y \frac{dx}{dt} + \frac{V}{\beta_L} \frac{dp}{dt} \tag{3-86}$$

2）运动件的运动方程

因为结构与气动阀门完全一样，所以运动件也一样，方程形式与式（3-64）完全一样：

$$m_\Sigma \ddot{x} + C_f \dot{x} + Cx = p_1 A_1 - p_2 A_2 - p_y A_{y1} + p_H A_{y2} + F_{c0} \tag{3-87}$$

3）液压阀门关闭时滞 τ_1 的计算

假设液压阀控制液体是通过两个完全一样的电磁阀控制的，流进的电磁阀入口压力 p_t 为常数，流出的电磁阀是排入大气，则出口压力即大气压力 p_H、电磁阀流通面积 A_e、流量系数 C_d 均为已知数。关闭液压阀时，打开进口电磁阀，关闭出口电磁阀，流入控制腔的液体的容积流量 Q 用下式表示：

$$Q = C_d A_e \sqrt{2\rho(p_t - p_y)} \tag{3-88}$$

求关闭时滞 τ_1 时，阀门没有运动 $\dot{x} = 0$，且因这时外力处于平衡状态，故加速度为零，即 $\ddot{x} = 0$。因而运动方程（3-87）可以改写成

$$p_{y\tau 1} = \frac{1}{A_{y1}} (F_{c0} - Ch + p_1 A_1 - p_2 A_2 + p_H A_{y2}) \tag{3-89}$$

式中：h 为阀门行程。

由式（3-86）和式（3-88），并考虑到 $\frac{dx}{dt} = 0$，可得

$$C_d A_e \sqrt{2\rho(p_t - p_y)} = \frac{V_c}{\beta_L} \frac{dp_y}{dt}$$

令 $k = C_d A_e \sqrt{2\rho} \beta_L / V_c$，则

$$\frac{dp_y}{\sqrt{p_t - p_y}} = k dt \tag{3-90}$$

对上式积分，当 $t = 0$ 时，$p_y = p_H$；当 $t = \tau_1$ 时，$p_y = p_{y\tau 1}$。则有

$$\tau_1 = \frac{2}{k} (\sqrt{p_t - p_H} - \sqrt{p_t - p_{y\tau 1}}) \tag{3-91}$$

4）液压阀门开起时滞计算

打开液压阀门时，关闭入口电磁阀，打开排泄电磁阀，控制腔内液体压力由 p_t 开始下降，当下降到 $p_y = p_{y\tau 2}$ 时，即经过时滞 τ_2 后打开。由运动方程（3-87），并考虑到 $\dot{x} = 0$，$h = 0$，所以：

$$p_{y\tau 2} = (F_{c0} + p_1 A_1 - p_2 A_2 + p_H A_{y2}) \frac{1}{A_{y1}}$$

这时，从出口电磁阀流出的液体的容积流量 Q 为

$$Q = -C_d A_e \sqrt{2\rho(p_y - p_H)} \tag{3-92}$$

由式（3-86）和式（3-92）并考虑到 $\frac{dx}{dt}=0$，可得

$$-\frac{1}{\sqrt{p_y-p_H}}dp_y = kdt \tag{3-93}$$

对式（3-93）积分，t 由 $0 \sim \tau_2$，则 p_y 由 $p_t \sim p_{y\tau2}$，可得

$$\tau_2 = \frac{2}{k}(\sqrt{p_t-p_H}-\sqrt{p_{y\tau2}-p_H})$$

从 τ_1、τ_2 的表达式，可以得到下列几点结论：（1）要减小开起和关闭时滞可以通过减小控制腔容积 V_c 和增大电磁阀流通面积和流量系数达到；（2）如果提高电磁阀入口压力 p_t，则关闭时滞可以减小，但开起时滞会增加；（3）如果增加弹簧预紧力 F_{c0} 则开起时滞可以减少而关闭时滞会增加。

需要指出的是，结论（2）和（3）只适用于常开活门结构，对于常闭活门结论则相反。

3.6 液体火箭推进系统稳定性分析

本节以挤压式液体火箭发动机系统为例，建立推进系统框图，确定系统传递函数，对系统的稳定性进行分析。

根据传递函数的定义，系统的传递函数是系统输出信号的拉普拉斯变换式与输入信号的拉普拉斯变换式之比。系统的输入、输出信号的选择取决于求解的问题。假设输出信号是 $y(t)$，其拉普拉斯变换式 $y(s)=L[y(t)]$，输入信号是 $x(t)$，其拉普拉斯变换式 $x(s)=L[x(t)]$，则传递函数可以写成

$$H(s)=\frac{y(s)}{x(s)}$$

相应的信号如图 3-12 所示。

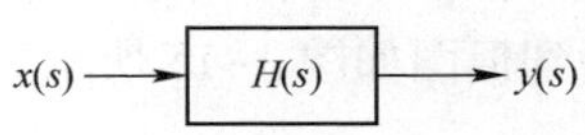

图 3-12 对象的信号

已知传递函数后，就很容易确定输入、输出信号之间的关系：

$$y(s)=H(s)x(s)$$

应用传递函数可解决以下几个问题：（1）确定系统的瞬态响应，即在给定输入信号后，确定输出信号随时间的变化关系；（2）确定系统的放大系数及瞬变过程的时间；（3）评价系统的稳定性；（4）在给定参数的平面内，确定系统的稳定边界。

3.6.1 系统传递函数

有两种确定系统传递函数的方法，即结构图的等效转换法和解析法。无论哪一种方法，确定系统传递函数的前提条件是，组成系统的各个部件线性化动力学方程。

为了简化计算，而又不失方法的一般性，以一个最简单的双组元挤压式供应系统的发动机为例，讨论传递函数的确定方法。发动机系统结构简图见图 3-13，选定燃烧室压力 p_c 为输出信号，两个贮箱压力 p_{to} 和 p_{tf} 为输入信号。

1）系统部件的动力学方程

该系统由氧化剂管路、燃料管路及燃烧室三个部件组成，它们动力学方程如下：

燃烧室方程：

$$(1+\tau_c s)L[\delta p_c] = \{K_{p_c}^{\dot{m}_o}L[\delta \dot{m}_o]+K_{p_c}^{\dot{m}_f}L[\delta \dot{m}_f]\}e^{-s\tau_d}$$

氧化剂管路方程：

$$(\tau_{\dot{m}_o}s+1)L[\delta \dot{m}_o] = K_{\dot{m}_o}^{p_{to}}L[\delta p_{to}]-K_{\dot{m}_o}^{p_c}L[\delta p_c]$$

燃料管路方程：

$$(\tau_{\dot{m}_f}s+1)L[\delta \dot{m}_f] = K_{\dot{m}_f}^{p_{tf}}L[\delta p_{tf}]-K_{\dot{m}_f}^{p_c}L[\delta p_c]$$

2）用结构图等效简化方法确定传递函数

根据上述三个部件的动力学方程，构成一个系统结构框图，如图 3-14 所示。图中用方框表示一个环节，框中 $H(s)$ 表示该环节的传递函数。在信号相加的地方用加法器表示，信号输出的地方用"→"表示。

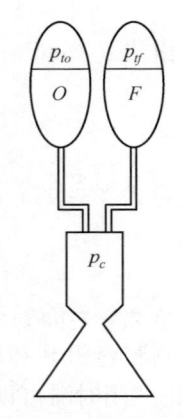

图 3-13 发动机系统结构简图

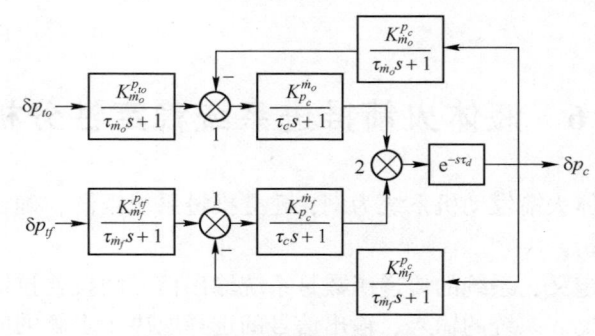

图 3-14 动力装置的结构框图

根据结构框图等效原理，将加法器"1"去掉，将 p_c 的反馈信号合到加法器"2"上，得到框图如图 3-15 所示。

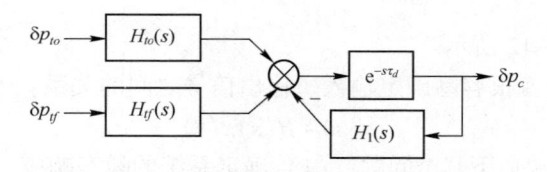

图 3-15 动力装置结构简化框图

图中传递函数 H_{to}、H_{tf}、H_1 用下式确定：

$$H_{to}(s) = \frac{K_{\dot{m}_o}^{p_{to}}K_{p_c}^{\dot{m}_o}}{(\tau_{\dot{m}_o}s+1)(\tau_c s+1)}$$

$$H_{tf}(s) = \frac{K_{\dot{m}_f}^{p_{tf}}K_{p_c}^{\dot{m}_f}}{(\tau_{\dot{m}_f}s+1)(\tau_c s+1)}$$

$$H_1(s) = \frac{(\tau_{\dot{m}_f}s+1)K_{p_c}^{\dot{m}_o}K_{\dot{m}_o}^{p_c}+(\tau_{\dot{m}_o}s+1)K_{p_c}^{\dot{m}_f}K_{\dot{m}_f}^{p_c}}{(\tau_c s+1)(\tau_{\dot{m}_o}s+1)(\tau_{\dot{m}_f}s+1)}$$

由图 3-15 可以看出，系统的传递函数 $H_{p_c/p_{to}}(s)$、$H_{p_c/p_{tf}}(s)$ 有下列表达式：

$$H_{p_c/p_{to}}(s) = \frac{H_{to}(s)\mathrm{e}^{-\tau_d s}}{1+H_1(s)\mathrm{e}^{-\tau_d s}}$$

$$= \frac{K_{\dot{m}_o}^{p_{to}} K_{p_c}^{\dot{m}_o}(\tau_{\dot{m}_f}s+1)\mathrm{e}^{-\tau_d s}}{(\tau_c s+1)(\tau_{\dot{m}_o}s+1)(\tau_{\dot{m}_f}s+1)+[(\tau_{\dot{m}_f}s+1)K_{p_c}^{\dot{m}_o}K_{\dot{m}_o}^{p_c}+(\tau_{\dot{m}_o}s+1)K_{p_c}^{\dot{m}_f}K_{\dot{m}_f}^{p_c}]\mathrm{e}^{-\tau_d s}}$$

$$H_{p_c/p_{tf}}(s) = \frac{H_{tf}(s)\mathrm{e}^{-\tau_d s}}{1+H_1(s)\mathrm{e}^{-\tau_d s}}$$

$$= \frac{K_{\dot{m}_f}^{p_{tf}} K_{p_c}^{\dot{m}_f}(\tau_{\dot{m}_o}s+1)\mathrm{e}^{-\tau_d s}}{(\tau_c s+1)(\tau_{\dot{m}_o}s+1)(\tau_{\dot{m}_f}s+1)+[(\tau_{\dot{m}_f}s+1)K_{p_c}^{\dot{m}_o}K_{\dot{m}_o}^{p_c}+(\tau_{\dot{m}_o}s+1)K_{p_c}^{\dot{m}_f}K_{\dot{m}_f}^{p_c}]\mathrm{e}^{-\tau_d s}}$$

为了分析系统的稳定性，有必要求出系统的开环传递函数 H_0。同样由图 3-15 可以看出，H_p 有下列表达式：

$$H_0(s) = H_1(s)\mathrm{e}^{-\tau_d s} = \frac{(\tau_{\dot{m}_f}s+1)K_{p_c}^{\dot{m}_o}K_{\dot{m}_o}^{p_c}+(\tau_{\dot{m}_o}s+1)K_{p_c}^{\dot{m}_f}K_{\dot{m}_f}^{p_c}}{(\tau_c s+1)(\tau_{\dot{m}_o}s+1)(\tau_{\dot{m}_f}s+1)}\mathrm{e}^{-\tau_d s}$$

3) 用解析法确定传递函数

对氧化剂管路、燃料管路和燃烧室的动力学方程作如下整理：将包含发动机参数的各项放到方程的左边（输出信号本身就是发动机参数也放在左边），将输入信号放到方程的右边，得下列方程组：

$$\begin{cases} (\tau_c s+1)L[\delta p_c] - K_{p_c}^{\dot{m}_o}\mathrm{e}^{-s\tau_d}L[\delta \dot{m}_o] - K_{p_c}^{\dot{m}_f}\mathrm{e}^{-s\tau_d}L[\delta \dot{m}_f] = 0 \\ K_{\dot{m}_o}^{p_c}L[\delta p_c] + (\tau_{\dot{m}_o}s+1)L[\delta \dot{m}_o] = K_{\dot{m}_o}^{p_{to}}L[\delta p_{to}] \\ K_{\dot{m}_f}^{p_c}L[\delta p_c] + (\tau_{\dot{m}_f}s+1)L[\delta \dot{m}_f] = K_{\dot{m}_f}^{p_{tf}}L[\delta p_{tf}] \end{cases}$$

将上述方程组的系数写矩阵的形式：

$$\begin{bmatrix} \tau_c s+1 & -K_{p_c}^{\dot{m}_o}\mathrm{e}^{-s\tau_d} & -K_{p_c}^{\dot{m}_f}\mathrm{e}^{-s\tau_d} \\ K_{\dot{m}_o}^{p_c} & \tau_{\dot{m}_o}s+1 & 0 \\ K_{\dot{m}_f}^{p_c} & 0 & \tau_{\dot{m}_f}s+1 \end{bmatrix} \begin{bmatrix} L[\delta p_c] \\ L[\delta \dot{m}_o] \\ L[\delta \dot{m}_f] \end{bmatrix} = \begin{bmatrix} 0 & 0 \\ K_{\dot{m}_o}^{p_{to}} & 0 \\ 0 & K_{\dot{m}_f}^{p_{tf}} \end{bmatrix} \begin{bmatrix} L[\delta p_{to}] \\ L[\delta p_{tf}] \end{bmatrix}$$

对于任一输入输出信号的传递函数都有如下方程：

$$H_{y/x} = \frac{\Delta_x^y}{\Delta}$$

式中：$\Delta = \begin{vmatrix} \tau_c s+1 & -K_{p_c}^{\dot{m}_o}\mathrm{e}^{-s\tau_d} & -K_{p_c}^{\dot{m}_f}\mathrm{e}^{-s\tau_d} \\ K_{\dot{m}_o}^{p_c} & \tau_{\dot{m}_o}s+1 & 0 \\ K_{\dot{m}_f}^{p_c} & 0 & \tau_{\dot{m}_f}s+1 \end{vmatrix}$。

Δ 为方程组的主行列式，即方程左边系数行列式。当 $\Delta = 0$ 的方程是系统的特征方程，由上面的行列式得

$$\Delta = (\tau_c s+1)(\tau_{\dot{m}_o}s+1)(\tau_{\dot{m}_f}s+1) + \mathrm{e}^{-\tau_d s}[K_{p_c}^{\dot{m}_o}K_{\dot{m}_o}^{p_c}(\tau_{\dot{m}_f}s+1) + K_{p_c}^{\dot{m}_f}K_{\dot{m}_f}^{p_c}(\tau_{\dot{m}_o}s+1)]$$

式中：行列式 Δ_x^y 的组成方式是将主行列式中的参数 y 对应的列用右侧矩阵中输入信号 x 对应的列代替而构成的行列式。如果求 $H_{p_c/p_{to}}(s)$，则 y 是 p_c，对应主行列式第 1 列，x 是 p_{to}，对应右边矩阵第 1 列，因此有

$$\Delta_{p_{to}}^{p_c} = \begin{vmatrix} 0 & -K_{p_c}^{\dot{m}_o}e^{-s\tau_d} & -K_{p_c}^{\dot{m}_f}e^{-s\tau_d} \\ K_{\dot{m}_o}^{p_{to}} & \tau_{\dot{m}_o}s+1 & 0 \\ 0 & 0 & \tau_{\dot{m}_f}s+1 \end{vmatrix} = K_{\dot{m}_o}^{p_{to}}K_{p_c}^{\dot{m}_o}e^{-s\tau_d}(\tau_{\dot{m}_f}s+1)$$

所以：

$$H_{p_c/p_{to}}(s) = \frac{\Delta_{p_{to}}^{p_c}}{\Delta}$$

$$= \frac{K_{\dot{m}_o}^{p_{to}}K_{p_c}^{\dot{m}_o}(\tau_{\dot{m}_f}s+1)e^{-\tau_d s}}{(\tau_c s+1)(\tau_{\dot{m}_o}s+1)(\tau_{\dot{m}_f}s+1)+[(\tau_{\dot{m}_f}s+1)K_{p_c}^{\dot{m}_o}K_{\dot{m}_o}^{p_c}+(\tau_{\dot{m}_o}s+1)K_{p_c}^{\dot{m}_f}K_{\dot{m}_f}^{p_c}]e^{-\tau_d s}}$$

系统开环传递函数由主行列式确定，具体求法如下：

$$H_0 = \frac{\Delta a_{n=0}}{\text{主行列式对角线元素的乘积}}$$

式中：$\Delta a_{n=0}$ 是主行列式右旋后对应原位置值为"零"的项的乘积。因此：

$$H_0 = \frac{(\tau_{\dot{m}_f}s+1)K_{p_c}^{\dot{m}_o}K_{\dot{m}_o}^{p_c}+(\tau_{\dot{m}_o}s+1)K_{p_c}^{\dot{m}_f}K_{\dot{m}_f}^{p_c}}{(\tau_c s+1)(\tau_{\dot{m}_o}s+1)(\tau_{\dot{m}_f}s+1)}e^{-\tau_d s}$$

上述两种方法求出的传递函数完全相同，这两种方法是等效的。

3.6.2 系统的瞬态响应

评价发动机系统的动力学特性，不仅要知道输出参数在输入信号作用下的变化值，而且希望知道输出信号在一些典型输入信号（如单位阶跃信号或单位脉冲信号等）作用下，输出信号随时间变化的特性。

有了系统的传递函数，则输入、输出之间的关系可用下式表示：

$$y(s) = H_{y/x}x(s) = \frac{A(s)}{B(s)}x(s)$$

式中：传递函数 $H_{y/x}(s) = \frac{A(s)}{B(s)}$ 为一个有理代数分式，即 $A(s)$ 和 $B(s)$ 都是 s 的多项式：

$$A(s) = A_n s^n + A_{n-1}s^{n-1} + \cdots + A_1 s + A_0$$
$$B(s) = B_m s^m + B_{m-1}s^{m-1} + \cdots + B_1 s + B_0$$

式中：n、m 都是正整数，且 $n \leq m-1$；A_i 和 B_i 都是常数。

如果 $B(s)=0$ 的根均为相异实根，则根据赫维赛德（Heaviside）定理，传递函数 $H(s)$ 可以展开成如下形式：

$$H(s) = \frac{C_1}{s-s_1} + \frac{C_2}{s-s_2} + \frac{C_3}{s-s_3} + \cdots + \frac{C_m}{s-s_m} = \sum_{j=1}^{m}\frac{C_j}{s-s_j} \tag{3-94}$$

式中：s_j 为特征方程 $B(s)=0$ 的根；C_j 为待定系数。

将式（3-94）两边同乘 $(s-s_j)$，然后求 $\lim\limits_{s \to s_j}$ 即可得到这些待定系数 C_j，即

$$C_j = \lim_{s \to s_j}\left[(s-s_j)\frac{A(s)}{B(s)}\right] = \lim_{s \to s_j}\left[\frac{A(s)}{\dfrac{B(s)}{s-s_j}}\right] \tag{3-95}$$

因为 $B(s_j)=0$，所以：

$$\lim_{s \to s_j}\left[\frac{B(s)}{s-s_j}\right] = \lim_{s \to s_j}\left[\frac{B(s)-B(s_j)}{s-s_j}\right] = B'(s_j)$$

根据上式，式（3-95）可以改写成

$$C_j = \frac{\lim\limits_{s \to s_j} A(s)}{\lim\limits_{s \to s_j}\dfrac{B(s)-B(s_j)}{s-s_j}} = \frac{A(s_j)}{B'(s_j)}$$

由导数的定义得知

$$B'(s_j) = \frac{\mathrm{d}}{\mathrm{d}s}B(s)\bigg|_{s=s_j}$$

将 C_j 关系式代入式（3-94）得

$$H(s) = \sum_{j=1}^{m} \frac{A(s_j)}{B'(s_j)} \frac{1}{s-s_j} \tag{3-96}$$

假设系统的输入信号是一个单位阶跃函数，即

$$x(t) = \begin{cases} 0, & t<0 \\ 1, & t \geq 0 \end{cases}$$

则

$$x(s) = L[x(t)] = \frac{1}{s}$$

$$y(s) = H(s) \cdot x(s) = \frac{1}{s}\sum_{j=1}^{m}\frac{A(s_j)}{B'(s_j)}\frac{1}{s-s_j}$$

对于 $y(s)$，同样可以用赫维赛德定理展开，得

$$y(s) = \frac{A(0)}{B(0)}\frac{1}{s} + \sum_{j=1}^{m}\frac{A(s_j)}{s_j B'(s_j)}\frac{1}{s-s_j}$$

对上式取拉普拉斯反变换，得

$$y(t) = \frac{A(0)}{B(0)} + \sum_{j=1}^{m}\frac{A(s_j)}{s_j B'(s_j)}\mathrm{e}^{s_j t} \tag{3-97}$$

式（3-97）表示传递函数特征方程的根均为相异实根，且输入为单位阶跃函数时，输出的瞬态响应，通常特征方程的根不仅有相异实根，还可能有重根和成对出现的共轭复数根。

假设特征方程 $B(s)=0$ 有 r 个相异实根，有 k 个重根 s_0，还有 T 对共轭复数根 $s_{p1} = \alpha_p + \mathrm{i}\beta_p$ 和 $s_{p2} = \alpha_p - \mathrm{i}\beta_p$ $(p=1,2,\cdots,T)$，相应地，有

$$\frac{A(s_{p1})}{s_{p1}B'(s_{p1})} = \delta_p + \mathrm{i}\sigma_p$$

$$\frac{A(s_{p2})}{s_{p2}B'(s_{p2})} = \delta_p - i\sigma_p$$

假设系统的输入信号也是单位阶跃函数，则系统输出信号的瞬态响应为

$$y(t) = \frac{A(0)}{B(0)} + \sum_{j=1}^{r} \frac{A(s_j)}{s_j B'(s_j)} e^{s_j t} + e^{s_0} \left\{ \sum_{j=1}^{k-1} \frac{t^{k-j}}{(k-j)!} \left[\frac{d^{j-1}}{ds^{j-1}} (s-s_0)^k \frac{A(s)}{B(s)} \right]_{s=s_0} \right.$$

$$\left. + \frac{1}{(k-1)!} \left[\frac{d^{k-1}}{ds^{k-1}} (s-s_0)^k \frac{A(s)}{B(s)} \right]_{s=s_0} \right\} + \sum_{j=1}^{T} 2A_k e^{s_j t} \cos(\beta_j + \varphi_j)$$

(3-98)

式中：$A_j = \sqrt{\delta_j^2 + \sigma_j^2}$，$\varphi_j = \text{arccot} \frac{\sigma}{\delta}$。

3.6.3　系统的稳定性分析

发动机在某些情况下工作可能是不稳定的，其主要表现为工作参数，如燃烧室压力 p_c 的振荡。依据振荡频率的高低，不稳定可以分成：（1）高频不稳定，振荡频率在1000Hz以上。（2）中频不稳定，振荡频率为400~1000Hz。（3）低频不稳定，振荡频率在400Hz以下。目前，普遍认为高频不稳定主要是由燃烧室中燃烧过程引起的，与发动机系统关系不大，而低频不稳定主要是由推进剂供应系统或其他控制系统引起的，也有的是由系统与燃烧室燃烧过程的耦合造成的，这里只讨论低频不稳定。

根据线性系统分析的原理，如果系统特征方程的根都在负实部，则系统是稳定的。如要求出特征方程所有的根，工作量太大。可以利用自动控制原理给出的各种判据，在不解特征方程的情况下，判断系统是否稳定。稳定性判据中最简单的是赫尔维茨（Hurwitz）判据，又称代数判据。

已知传递函数 $H(s) = A(s)/B(s)$，则特征方程为：$B(s) = 0$。设

$$B(s) = a_n s^n + a_{n-1} s^{n-1} + \cdots + a_j s^j + \cdots + a_1 s + a_0, \quad a_n > 0$$

将特征方程的各系数按下列规律排列。

（1）在自左上角至右下角的主对角线将 $a_{n-1}, a_{n-2}, \cdots, a_0$ 依次排成一斜行；

（2）从主对角线上的系数起，向上依次填写下标递减的系数，向下依次填写下标递增的系数；

（3）遇见下标大于 n 或者小于零的情况均填写零。

根据以上规则可排出赫尔维茨行列式如下：

$$\Delta_n = \begin{vmatrix} a_{n-1} & a_{n-3} & a_{n-5} & \cdots & \cdots & \cdots \\ a_n & a_{n-2} & a_{n-4} & \cdots & \cdots & \cdots \\ 0 & a_{n-1} & a_{n-3} & \cdots & \cdots & \cdots \\ 0 & a_n & a_{n-2} & \cdots & \cdots & \cdots \\ 0 & 0 & a_{n-1} & \cdots & \cdots & \cdots \\ \vdots & \vdots & \vdots & \vdots & \vdots & \vdots \\ 0 & 0 & 0 & \cdots & \cdots & a_0 \end{vmatrix}$$

在赫尔维茨行列式的对角线上有 $n-1$ 个子行列式：

$$\Delta_1 = a_{n-1}$$

$$\Delta_2 = \begin{vmatrix} a_{n-1} & a_{n-3} \\ a_n & a_{n-2} \end{vmatrix}$$

$$\Delta_3 = \begin{vmatrix} a_{n-1} & a_{n-3} & a_{n-5} \\ a_n & a_{n-2} & a_{n-4} \\ 0 & a_{n-1} & a_{n-3} \end{vmatrix}$$

$$\vdots$$

根据赫尔维茨判据，系统稳定的充要条件是 $\Delta_1>0, \Delta_2>0, \cdots, \Delta_{n-1}>0, \Delta_n>0$。

假设特征方程是三阶的，即

$$B(s) = a_3 s^3 + a_2 s^2 + a_1 s + a_0 = 0, \quad a_3>0$$

则系统稳定的充要条件是

$$\Delta_1 = a_2 > 0$$

$$\Delta_2 = \begin{vmatrix} a_2 & a_0 \\ a_3 & a_1 \end{vmatrix} = a_2 a_1 - a_3 a_0$$

$$\Delta_3 = \begin{vmatrix} a_2 & a_0 & 0 \\ a_3 & a_1 & 0 \\ 0 & a_2 & a_0 \end{vmatrix} = a_0 \Delta_2$$

从以上各式可以看出，因为要求 $\Delta_3>0$，故必须有 $a_0>0$；而要使 $\Delta_2>0$，只有 $a_1>0$ 才有可能。因此，如特征方程各系数都大于零，并保证 $\Delta_2>0$，系统即可稳定。于是三阶系统稳定的充要条件可简化为：（1）特征方程各系数均大于零；（2）$a_2 a_1 > a_3 a_0$。

赫尔维茨判据的主要缺点是不能看出稳定裕度，且特征方程阶次很高时比较烦琐。为了避免上述弱点，可以采用奈奎斯特（Nyquist）判据，又称频率判据。奈奎斯特判据是根据频率从 0 到 ∞ 变化时，系统开环传递函数的伯德图是否包括 $(-1, 0)$ 这一点。

用 $s = j\omega$ 代入开环传递函数，得到频率特性，经简化后得到下式：

$$H_0(\omega) = R(\omega) + j\theta(\omega)$$

式中：$R(\omega)$、$\theta(\omega)$ 分别为频率特性的实部和虚部。

在 R-θ 平面内画出 $H_0(\omega)$ 从 $\omega=0$ 到 $\omega=\infty$ 的曲线，即频率特性曲线。奈奎斯特判据指出，当频率从 0~∞ 变化时，曲线右边包含 $(-1, 0)$ 这一点，则系统是不稳定的；反之是稳定的。曲线右边不包含 $(-1, 0)$ 这一点，且离这一点越远系统越稳定，说明稳定裕度大。

图 3-16 所示为某挤压式发动机在两种工作状态下的开环特性曲线，一种状态是 100% 推力，另一种状态是 50% 推力，从图上明显看出推力减小后，稳定裕度也随之小了。

在设计推进系统时，往往希望知道某些参数对稳定性的影响，从而合理地确定这些参数。解决这类问题一

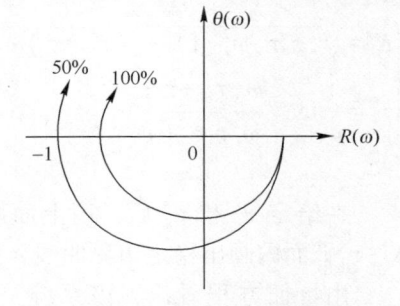

图 3-16 两种工作状态下的开环特性曲线

个有效的办法是，在这些参数的平面上画出稳定边界曲线。根据米哈依罗夫准则，如果系统的闭环传递函数的分母在某一频率上等于"0"，那么系统处于稳定边界。

以图 3-13 所示的简单双组元挤压式发动机为例，分析燃烧室燃烧时滞 τ_d 和系统开环放大系数 K' 对稳定性的影响。基于这个目的，在 K'-τ_d 平面内画出稳定性边界。前面已经得到这个系统的闭环传递函数如下：

$$H_{p_c/p_{to}}(s) = \frac{H_{to}(s) e^{-\tau_d s}}{1 + H_1(s) e^{-\tau_d s}}$$

$$= \frac{K_{\dot{m}_o}^{p_{to}} K_{p_c}^{\dot{m}_o} (\tau_{\dot{m}_f} s + 1) e^{-\tau_d s}}{(\tau_c s + 1)(\tau_{\dot{m}_o} s + 1)(\tau_{\dot{m}_f} s + 1) + [(\tau_{\dot{m}_f} s + 1) K_{p_c}^{\dot{m}_o} K_{\dot{m}_o}^{p_c} + (\tau_{\dot{m}_o} s + 1) K_{p_c}^{\dot{m}_f} K_{\dot{m}_f}^{p_c}] e^{-\tau_d s}}$$

为了简化起见，令 $\tau_{\dot{m}_o} = \tau_{\dot{m}_f} = \tau_{\dot{m}}$，这样上式简化成

$$H_{p_c/p_{to}}(s) = \frac{K_{\dot{m}_o}^{p_{to}} K_{p_c}^{\dot{m}_o} e^{-\tau_d s}}{(\tau_c s + 1)(\tau_{\dot{m}} s + 1) + (K_{p_c}^{\dot{m}_o} K_{\dot{m}_o}^{p_c} + K_{p_c}^{\dot{m}_f} K_{\dot{m}_f}^{p_c}) e^{-\tau_d s}}$$

根据米哈依罗夫准则，该系统的特征方程为

$$(\tau_c s + 1)(\tau_{\dot{m}} s + 1) + K' e^{-\tau_d s} = 0 \tag{3-99}$$

式中：$K' = K_{p_c}^{\dot{m}_o} K_{\dot{m}_o}^{p_c} + K_{p_c}^{\dot{m}_f} K_{\dot{m}_f}^{p_c}$。

用 $s = j\omega$ 代入上述特征方程，得稳定边界方程如下：

$$-\tau_c \tau_{\dot{m}} \omega^2 + j(\tau_c + \tau_{\dot{m}})\omega + 1 + K' e^{-j\tau_d \omega} = 0$$

用指数形式表示：

$$|R(j\omega)| e^{j\varphi(\omega)} = K' e^{-j\tau_d \omega}$$

式中：$R(j\omega) = \tau_c \tau_{\dot{m}} \omega^2 - 1 - j(\tau_{\dot{m}} + \tau_c)\omega$；$|R(j\omega)| = \sqrt{(\tau_c \tau_{\dot{m}} \omega^2 - 1)^2 + [(\tau_{\dot{m}} + \tau_c)\omega]^2}$；$\varphi(\omega) = -\tan^{-1} \frac{\omega(\tau_{\dot{m}} + \tau_c)}{\omega^2 \tau_c \tau_{\dot{m}} - 1}$。

因此，稳定边界方程可以改写成

$$\begin{cases} |R(j\omega)| = K' \\ \varphi(\omega) = -\tau_d \omega \end{cases}$$

即

$$\begin{cases} K' = \sqrt{(\tau_c \tau_{\dot{m}} \omega^2 - 1)^2 + [(\tau_{\dot{m}} + \tau_c)\omega]^2} \\ \tau_d = \frac{1}{\omega} \tan^{-1} \frac{\omega(\tau_{\dot{m}} + \tau_c)}{\omega^2 \tau_c \tau_{\dot{m}} - 1} \end{cases} \tag{3-100}$$

在给定 τ_c 和 $\tau_{\dot{m}}$ 后，用上面两个方程可以在 K'-τ_d 平面内画出稳定边界曲线，如图 3-17 所示。

由特征方程看出，该系统是二阶延迟系统，其固有频率为

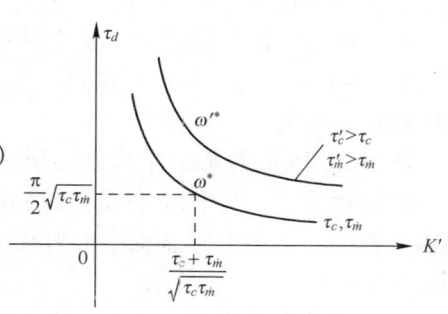

图 3-17 稳定边界曲线

$$\omega^* = \frac{1}{\sqrt{\tau_c \tau_{\dot{m}}}}$$

由式（3-100）得到在稳定边界上，对应于固有频率 ω^* 的放大系数和燃烧时滞有以下值：

$$K' = \frac{\tau_c + \tau_{\dot{m}}}{\sqrt{\tau_c \tau_{\dot{m}}}}$$

$$\tau_d = \frac{\pi}{2}\sqrt{\tau_c \tau_{\dot{m}}}$$

当 τ_c 或 $\tau_{\dot{m}}$ 增加时，τ_d 增加、K' 减少，稳定边界上移，ω^* 则向上、向左移，稳定区域扩大。由图 3-17 分析，要增加工作稳定性，必须减少推进剂的燃烧时滞 τ_d 或者减小开环系统放大系数 K'。而减小 K' 的最好办法是增加喷嘴压降、管路损失，以减少 $K^{p_c}_{\dot{m}_o}$ 和 $K^{p_c}_{\dot{m}_f}$。

3.7 液体火箭推进系统动态特性分析状态空间法

发动机系统的动力学过程往往通过一组微分方程来描述，经典的分析方法是用某个变量，如燃烧室压力，对初始条件或输入信号的响应来研究发动机的特性。虽然这个变量的响应非常重要，但系统中还有其他变量，如推进剂流量、推进剂混合比、阀门（或调节器）的开度等，这些变量往往也是独立变量。要完整地描述一个发动机的特性，除要知道燃烧室压力的响应外，还应知道其他参数的响应。此外，输入信号也往往不是一个，即实际系统都是一个多输入与多输出的系统。经典的分析法不能解这个问题，而状态空间分析法能较好地解决这个问题。

在状态空间分析法中，将所有的状态参数都作为响应，以充分了解系统的特性。这种分析法要求联立求解一个为数不少的一阶微分方程组，为此应用矩阵代数来运算，把系统的状态参数看成一个"向量"，系统各个独立变量便是这个向量的一个分量，用一个向量微分方程来描述一个系统。由于将系统的状态看成一个向量，所以能在一个空间中用几何术语来解释很多状态变量分析的问题，因此常常把状态变量分析的方法称为状态空间分析法。

下面以一个双组元泵压式液体火箭发动机系统为例，列出用矩阵表示的系统方程，并讨论向量微分方程的求解。发动机系统结构见图 3-18。

对系统进行状态空间分析的前提是组成该系统的各个部件的动力学方程及输出方程。液体火箭发动机的输出是推力 F，根据推力公式：

$$F = (\dot{m}_o + \dot{m}_f)v_e + (p_e - p_a)A_e$$

式中：$\dot{m}_o$、$\dot{m}_f$ 分别为氧化剂和燃料流量；A_e 为喷管出口面积；v_e 为喷管出口排气速度；p_e、p_a 分别为喷管出口及大气压力。

假设大气压力 p_a、推进剂混合比 r 及压力比 p_e/p_c 均为常数，则 v_e 也为常数。用相对偏差量的形式表示推力方程，得

$$\delta F = K_F^{p_c}\delta p_c + K_F^{\dot m_o}\delta \dot m_o + K_F^{\dot m_f}\delta \dot m_f \tag{3-101}$$

式中：$K_F^{p_c}=\dfrac{\overline{p_e A_e}}{\overline{F}}$；$K_F^{\dot m_o}=\dfrac{\overline{\dot m_o}\,\overline{v_e}}{\overline{F}}$；$K_F^{\dot m_f}=\dfrac{\overline{\dot m_f}\,\overline{v_e}}{\overline{F}}$。

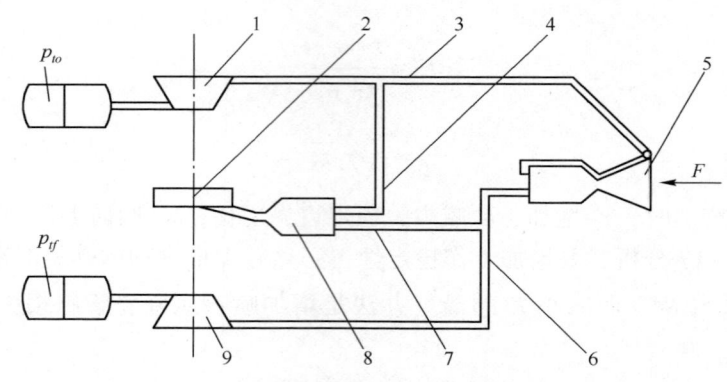

图 3-18 双组元泵压式发动机系统结构简图
1—氧化剂泵；2—涡轮；3—推力室氧化剂管路；4—燃气发生器氧化剂管路；5—推力室；
6—推力室燃料管路；7—燃气发生器燃料管路；8—燃气发生器；9—燃料泵。

以相对偏差量形式表示图 3-18 所示发动机系统各个部件的动力学方程。

1）燃烧室

$$\tau_c\frac{\mathrm{d}\delta p_c}{\mathrm{d}t}+\delta p_c = K_{p_c}^{\dot m_{c,o}}\delta \dot m_{c,o}(t-\tau_d) + K_{p_c}^{\dot m_{c,f}}\delta \dot m_{c,f}(t-\tau_d)$$

2）燃气发生器

$$\tau_g\frac{\mathrm{d}\delta p_g}{\mathrm{d}t}+\delta p_g = K_{p_g}^{\dot m_{g,o}}\delta \dot m_{g,o}(t-\tau_d') + K_{p_g}^{\dot m_{g,f}}\delta \dot m_{g,f}(t-\tau_d')$$

3）氧化剂泵后至燃烧室管路

$$\tau_{\dot m_{c,o}}\frac{\mathrm{d}\delta \dot m_{c,o}}{\mathrm{d}t}+\delta \dot m_{c,o} = K_{\dot m_{c,o}}^{p_{H_o}}\delta p_{H_o} - K_{\dot m_{c,o}}^{p_c}\delta p_c$$

4）燃料泵后至燃烧室管路

$$\tau_{\dot m_{c,f}}\frac{\mathrm{d}\delta \dot m_{c,f}}{\mathrm{d}t}+\delta \dot m_{c,f} = K_{\dot m_{c,f}}^{p_{H_f}}\delta p_{H_f} - K_{\dot m_{c,f}}^{p_c}\delta p_c$$

5）氧化剂泵后至燃气发生器管路

$$\tau_{\dot m_{g,o}}\frac{\mathrm{d}\delta \dot m_{g,o}}{\mathrm{d}t}+\delta \dot m_{g,o} = K_{\dot m_{g,o}}^{p_{H_o}}\delta p_{H_o} - K_{\dot m_{g,o}}^{p_g}\delta p_g$$

6）燃料泵后至燃气发生器管路

$$\tau_{\dot m_{g,f}}\frac{\mathrm{d}\delta \dot m_{g,f}}{\mathrm{d}t}+\delta \dot m_{g,f} = K_{\dot m_{g,f}}^{p_{H_f}}\delta p_{H_f} - K_{\dot m_{g,f}}^{p_g}\delta p_g$$

7）氧化剂泵

假设 $\dot m_{g,o} \ll \dot m_{c,o}$，忽略 $\dot m_{g,o}$，则有

$$\delta p_{H_o} = \tau_{1H_o}\frac{\mathrm{d}\delta n}{\mathrm{d}t} + K_{1H_o}\delta n - \tau_{2H_o}\frac{\mathrm{d}\delta \dot{m}_{c,o}}{\mathrm{d}t} - K_{2H_o}\delta \dot{m}_{c,o} + \delta p_{to}$$

8) 燃料泵

假设 $\dot{m}_{g,f} \ll \dot{m}_{c,f}$，忽略 $\dot{m}_{g,f}$，则有

$$\delta p_{H_f} = \tau_{1H_f}\frac{\mathrm{d}\delta n}{\mathrm{d}t} + K_{1H_f}\delta n - \tau_{2H_f}\frac{\mathrm{d}\delta \dot{m}_{c,f}}{\mathrm{d}t} - K_{2H_f}\delta \dot{m}_{c,f} + \delta p_{tf}$$

9) 涡轮泵组件

忽略 $\dot{m}_{g,o}$、$\dot{m}_{g,f}$，则有

$$\tau_a \frac{\mathrm{d}\delta n}{\mathrm{d}t} + \delta n = K_{pg}\delta p_g - K_{M_{po}}\delta \dot{m}_{c,o} - K_{M_{pf}}\delta \dot{m}_{c,f}$$

从上面 9 个部件方程中消去氧化剂泵后压力 δp_{H_o} 和燃料泵后压力 δp_{H_f}，并整理可得

$$\begin{cases}
\dfrac{\mathrm{d}\delta p_c}{\mathrm{d}t} = A^{p_c}_{p_c}\delta p_c + A^{\dot{m}_{c,o}}_{p_c}\delta \dot{m}_{c,o}(t-\tau_d) + A^{\dot{m}_{c,f}}_{p_c}\delta \dot{m}_{c,f}(t-\tau_d) \\
\dfrac{\mathrm{d}\delta \dot{m}_{c,o}}{\mathrm{d}t} = A^{p_c}_{\dot{m}_{c,o}}\delta p_c + A^{\dot{m}_{c,o}}_{\dot{m}_{c,o}}\delta \dot{m}_{c,o} + A^{\dot{m}_{c,f}}_{\dot{m}_{c,o}}\delta \dot{m}_{c,f} + A^{n}_{\dot{m}_{c,o}}\delta n + A^{p_g}_{\dot{m}_{c,o}}\delta p_g + B^{p_{to}}_{\dot{m}_{c,o}}\delta p_{to} \\
\dfrac{\mathrm{d}\delta \dot{m}_{c,f}}{\mathrm{d}t} = A^{p_c}_{\dot{m}_{c,f}}\delta p_c + A^{\dot{m}_{c,o}}_{\dot{m}_{c,f}}\delta \dot{m}_{c,o} + A^{\dot{m}_{c,f}}_{\dot{m}_{c,f}}\delta \dot{m}_{c,f} + A^{n}_{\dot{m}_{c,f}}\delta n + A^{p_g}_{\dot{m}_{c,f}}\delta p_g + B^{p_{tf}}_{\dot{m}_{c,f}}\delta p_{tf} \\
\dfrac{\mathrm{d}\delta n}{\mathrm{d}t} = A^{\dot{m}_{c,o}}_n\delta \dot{m}_{c,o} + A^{\dot{m}_{c,f}}_n\delta \dot{m}_{c,f} + A^n_n\delta n + A^{p_g}_n\delta p_g \\
\dfrac{\mathrm{d}\delta p_g}{\mathrm{d}t} = A^{p_g}_{p_g}\delta p_g + A^{\dot{m}_{g,o}}_{p_g}\delta \dot{m}_{g,o}(t-\tau'_d) + A^{\dot{m}_{g,f}}_{p_g}\delta \dot{m}_{g,f}(t-\tau'_d) \\
\dfrac{\mathrm{d}\delta \dot{m}_{g,o}}{\mathrm{d}t} = A^{p_c}_{\dot{m}_{g,o}}\delta p_c + A^{\dot{m}_{c,o}}_{\dot{m}_{g,o}}\delta \dot{m}_{c,o} + A^{\dot{m}_{c,f}}_{\dot{m}_{g,o}}\delta \dot{m}_{c,f} + A^{n}_{\dot{m}_{g,o}}\delta n + A^{p_g}_{\dot{m}_{g,o}}\delta p_g + A^{\dot{m}_{g,o}}_{\dot{m}_{g,o}}\delta \dot{m}_{g,o} + B^{p_{to}}_{\dot{m}_{g,o}}\delta p_{to} \\
\dfrac{\mathrm{d}\delta \dot{m}_{g,f}}{\mathrm{d}t} = A^{p_c}_{\dot{m}_{g,f}}\delta p_c + A^{\dot{m}_{c,o}}_{\dot{m}_{g,f}}\delta \dot{m}_{c,o} + A^{\dot{m}_{c,f}}_{\dot{m}_{g,f}}\delta \dot{m}_{c,f} + A^{n}_{\dot{m}_{g,f}}\delta n + A^{p_g}_{\dot{m}_{g,f}}\delta p_g + A^{\dot{m}_{g,f}}_{\dot{m}_{g,f}}\delta \dot{m}_{g,f} + B^{p_{tf}}_{\dot{m}_{g,f}}\delta p_{tf}
\end{cases}$$

(3-102)

式中：$A^{p_c}_{p_c} = -\dfrac{1}{\tau_c}$；$A^{\dot{m}_{c,o}}_{p_c} = \dfrac{K^{\dot{m}_{c,o}}_{p_c}}{\tau_c}$；$A^{\dot{m}_{c,f}}_{p_c} = \dfrac{K^{\dot{m}_{c,f}}_{p_c}}{\tau_c}$；$A^{p_c}_{\dot{m}_{c,o}} = -\dfrac{K^{p_c}_{\dot{m}_{c,o}}}{\tau_{\dot{m}_{c,o}} + K^{p_{H_o}}_{\dot{m}_{c,o}}\tau_{2H_o}}$；$A^{\dot{m}_{c,o}}_{\dot{m}_{c,o}} = -\dfrac{K^{p_{H_o}}_{\dot{m}_{c,o}}K_{M_{po}}\tau_{1H_o} + K^{p_{H_o}}_{\dot{m}_{c,o}}K_{2H_o}\tau_a + \tau_a}{(\tau_{\dot{m}_{c,o}} + K^{p_{H_o}}_{\dot{m}_{c,o}}\tau_{2H_o})\tau_a}$；$A^{\dot{m}_{c,f}}_{\dot{m}_{c,o}} = -\dfrac{K^{p_{H_o}}_{\dot{m}_{c,o}}K_{M_{pf}}\tau_{1H_o}}{(\tau_{\dot{m}_{c,o}} + K^{p_{H_o}}_{\dot{m}_{c,o}}\tau_{2H_o})\tau_a}$；$A^n_{\dot{m}_{c,o}} = \dfrac{K^{p_{H_o}}_{\dot{m}_{c,o}}K_{1H_o}\tau_a - K^{p_{H_o}}_{\dot{m}_{c,o}}\tau_{1H_o}}{(\tau_{\dot{m}_{c,o}} + K^{p_{H_o}}_{\dot{m}_{c,o}}\tau_{2H_o})\tau_a}$；$A^{p_g}_{\dot{m}_{c,o}} = \dfrac{K^{p_{H_o}}_{\dot{m}_{c,o}}K_{pg}\tau_{1H_o}}{(\tau_{\dot{m}_{c,o}} + K^{p_{H_o}}_{\dot{m}_{c,o}}\tau_{2H_o})\tau_a}$；$B^{p_{to}}_{\dot{m}_{c,o}} = \dfrac{K^{p_{H_o}}_{\dot{m}_{c,o}}}{\tau_{\dot{m}_{c,o}} + K^{p_{H_o}}_{\dot{m}_{c,o}}\tau_{2H_o}}$；$A^{p_c}_{\dot{m}_{c,f}} = -\dfrac{K^{p_c}_{\dot{m}_{c,f}}}{\tau_{\dot{m}_{c,f}} + K^{p_{H_f}}_{\dot{m}_{c,f}}\tau_{2H_f}}$；$A^{\dot{m}_{c,o}}_{\dot{m}_{c,f}} = -\dfrac{K^{p_{H_f}}_{\dot{m}_{c,f}}K_{M_{po}}\tau_{1H_f}}{(\tau_{\dot{m}_{c,f}} + K^{p_{H_f}}_{\dot{m}_{c,f}}\tau_{2H_f})\tau_a}$；$A^{\dot{m}_{c,f}}_{\dot{m}_{c,f}} = -\dfrac{K^{p_{H_f}}_{\dot{m}_{c,f}}K_{M_{pf}}\tau_{1H_f} + K^{p_{H_f}}_{\dot{m}_{c,f}}K_{2H_f}\tau_a + \tau_a}{(\tau_{\dot{m}_{c,f}} + K^{p_{H_f}}_{\dot{m}_{c,f}}\tau_{2H_f})\tau_a}$；$A^n_{\dot{m}_{c,f}} = \dfrac{K^{p_{H_f}}_{\dot{m}_{c,f}}K_{1H_f}\tau_a - K^{p_{H_f}}_{\dot{m}_{c,f}}\tau_{1H_f}}{(\tau_{\dot{m}_{c,f}} + K^{p_{H_f}}_{\dot{m}_{c,f}}\tau_{2H_f})\tau_a}$；$A^{p_g}_{\dot{m}_{c,f}} = \dfrac{K^{p_{H_f}}_{\dot{m}_{c,f}}K_{pg}\tau_{1H_f}}{(\tau_{\dot{m}_{c,f}} + K^{p_{H_f}}_{\dot{m}_{c,f}}\tau_{2H_f})\tau_a}$；$B^{p_{tf}}_{\dot{m}_{c,f}} = \dfrac{K^{p_{H_f}}_{\dot{m}_{c,f}}}{\tau_{\dot{m}_{c,f}} + K^{p_{H_f}}_{\dot{m}_{c,f}}\tau_{2H_f}}$；$A^{p_g}_{p_g} = -\dfrac{1}{\tau_g}$；$A^{\dot{m}_{g,o}}_{p_g} = \dfrac{K^{\dot{m}_{g,o}}_{p_g}}{\tau_g}$；$A^{\dot{m}_{g,f}}_{p_g} = \dfrac{K^{\dot{m}_{g,f}}_{p_g}}{\tau_g}$；

$$A_n^{\dot{m}_{c,o}} = -\frac{K_{M_{po}}}{\tau_a}; \quad A_n^{\dot{m}_{c,f}} = -\frac{K_{M_{pf}}}{\tau_a}; \quad A_n^n = -\frac{1}{\tau_a}; \quad A_n^{p_g} = \frac{K_{p_g}}{\tau_a}; \quad A_{\dot{m}_{g,o}}^{p_c} = -\frac{K_{\dot{m}_{g,o}}^{p_{H_o}} A_{\dot{m}_{c,o}}^{p_c} \tau_{2H_o}}{\tau_{\dot{m}_{g,o}}}; \quad A_{\dot{m}_{g,o}}^{\dot{m}_{c,o}} =$$

$$-\frac{K_{\dot{m}_{g,o}}^{p_{H_o}} K_{M_{po}} \tau_{1H_o} + K_{\dot{m}_{g,o}}^{p_{H_o}} K_{2H_o} \tau_a + K_{\dot{m}_{g,o}}^{p_{H_o}} A_{\dot{m}_{c,o}}^{\dot{m}_{c,o}} \tau_{2H_o} \tau_a}{\tau_{\dot{m}_{g,o}} \tau_a}; \quad A_{\dot{m}_{g,o}}^{\dot{m}_{c,f}} = -\frac{K_{\dot{m}_{g,o}}^{p_{H_o}} K_{M_{pf}} \tau_{1H_o} + K_{\dot{m}_{g,o}}^{p_{H_o}} A_{\dot{m}_{c,f}}^{\dot{m}_{c,f}} \tau_{2H_o} \tau_a}{\tau_{\dot{m}_{g,o}} \tau_a}; \quad A_{\dot{m}_{g,o}}^n =$$

$$\frac{K_{\dot{m}_{g,o}}^{p_{H_o}} K_{1H_o} \tau_a - K_{\dot{m}_{g,o}}^{p_{H_o}} \tau_{1H_o} - K_{\dot{m}_{g,o}}^{p_{H_o}} A_{\dot{m}_{c,o}}^n \tau_{2H_o} \tau_a}{\tau_{\dot{m}_{g,o}} \tau_a}; \quad A_{\dot{m}_{g,o}}^{p_g} = \frac{K_{\dot{m}_{g,o}}^{p_{H_o}} K_{p_g} \tau_{1H_o} - K_{\dot{m}_{g,o}}^{p_g} \tau_a - K_{\dot{m}_{g,o}}^{p_{H_o}} A_{\dot{m}_{c,o}}^{p_g} \tau_{2H_o} \tau_a}{\tau_{\dot{m}_{g,o}} \tau_a}; \quad A_{\dot{m}_{g,o}}^{\dot{m}_{g,o}} =$$

$$-\frac{1}{\tau_{\dot{m}_{g,o}}}; \quad B_{\dot{m}_{g,o}}^{p_{to}} = \frac{K_{\dot{m}_{g,o}}^{p_{H_o}} - K_{\dot{m}_{g,o}}^{p_{H_o}} B_{\dot{m}_{c,o}}^{p_{to}} \tau_{2H_o}}{\tau_{\dot{m}_{g,o}}}; \quad A_{\dot{m}_{g,f}}^{p_c} = -\frac{K_{\dot{m}_{g,f}}^{p_{H_f}} A_{\dot{m}_{c,f}}^{p_c} \tau_{2H_f}}{\tau_{\dot{m}_{g,f}}}; \quad A_{\dot{m}_{g,f}}^{\dot{m}_{c,o}} = -\frac{K_{\dot{m}_{g,f}}^{p_{H_f}} K_{M_{po}} \tau_{1H_f} + K_{\dot{m}_{g,f}}^{p_{H_f}} A_{\dot{m}_{c,f}}^{\dot{m}_{c,o}} \tau_{2H_f} \tau_a}{\tau_{\dot{m}_{g,f}} \tau_a};$$

$$A_{\dot{m}_{g,f}}^{\dot{m}_{c,f}} = -\frac{K_{\dot{m}_{g,f}}^{p_{H_f}} K_{M_{pf}} \tau_{1H_f} + K_{\dot{m}_{g,f}}^{p_{H_f}} K_{2H_f} \tau_a + K_{\dot{m}_{g,f}}^{p_{H_f}} A_{\dot{m}_{c,f}}^{\dot{m}_{c,f}} \tau_{2H_f} \tau_a}{\tau_{\dot{m}_{g,f}} \tau_a}; \quad A_{\dot{m}_{g,f}}^{\dot{m}_{c,f}} = \frac{K_{\dot{m}_{g,f}}^{p_{H_f}} K_{1H_f} \tau_a - K_{\dot{m}_{g,f}}^{p_{H_f}} \tau_{1H_f} - K_{\dot{m}_{g,f}}^{p_{H_f}} A_{\dot{m}_{c,f}}^n \tau_{2H_f} \tau_a}{\tau_{\dot{m}_{g,f}} \tau_a};$$

$$A_{\dot{m}_{g,f}}^{p_g} = \frac{K_{\dot{m}_{g,f}}^{p_{H_f}} K_{p_g} \tau_{1H_f} - K_{\dot{m}_{g,f}}^{p_g} \tau_a - K_{\dot{m}_{g,f}}^{p_{H_f}} A_{\dot{m}_{c,f}}^{p_g} \tau_{2H_f} \tau_a}{\tau_{\dot{m}_{g,f}} \tau_a}; \quad A_{\dot{m}_{g,f}}^{\dot{m}_{g,f}} = -\frac{1}{\tau_{\dot{m}_{g,f}}}; \quad B_{\dot{m}_{g,f}}^{p_{tf}} = \frac{K_{\dot{m}_{g,f}}^{p_{H_f}} - K_{\dot{m}_{g,f}}^{p_{H_f}} B_{\dot{m}_{c,f}}^{p_{tf}} \tau_{2H_f}}{\tau_{\dot{m}_{g,f}}}。$$

记拉普拉斯变换 $L[\delta p_c] = \delta p_c(s)$,则 $L\left[\dfrac{\mathrm{d}\delta p_c}{\mathrm{d}t}\right] = s\delta p_c(s) - \delta p_c(0)$,其他变量由此类推,则式(3-102)的拉普拉斯变换可写成如下矩阵形式:

$$s\boldsymbol{X}(s) - \boldsymbol{X}(0) = \boldsymbol{A}\boldsymbol{X}(s) + \boldsymbol{B}\boldsymbol{P}(s) \tag{3-103}$$

式中:$\boldsymbol{X}(s) = \begin{bmatrix} \delta p_c(s) \\ \delta \dot{m}_{c,o}(s) \\ \delta \dot{m}_{c,f}(s) \\ \delta n(s) \\ \delta p_g(s) \\ \delta \dot{m}_{g,o}(s) \\ \delta \dot{m}_{g,f}(s) \end{bmatrix}$; $\boldsymbol{X}(0) = \begin{bmatrix} \delta p_c(0) \\ \delta \dot{m}_{c,o}(0) \\ \delta \dot{m}_{c,f}(0) \\ \delta n(0) \\ \delta p_g(0) \\ \delta \dot{m}_{g,o}(0) \\ \delta \dot{m}_{g,f}(0) \end{bmatrix}$; $\boldsymbol{B} = \begin{bmatrix} 0 & 0 \\ B_{\dot{m}_{c,o}}^{p_{to}} & 0 \\ 0 & B_{\dot{m}_{c,f}}^{p_{tf}} \\ 0 & 0 \\ 0 & 0 \\ B_{\dot{m}_{g,o}}^{p_{to}} & 0 \\ 0 & B_{\dot{m}_{g,o}}^{p_{to}} \end{bmatrix}$; $\boldsymbol{P}(s) = \begin{bmatrix} \delta p_{to}(s) \\ \delta p_{tf}(s) \end{bmatrix}$;

$$\boldsymbol{A} = \begin{bmatrix} A_{p_c}^{p_c} & A_{p_c}^{\dot{m}_{c,o}} \mathrm{e}^{-s\tau_d} & A_{p_c}^{\dot{m}_{c,f}} \mathrm{e}^{-s\tau_d} & 0 & 0 & 0 & 0 \\ A_{\dot{m}_{c,o}}^{p_c} & A_{\dot{m}_{c,o}}^{\dot{m}_{c,o}} & A_{\dot{m}_{c,o}}^{\dot{m}_{c,f}} & A_{\dot{m}_{c,o}}^n & A_{\dot{m}_{c,o}}^{p_g} & 0 & 0 \\ A_{\dot{m}_{c,f}}^{p_c} & A_{\dot{m}_{c,f}}^{\dot{m}_{c,o}} & A_{\dot{m}_{c,f}}^{\dot{m}_{c,f}} & A_{\dot{m}_{c,f}}^n & A_{\dot{m}_{c,f}}^{p_g} & 0 & 0 \\ A_n^{p_c} & A_n^{\dot{m}_{c,o}} & A_n^{\dot{m}_{c,f}} & A_n^n & A_n^{p_g} & 0 & 0 \\ 0 & 0 & 0 & 0 & A_{p_g}^{p_g} & A_{p_g}^{\dot{m}_{g,o}} \mathrm{e}^{-s\tau_d'} & A_{p_g}^{\dot{m}_{g,f}} \mathrm{e}^{-s\tau_d'} \\ A_{\dot{m}_{g,o}}^{p_c} & A_{\dot{m}_{g,o}}^{\dot{m}_{c,o}} & A_{\dot{m}_{g,o}}^{\dot{m}_{c,f}} & A_{\dot{m}_{g,o}}^n & A_{\dot{m}_{g,o}}^{p_g} & A_{\dot{m}_{g,o}}^{\dot{m}_{g,o}} & 0 \\ A_{\dot{m}_{g,f}}^{p_c} & A_{\dot{m}_{g,f}}^{\dot{m}_{c,o}} & A_{\dot{m}_{g,f}}^{\dot{m}_{c,f}} & A_{\dot{m}_{g,f}}^n & A_{\dot{m}_{g,f}}^{p_g} & 0 & A_{\dot{m}_{g,f}}^{\dot{m}_{g,f}} \end{bmatrix}。$$

式(3-103)是发动机系统动力学方程拉氏变换的矩阵表示式,而式(3-102)就是该发动机系统动力学方程的向量微分方程。向量 X 中全是发动机工作状态的参数，所以 X 称状态向量，而 P 中都是系统的输入量，所以称 P 为输入向量，也称干扰向量。

由式（3-103）可得

$$X(s) = (s\boldsymbol{I}-\boldsymbol{A})^{-1}[\boldsymbol{B}P(s)+X(0)] \tag{3-104}$$

式中：I 为单位矩阵。

将式（3-104）作拉普拉斯反变换，可得

$$X(t) = L^{-1}[(s\boldsymbol{I}-\boldsymbol{A})^{-1}X(0)] + L^{-1}[(s\boldsymbol{I}-\boldsymbol{A})^{-1}\boldsymbol{B}P(s)] \tag{3-105}$$

称式（3-105）右边第一项为状态变量的"零输入分量"，第二项为"零状态分量"。

对推力方程（3-101）进行拉普拉斯变换，并用矩阵形式表示出来：

$$\delta F(s) = \begin{bmatrix} K_F^{p_c} & K_F^{\dot{m}_{c,o}} & K_F^{\dot{m}_{c,f}} & 0 & 0 & 0 & 0 \end{bmatrix} \begin{bmatrix} \delta p_c(s) \\ \delta \dot{m}_{c,o}(s) \\ \delta \dot{m}_{c,f}(s) \\ \delta n(s) \\ \delta p_g(s) \\ \delta \dot{m}_{g,o}(s) \\ \delta \dot{m}_{g,f}(s) \end{bmatrix} \tag{3-106}$$

用 C 表示系数矩阵，则上式改写向量式为

$$\delta F(s) = \boldsymbol{C}X(s)$$

将式（3-104）代入上式，得

$$\delta F(s) = \boldsymbol{C}(s\boldsymbol{I}-\boldsymbol{A})^{-1}[X(0)+\boldsymbol{B}P(s)] = \boldsymbol{C}(s\boldsymbol{I}-\boldsymbol{A})^{-1}X(0) + \boldsymbol{C}(s\boldsymbol{I}-\boldsymbol{A})^{-1}\boldsymbol{B}P(s)$$

对上式进行拉普拉斯反变换，得

$$\delta F(t) = \boldsymbol{C}L^{-1}[(s\boldsymbol{I}-\boldsymbol{A})^{-1}]X(0) + \boldsymbol{C}L^{-1}[(s\boldsymbol{I}-\boldsymbol{A})^{-1}\boldsymbol{B}P(s)]$$

式中：右边第一项为推力的"零输入响应"；第二项为推力"零状态响应"。传递函数是在零状态下定义的，所以传递函数矩阵 $H(s)$ 为

$$H(s) = \boldsymbol{C}(s\boldsymbol{I}-\boldsymbol{A})^{-1}\boldsymbol{B} \tag{3-107}$$

零状态下输出信号的响应 $\delta F(t)$ 的拉普拉斯变换式为

$$\delta F(s) = H(s)P(s) \tag{3-108}$$

由于求解式（3-104）中逆矩阵比较麻烦，对于发动机系统，也可直接列出各个部件未线性化的动力学方程，通过选择合适的状态变量或者设置合适的中间变量，将发动机动力学写成如下形式：

$$\frac{\mathrm{d}X(t)}{\mathrm{d}t} = \boldsymbol{A}X(t) + \boldsymbol{B}P(t)$$

给出初值 $X(0)$ 后，便可用计算机求状态变量的数值解。

习　题

1. 某液体火箭发动机推进剂组合为四氧化二氮/偏二甲肼，混合比为 2.3，若燃烧室

压力为 7MPa、特征长度为 1.2m，试求燃烧室时间常数 τ_c。

2. 在上题中，如果燃烧时滞为 5ms，在某时刻仅四氧化二氮流量增大 1%，并保持不变，若以此时刻为零时刻，试求 4ms 和 7ms 时燃烧室的压力。

3. 某直管长度为 0.5m，通径恒为 5mm，介质为水，无外力作用，稳态工作时流量为 0.4kg/s，入口和出口压力分别为 1.2MPa 和 1MPa，求管路的时间常数。

4. 在上题中，如果某时刻入口压力变为 1.21MPa，并保持不变，若以此时刻为零时刻，试求 5ms 和 10ms 时管路流量。

5. 影响液体火箭发动机系统稳定性的因素主要有哪些？

6. 对图 3-13 所示的发动机系统，以 $\boldsymbol{X}=[p_c,\dot{m}_o,\dot{m}_f]^{\mathrm{T}}$ 为状态向量，$\boldsymbol{P}=[p_{to},p_{tf}]^{\mathrm{T}}$ 为干扰向量，写出该系统的状态方程。

第4章　液体火箭推进系统起动和关机过程

本章主要介绍液体火箭推进系统起动和关机过程的特点，给出起动时间简化计算方法，分析起动时间影响因素，讨论减少起动过渡时间的措施。给出发动机后效冲量的概念和简化计算方法，分析减少后效冲量的措施。

4.1　起动过程计算分析

4.1.1　起动过程的一般特性

液体火箭发动机的起动过程是一个不确定的工作过程，在这个工作过程中，过程参数从初始值过渡到额定状态的启动过程请扫二维码观看。在起动过程的短暂时间内，过程参数（如压力、温度、速度）变化很大，如果起动过程燃烧室压力过高，则可能导致结构损坏，甚至发生爆炸。为了保证发动机平稳顺利起动，需要特别关注和研究。与其他工作状态相比，起动状态有下列需要研究分析的专门过程。

（1）推进剂向管路和集液腔的充填。
（2）涡轮泵组的超转，从而保证向燃烧室和燃气发生器输送推进剂所必需的功率。
（3）推进剂的点火和燃烧。
（4）发动机参数向额定值的过渡。

典型的双组元泵压式液体火箭发动机系统，在起动指令发出后，首先打开起动活门，推进剂组元在贮箱压力和流体静压力的作用下，充填流体通道（管道、泵腔）直到燃气发生器和燃烧室的喷注器。在活门打开后的某一时刻，火药起动器点火，产生的燃气进入涡轮转子叶片做功，使涡轮泵转速增加，氧化剂和燃料泵后压力提高，并迫使推进剂加速进入燃气发生器，燃气发生器点火、燃烧。涡轮泵进一步加速，泵后压力进一步提高，加速充填燃烧室，随后燃烧室点火、燃烧，这时涡轮泵已经具有足够的功率以保证燃烧室中所需的推进剂流量，发动机进入额定状态。

图4-1给出了某双组元泵压式液体火箭发动机起动过程中涡轮泵转速、燃气发生器和燃烧室的压力、氧化剂流量、燃料流量等参数随时间变化示意。图4-1中t_0时刻表示起动活门开始做动，t_1时刻表示火药启动器燃气开始驱动涡轮，t_2、t_3时刻分别表示燃气发生器和燃烧室开始建压。需要指出的是，发动机系统设计方案及起动程序的各参数将会有不同的曲线变化规律。

发动机起动方式的分类方法多种多样，如果按涡轮泵组的起动方式来分，可分为装有火药起动器和不装火药起动器两种（如用贮存的高压气体挤压起动箱中的推进剂）。火药起动器起动方式通常用于开式循环的涡轮泵起动，而闭式循环的涡轮泵系统一般不用火药起动器，二者在起动过程中涡轮泵转速的变化特性如图4-2所示。

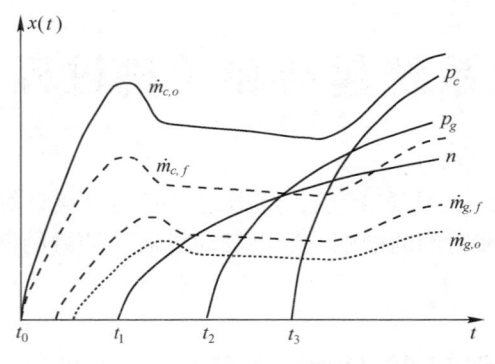

图4-1 起动时工作参数随时间变化示意

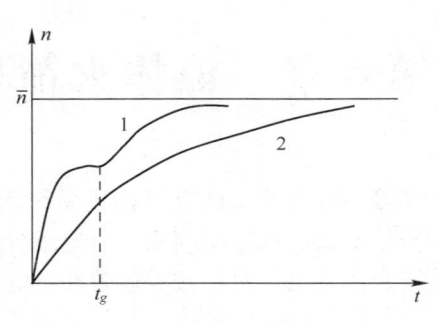

图4-2 起动过程转速变化示意
1—有火药启动器；2—无火药启动器。

按照发动机燃烧室中压力的变化特性，起动可分为缓慢起动、快速起动和炮式起动。如图4-3所示。缓慢起动时，燃烧室压力p_c的增长时间可达2s以上，它用于推力很大的发动机，这样可以减少飞行器上的动力载荷。快速起动时，p_c的增长时间约为1s，它主要用于中等推力的发动机。炮式起动时，p_c增长极快，一般为1/10s，甚至可达1/100s，它主要用于小推力发动机。

除此而外，起动还可分为一级起动和二级起动，二级起动主要用于大推力发动机。二级起动要采用二级推进剂活门（或者流量调节器），起动时先打开初级活门（或者流量调节器处于大流阻小流量状态），燃烧室先在40%~60%额定压力下工作。工作0.5~2s后，打开主级活门（或者流量调节器处于小流阻大流量状态），发动机进入主级工作（图4-4）。

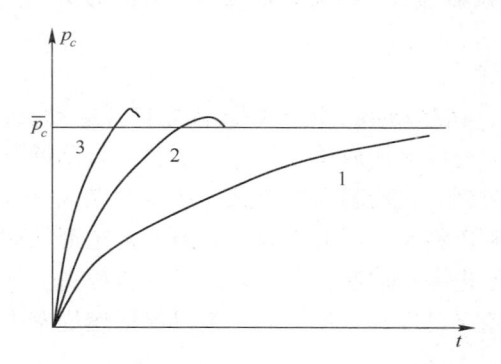

图4-3 不同起动方式燃烧室压力变化示意
1—缓慢起动；2—快速起动；3—炮式起动。

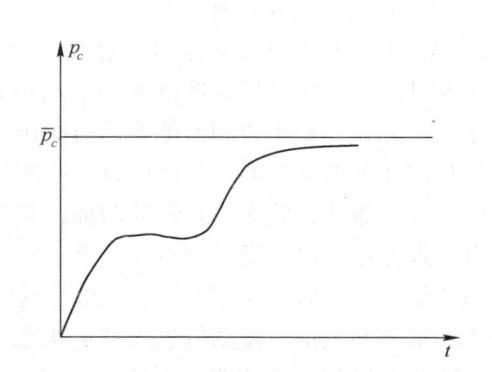

图4-4 二级起动方案燃烧室压力变化示意

对于多机并联的飞行器，如果所有发动机同时起动，则由于总推力很大，有可能产生很大的导致结构破坏的动力载荷和振动。为此一般采用分期分批起动。

为了减少起飞前的推进剂消耗，减小燃气对发射装置的影响，最好要求起动信号到建立额定推力的时间尽可能小。一般情况下，起动时间可以分为

$$t = t_d + t_v + t_f + t_s \tag{4-1}$$

式中：t_d为打开活门信号的传递时间；t_v为活门打开时间；t_f为推进剂管道与容腔的充填时

间；t_s 为发动机达到额定工况的时间。

1) 自动器作动时间

自动器作动时间包括打开活门信号的传递时间和活门打开时间，为了减少自动器作动时间，最好采用高速推进剂活门，常用的有火药启动活门。对于图 4-5 所示的火药启动活门，活门打开时间可近似地根据基本工作原理计算。

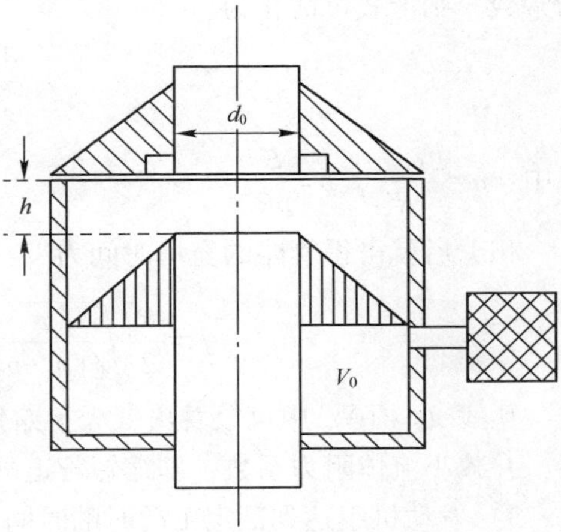

V_0 腔内切去厚度为 λ 的薄膜所需的气体压力 p_{V_0} 可由下式求出：

$$p_{V_0}\frac{\pi d_0^2}{4}=\lambda \pi d_0 \sigma_c \tag{4-2}$$

式中：σ_c 为剪切容许应力。

图 4-5 火药启动活门结构示意

火药点燃时，V_0 腔内气体的最大压力 $p_{\max}$ 可由下式计算：

$$p_{\max}=\frac{h_{ig}m_{ig}}{V_0-\alpha m_{ig}} \tag{4-3}$$

式中：h_{ig} 为高温火药能量；α 为考虑到高温火药中固体、液体燃烧产物体积的系数；m_{ig} 为点火药的质量。

对于烟火药，$m_{ig}=(3\sim3.4)\times10^6\mathrm{J/kg}$，$\alpha=0.5\times10^{-3}\mathrm{m^3/kg}$。对于高温火药，$m_{ig}=2.1\times10^6\mathrm{J/kg}$，$\alpha=0.3\times10^{-3}\mathrm{m^3/kg}$。

为了保证顺利切断，$p_{\max}$ 和 p_{V_0} 要服从下列关系：

$$p_{\max}\approx 2p_{V_0}$$

由上述方程可计算装药量：

$$m_{ig}=\frac{8\lambda\sigma_c V_0}{8\lambda\sigma_c \alpha+h_{ig}d_0} \tag{4-4}$$

活塞刀所做的功可用下式表示：

$$W=\varphi p_{\max}A_p h \tag{4-5}$$

式中：A_p 为活塞刀的面积；φ 为压力曲线图上的充满系数（$\varphi=0.6\sim0.7$）。

如果不计摩擦，则切断膜片时活塞刀的动能可用下式求出：

$$\frac{1}{2}m_p v_p^2=\varphi p_{\max}A_p h \tag{4-6}$$

取活塞刀的平均速度 $v=v_p/2$，从而可以求得活门开启时间：

$$t_v=\sqrt{\frac{2m_p h(V_0-\alpha m_{ig})}{\varphi h_{ig}m_{ig}A_p}} \tag{4-7}$$

2) 推进剂管道与容腔的充填时间

推进剂沿管道运动可用下式表示：

$$R\frac{\mathrm{d}\dot{m}}{\mathrm{d}t}+\frac{\xi}{\rho}\dot{m}^2=p_1(t)-p_2(t) \tag{4-8}$$

式中：$p_1(t)$、$p_2(t)$ 分别为管路入口和出口处的压力。

起动活门打开后，在推进剂管路充填过程中，管路入口处的压力是由起动活门前的压力来确定的。作为一个初步的近似，认为其不变。管路出口的压力与介质压力相等，而介质压力在推进剂进入容腔前也是恒定的。再进一步假设，在管道充填过程中，系数 R 和 ξ 为常数。则上式可简化为

$$\frac{\mathrm{d}\dot{m}}{\mathrm{d}t} = a - b\dot{m}^2 \qquad (4-9)$$

式中：$a = \dfrac{p_1 - p_2}{R}$；$b = \dfrac{\xi}{\rho R}$。

积分后就可得管路的充填时间为

$$t_f = \frac{R}{2}\sqrt{\frac{\rho}{\xi(p_1-p_2)}} \ln \left| \frac{\dot{m}+\sqrt{(p_1-p_2)\rho/\xi}}{\dot{m}-\sqrt{(p_1-p_2)\rho/\xi}} \right| \qquad (4-10)$$

从式（4-10）中可以看出，为了缩短管路的充填时间，必须增大起动时管路上的压降，并减小流体阻力系数，即缩短管道的长度、减少局部阻力，这些措施是显而易见的。

3）发动机组达到额定工况时的时间

对发动机各部件动力特性分析表明，涡轮泵组件的惯性是最大的，它决定了发动机组达到额定工况的时间。涡轮泵组件的惯性用一个时间常数来表征：

$$T_{tp} = \frac{J\dfrac{\pi}{30}}{a_{tp}} \qquad (4-11)$$

涡轮泵组转子超转的近似时间由下列量来评定：

$$t_s \approx T_{tp}$$

因此，为了缩短过渡过程的时间，必须减小涡轮泵组件转动惯量 J，增加涡轮做功能力以增大 a_{tp}。

4.1.2 安全起动的条件

管道充填结束后，推进剂以极高的速度经喷注器喷入燃烧室和燃气发生器，并先后点火燃烧。发动机燃烧室中推进剂点火与燃烧是一个极复杂的物理化学过程，为了保证安全点火必须提供强大的热流。对于非自燃推进剂，则要采用点火装置，常用的有烟火点火器、火花塞点火器及火炬点火器。自燃推进剂不要求专门的点火装置。

点火延迟时间是点火和燃烧的基本特性，由于点火延迟的存在，在燃烧室中必然要积累一部分燃烧剂和氧化剂的混合物，它可能导致爆燃。积累的推进剂量主要取决于推进剂的流量和点火延迟时间，累积的推进剂点火时形成很大的压力急升，如图 4-6 所示，这种热和动力载荷就有可能破坏发动机结构。同时，在燃烧室压力和进入燃烧室的流量之间的反馈又有可能导致不稳定燃烧。应当指出的是，点火延迟时间取决于推进剂的物理化学性质、雾化和混气形式的质量、点火装置的功率、压力和温度。

在同等条件下，燃烧室中积累的推进剂数量取决于混合物烧完的速度。为了减少燃烧时间以排除积累的混合物爆炸或者产生巨大的压力峰，希望起动时有最大的燃烧速度，这个要求通常采用一种组元先于另一种组元进入燃烧室来实现，组元进入燃烧室的时间差一

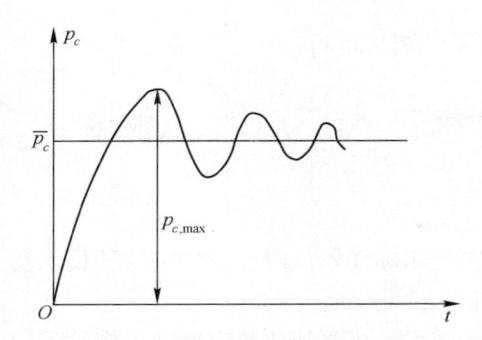

图 4-6 起动时燃烧室压力 p_c 变化示意

般在 0.03~0.2s，具体要看推进剂组合及其特性。

1) 燃烧室的起动过程

起动过程中，燃烧室内的气体的最大压力与额定室压之比称为起动过载，即

$$n = \frac{p_{c,\max}}{\bar{p}_c} \tag{4-12}$$

按照结构的承载强度和发动机的工作稳定性，对 n 值要有一定的限制。为了近似地确定起动过载值，假设推进剂瞬时烧尽，即推进剂转化成燃气的程度为

$$\psi(t) = \begin{cases} 0, & t < t_{\mathrm{tr}} \\ 1, & t \geq t_{\mathrm{tr}} \end{cases} \tag{4-13}$$

式中：t_{tr} 为推进剂转变为燃烧产物的时间。

这时，燃烧室的最大压力可由下式确定：

$$p_{c,\max} = \frac{m_T (RT)_s}{V_c} \tag{4-14}$$

式中：m_T 为燃烧室中积累的推进剂质量。

而

$$m_T = (\dot{m}_{o,s} + \dot{m}_{f,s}) t_{\mathrm{tr}}$$

$$\dot{m}_{o,s} = a_{o,s} \sqrt{\rho_o \Delta p_{s,o}}$$

$$\dot{m}_{f,s} = a_{f,s} \sqrt{\rho_f \Delta p_{s,f}}$$

式中：$\dot{m}_{o,s}$、$\dot{m}_{f,s}$ 分别为起动时进入燃烧室的氧化剂和燃料流量；$a_{o,s}$、$a_{f,s}$ 分别为取决于几何特性和喷注器流量系数的系数；$\Delta p_{s,o}$、$\Delta p_{s,f}$ 分别为起动过程氧化剂和燃料喷注器压力降。

引入起动时混合比 $r_s = \dfrac{\dot{m}_{o,s}}{\dot{m}_{f,s}}$，则由上述几个关系式可得

$$p_{c,\max} = \frac{(r_s + 1) a_{s,f} \sqrt{\rho_f \Delta p_{s,f}} t_{\mathrm{tr}} (RT)_s}{V_c} \tag{4-15}$$

$\bar{p}_c$ 由下式可以确定：

$$\bar{p}_c = \frac{\bar{\dot{m}} c^*}{A_t}$$

因为 $\overline{m} = (\overline{r}+1)\overline{a}_f\sqrt{\rho_f \Delta \overline{p}_f}$，最后可得

$$n = \frac{(r_s+1)Zt_{tr}}{(\overline{r}+1)L^*}\sqrt{\frac{\Delta p_{s,f}}{\Delta \overline{p}_f}} \tag{4-16}$$

式中：$Z = \frac{a_{s,f}}{\overline{a}_f}\frac{(RT)_s}{c^*}$；$L^* = \frac{V_c}{A_t}$。

由此可见，起动过载系数由喷注器压降、燃烧室特征长度及 t_{tr} 等因素决定。

2）起动的动力可能性

为了实现发动机的起动，发动机系统应具有保证工作过程的所有参数增大的动力可能性。在泵压式发动机系统中，起动的动力可能性主要由保证转速提高和推进剂流量增加的涡轮剩余功率来表示，如图 4-7 所示。

涡轮的剩余功率：

$$\Delta N_T = N_T - \sum N_{p,i} \tag{4-17}$$

涡轮的剩余功率决定着转速及其变化率：

$$\frac{\pi J}{30}\frac{\mathrm{d}n(t)}{\mathrm{d}t} = \Delta N_T(t) \tag{4-18}$$

为了增大转速，要求 $\mathrm{d}n(t)/\mathrm{d}t>0$，因此必须保证 $\Delta N_T(t)>0$。$\Delta N_T(t)$ 一般为涡轮功率额定值的 15%~20%。

随着涡轮转速 n 的增加，燃气发生器中推进剂流量增加，进而燃气发生器压力增加，其结果是涡轮具有的功率和泵需要的功率均增加，如图 4-8 所示。但二者增加的速率可能不同，从而有可能在某个 n 值时，出现 $\Delta N_T(t)<0$，即出现负的涡轮剩余功率。这时，为了保证 $\mathrm{d}n/\mathrm{d}t>0$，必须用火药起动器作为补充能量。

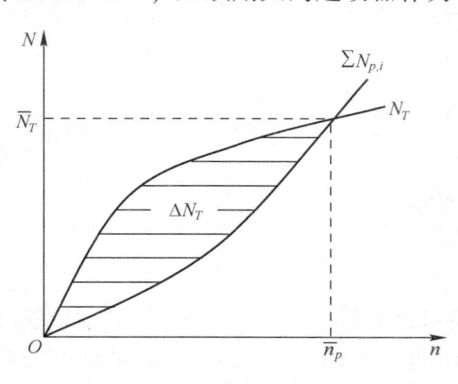

图 4-7 涡轮的剩余功率示意

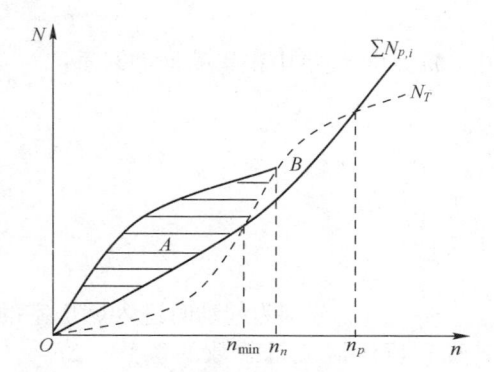

图 4-8 剩余功率与转速的关系

涡轮泵组转子超转的时间可由以下关系式：

$$t_p = \int_0^{n_p} \frac{\pi J}{30(N_T - \sum N_{p,i})}\mathrm{d}n \tag{4-19}$$

在 A 区内，剩余功率由火药起动器提供，如果火药起动器的能量越大，则涡轮泵机组超转的时间越小。在 B 区内，则其剩余功率由燃气发生器保证。不用火药起动器时的能量可实现性主要由管路、涡轮泵组和燃气发生器的特性确定，涡轮的剩余功率取决于燃气发

生器推进剂流量和燃烧产物的做功能力。

4.1.3 真空条件下发动机起动的特点

在大于 40km 的高度上，大气压力实际上已经很小了。在这种高度以上对发动机的安全起动应提出补充要求。在真空条件下，燃烧室中不存在反压，而且还可能导致：
（1）燃烧延迟时间，即推进剂变为燃烧产物的时间增大。
（2）进入燃烧室和燃气发生器的推进剂流量增大。
（3）推进剂的雾化、混合质量下降。
（4）某些自燃推进剂失去自燃能力。

所有这些因素均会导致燃烧室和燃气发生器中积累大量推进剂，从而在起动时，压力急剧增加，可能导致发动机爆炸或者不能起动。

可采用下列相应的措施使发动机在真空中可靠起动：（1）在喷管的临界截面处安装一个能被燃烧产物压力吹去的密封盖。（2）发动机起动前，燃烧室或燃气发生器内预先增压。

对于使用低温推进剂的发动机不要求用气体专门增压。因为在这种情况下，发动机起动时，燃烧室中会产生推进剂蒸发，从而增加了室压并创造了有利的起动条件。

4.1.4 起动过程计算方法

在起动过程的研究中，实验研究仍然是必不可少的，但要耗费大量的物资和时间，所以起动过程的理论计算日益受到重视。起动过程的理论计算以描述发动机系统及部件内非稳态过程的微分方程和代数方程为基础，这些方程在前面已作了描述。建立起动过程数学模型时必须考虑起动过程的特点，首先是推进剂的充填过程，如图 4-9 所示。

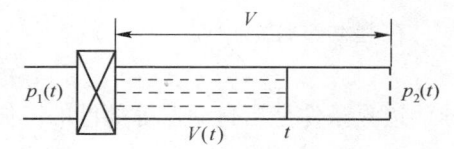

图 4-9 管路的充填过程示意

管路充填的流体运动方程为

$$R\frac{\mathrm{d}\dot{m}(t)}{\mathrm{d}t}+\frac{\xi}{\rho}\dot{m}^2(t)=p_1(t)-p_2(t) \tag{4-20}$$

考虑 R 和 ξ 是变化的，且取决于充填的容积 V。$R(V)$ 和 $\xi(V)$ 是与管路的几何特性和水力特性有关，近似地用如下多项式表示：

$$R(V)=aV^2(t)+bV(t)+c \tag{4-21}$$

$$\xi(V)=a'V^2(t)+b'V(t)+c' \tag{4-22}$$

式中：a、b、c、a'、b'、c' 为多项式的系数。

$V(t)$ 可用下式计算：

$$\rho V(t)=\int_{t_0}^{t}\dot{m}(t)\mathrm{d}t \tag{4-23}$$

两边微分可得

$$\frac{\mathrm{d}V(t)}{\mathrm{d}t}-\frac{\dot{m}(t)}{\rho}=0 \tag{4-24}$$

需要指出的是，低温推进剂的充填过程有部分推进剂的气化，所以推进剂的液体部分可用下列方程表示：

$$\begin{cases} \dot{m}_{T,1}(t) = [1-\varphi(t)]\dot{m}_T \\ \varphi(t) = \dfrac{\dot{m}_{\text{gas}}(t)}{\dot{m}_T} \end{cases} \tag{4-25}$$

则式（4-24）可进一步写为

$$\frac{\mathrm{d}V(t)}{\mathrm{d}t} - \frac{[1-\varphi(t)]\dot{m}_T(t)}{\rho} = 0 \tag{4-26}$$

发动机起动过程详细计算首先要明确发动机系统的具体方案，只有这样才能具体列出所要用到的方程组。一般来说，主要涉及发动机燃烧室方程、燃气发生器方程、泵方程、涡轮方程、自动器和调节器方程、管道方程、管道充填方程、泵腔充填方程等。

为了计算和编制程序方便，所有方程均可写成无因次形式，如可将参数除以额定值。例如，充填方程的无因次形式可写为

$$R\,\overline{m}\,\frac{\mathrm{d}\widetilde{m}(t)}{\mathrm{d}t} + \overline{m}^2\,\widetilde{m}^2(t) = \overline{p}_1\,\widetilde{p}_1(t) - \overline{p}_2\,\widetilde{p}_2(t) \tag{4-27}$$

式中：$\overline{x}$ 为额定值；$\widetilde{x}$ 为无因次值，$\widetilde{x} = x/\overline{x}$。

列出方程组后，进一步要给出初始条件（初始参数）和边界条件。如给起动活门发出打开指令信号的时间为起始时间 $t=0$，那么初始条件为

$$\widetilde{p}_c(0) = \widetilde{p}_g(0) = \widetilde{n}(0) = \widetilde{m}(0) = \widetilde{V}_j(0) = \cdots = 0$$

在起动过程结束时（$t = t_k$）：

$$\widetilde{p}_c(t_k) = 1, \quad \widetilde{m}(t_k) = 1, \quad \cdots$$

边界条件是指自动器等部件的工作条件，如

$$0 \leqslant h_o(t) \leqslant \widetilde{h}_o, \quad 0 \leqslant h_f(t) \leqslant \widetilde{h}_f$$

式中：$\widetilde{h}_o$、$\widetilde{h}_f$ 分别为起动活门或调节装置活动部分的最大可能位移。

有了方程组和初始、边界条件，就能求解。需要指出的是，起动过程是一系列现象和事件的转换。所以，要在不同时间，实现不同方程组的求解，这就在计算机程序中要增加判断和控制。

例如：起动活门打开时刻 t_0，这时主要是泵前管路的充填，相应地只用列管路的充填方程并求解。

当 $[\widetilde{V}_{1,o} = 1] \to t_1$，$[\widetilde{V}_{1,f} = 1] \to t_2$ 时，这表示泵前管路已分别充填满，将进入泵腔的充填，此时就要进一步引进泵腔充填方程。

当 $[\widetilde{V}_{p,o} = 1] \to t_3$，$[\widetilde{V}_{p,f} = 1] \to t_4$ 时，泵腔充填结束，就进入泵后管路（包括燃烧室冷却套、燃气发生器管路等）的充填，这又要引进这部分管路的充填方程。

以此类推，直至 $[\widetilde{p}_c = 1] \to t_p$。

计算结果可得一系列参数随时间的变化，如 $p_c(t)$、$p_g(t)$、$n(t)$ 等，由此来分析起动过程的优劣。通过不断变更、选择发动机系统方案、起动装置的参数及起动程序，就可以深入研究起动过程，并最后选定最优的起动方案，并用实验来证实和修改计算机模拟结果。

4.2 关机过程仿真分析

本节主要阐述液体火箭推进系统关机过程的基本特点,给出后效冲量的概念及其计算方法,分析提出减小后效冲量的措施。

4.2.1 发动机关机过程的基本特点

发动机的关机过程是个重要过程,关机过程的特性决定着有效载荷分离方法、级间分离方法的选择,以及飞行弹道主动段结束时速度与位置的散布。发动机关机过程是个瞬变过程,在这一过程中,几乎所有的工作过程参数都从额定值变到起动工作前的值。

一般情况下,发动机的关机是通过关闭推进剂活门来实现的,如果发动机推力不大,则发动机可以直接关闭。如果发动机推力比较大,发动机要分两级关闭,开始发动机先进入末级,这时的推力为 $F=(0.1\sim0.5)\overline{F}$,末级推力值主要由发动机燃烧室中的临界压力来决定。这两种关机方法发动机的推力变化曲线如图 4-10 所示。

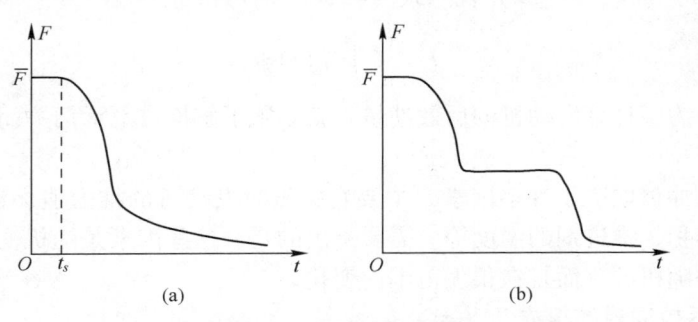

图 4-10 两种关机方法发动机推力变化示意
(a) 直接关闭;(b) 分两级关闭。

4.2.2 后效冲量的概念及其计算

推进剂活门关闭后,由于活门、管路和发动机燃烧室的惯性,推力不可能马上下降。发动机的工作在活门关闭后变得无法控制,而且各种各样的随机因素均会影响推力的衰减过程。所以,每台发动机之间的推力衰减过程有一定的散布,如图 4-11 所示。

把发动机在活门关闭后,影响火箭精度的那部分推力冲量称为后效冲量,并用 I 表示。一般情况下,发动机的后效冲量 I 可由下列关系式计算:

$$I = \int_{t_s}^{t} F \mathrm{d}t \qquad (4-28)$$

其中,发动机的推力 F 由下式计算:

$$F = F_v - p_a A_e \qquad (4-29)$$

式中:F_v 为发动机的真空推力。

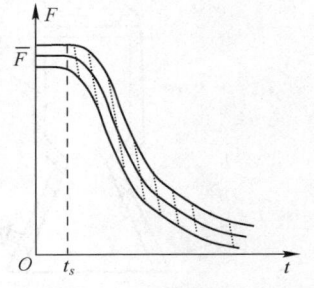

图 4-11 发动机后效冲量散布示意

从而可得

$$I = \int_{t_s}^{t} F_v \mathrm{d}t - A_e \int_{t_s}^{t} p_a \mathrm{d}t \tag{4-30}$$

从式（4-30）中可以得出，发动机的后效冲量由发动机的真空推力的变化规律和环境压力的变化确定。由于大部分飞行条件下，p_a 均很小，所以式（4-30）中第二项可以省略。

真空推力 F_v 可以由下式确定：

$$F_v = C_{F,v} p_c A_t \tag{4-31}$$

式中：$C_{F,v}$ 为真空推力系数。

由于在关机过程中，混合比发生变化，所以 $C_{F,v}$ 在关机过程中是个变量。然而，作为近似计算，可认为 $C_{F,v}$ 是常数，并可用下式计算：

$$C_{F,v} = \frac{\overline{F_v}}{\overline{p_c} A_t} \tag{4-32}$$

用实验方法也可以得到发动机关机过程中 $C_{F,v}$ 与 p_c 的关系。

把式（4-31）和式（4-32）代入式（4-30）后可得

$$I = \frac{\overline{F_v}}{\overline{p_c}} \int_{t_s}^{t} p_c(t) \mathrm{d}t \tag{4-33}$$

由此可见，为了计算发动机的后效冲量，就必须了解推进剂活门关闭后燃烧室压力的变化规律。

发动机后效冲量取决于许多因素，主要有关机时发动机的推力值、自动器动作时间、推进剂集液腔容积、推进剂的温度等。需要指出的是，这些因素是随机变量，所以发动机的后效冲量也是随机的，而且在很大范围内变化。

1. 发动机后效冲量的组成

当推进剂活门关闭后，部分推进剂就留在燃烧室和活门之间的容腔内，如图 4-12 所示。这部分推进剂将无控地依次进入燃烧室燃烧，从而形成后效冲量。

在发动机关闭过程中，发动机推力或燃烧室压力的变化特性如图 4-13 所示。全部发动机后效冲量可分为四个特性部分。

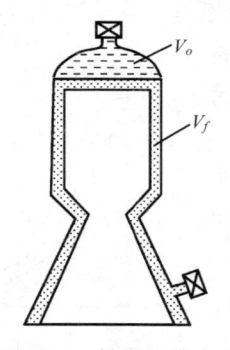

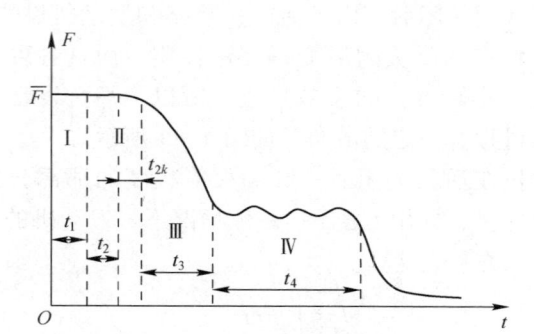

图 4-12　推进剂的容腔　　图 4-13　关机指令发出后推力的变化

第一部分：由喷入发动机燃烧室的推进剂组元转换为燃烧产物的转换时间 t 确定。

关闭指令发出后，进入燃烧室的那部分推进剂要在 $t_1 = t_d$ 时才变成燃烧产物。因此，发动机不会马上对关机指令做出反应。所以全部过程沿时间轴向右移。点火延迟时间主要取决于推进剂种类、喷注器结构和混气形成过程，该值的变化范围为 0.001~0.1s。在给定推进剂和燃烧室压力情况下，t_1 基本不变，所以第一阶段的推力后效冲量的散布主要取决于关机时推力值的散布。

第二部分：由控制电路和活门起动存在惯性所致。

从活门关闭指令的发出到关机过程开始要经一段时间。这主要取决于操纵（控制）活门的自动化装置的类型。对于气动活门来说，$t_2 = 0.05~0.15$s；而对于电爆活门，$t_2 = 0.001~0.015$s。由于在 t_2 时间内，活门还未动作，所以推进剂流量和推力是不变的，而且等于额定值。

经过 t_2 时间，就开始了活门的关闭过程，这时活门流通截面的面积发生变化，从而推进剂流量和推力在活门关闭过程中也随之改变。推进剂流量的变化规律应取决于活门流通截面积 A_0 的变化、流量系数 C_d 和活门前的推进剂压力 p_v，可用下式表示：

$$\dot{m} = \dot{m}(C_d, A_0, p_v)$$

活门前推进剂的压力因涡轮泵转速变化和飞行中过载变化而变化。活门的关闭时间取决于活门的结构。对于气动液压活门，$t_{2k} = 0.1~3$s；而对于电爆活门，这个时间很小，一般小于 0.001s。

第三部分：推力和燃烧室压力的急剧下降。

当活门完全关闭后，燃烧室中的燃烧产物很快排空，这时燃烧室压力急剧下降。排空时间取决于初始压力的数值及燃烧室的容积，为千分之一秒左右。

第四部分：推进剂蒸发过程。

这个过程是由推进剂从喷注器集液腔漏到燃烧室中的不稳定过程形成的。当喷注器集液腔中的推进剂压力降到该推进剂在相应温度下的饱和蒸气压力时，推进剂就开始蒸发，从而在集液腔内形成压力等于饱和蒸气压的蒸气。在这个压力下，推进剂（实际是气液混合物）经喷注器进入燃烧室燃烧产生后效冲量。

由于推进剂组元在集液腔中温度不同，加上推进剂物理性质的差异。所以，氧化剂和燃料的饱和蒸气压是不相同的。饱和蒸气压力高的那种组元先进入燃烧室，这部分组元在燃烧室中蒸发并排出，产生一部分推力。当燃烧室压力继续降到另一种组元的饱和蒸气压时，它也进入燃烧室，从而与先进入的那种组元的蒸气进行燃烧。在这一阶段，燃烧室中的混合比是变化的，而且偏离最佳值，同时燃烧室的压力比较低，这就决定了会产生不稳定燃烧和压力脉动。

还需指出的是，当一种推进剂组元耗尽时，燃烧就会停止。但另一种未耗尽的推进剂组元继续进入燃烧室，产生蒸发和热分解反应，经过喷管流出也会产生一部分后效冲量。这种蒸发过程是很长的，按照集液腔内推进剂组元的种类和数量的不同，蒸发时间可以在几秒至几分钟变化。

因此，推力后效冲量的作用时间为

$$t = t_1 + t_2 + t_{2k} + t_3 + t_4 \tag{4-34}$$

而后效冲量可由以下各部分之和来确定：

$$I = I_1 + I_2 + I_3 + I_4$$

计算与实验数据均表明,I_2、I_4在I中占的比重最大,通常有
$$I_2+I_4=(0.7\sim 0.85)I$$

2. 发动机后效冲量的计算

为了计算发动机的推力后效冲量值及其散布,就要深入地研究发动机关机过程中燃烧室压力的变化规律。与起动过程一样,原则上可以列出一组描述发动机关机过程的动力学方程,进而利用给定的条件求解这个方程组,这方面已有专著详细叙述。然而,从工程设计实践出发,则可利用某些近似方法来进行计算。目前,常用的方法是根据后效冲量形成的物理过程按后效冲量的各个组成部分分别进行计算。

1)第一、二部分的计算

在第一部分中,t_1时间内,推力是不变的,而且等于末级推力。在第二部分中,断流活门关闭过程中推进剂流量和推力是有变化的。但是采用诸如电爆活门时,活门关闭的总时间相对而言是比较小的,所以也认为此时推力是不变的,即$F_1=F_2=\bar{F}$,其中$\bar{F}$为发出关机指令时发动机的推力,有

$$I_{1-2}=\bar{F}t_{1-2} \tag{4-35}$$

式中:$t_{1-2}=t_1+t_2+t_{2k}$

2)第三部分的计算

在第三部分中,发动机燃烧室排空时压力急剧地下降,这种情况下燃烧室中的初始压力与关机指令发出时的室压相等,燃烧室压力最后下降到推进剂组元中饱和蒸气压大的那种组元的饱和蒸气压力$p_{s,v}$,如图4-14所示。

由于燃烧室排空过程很快,可以认为气体组成和温度来不及变化,假设排空过程中喷管喉部处于壅塞状态,则有

$$\frac{\mathrm{d}(\rho V_c)}{\mathrm{d}t}=-\frac{p(t)A_t}{c^*} \tag{4-36}$$

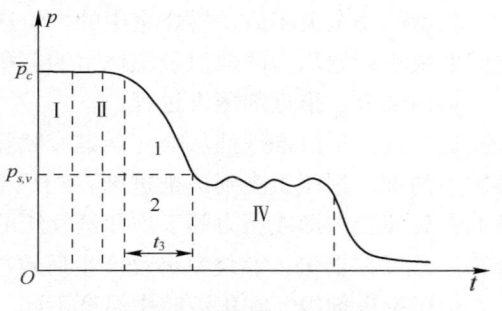

图4-14 关机过程第Ⅲ部分压力变化

将$\rho(t)=\dfrac{p(t)}{(RT)_c}$、$\dfrac{A_t}{c^*}=\dfrac{\bar{p}_c}{\dot{m}}$代入上式,并注意到$\tau_c=\dfrac{\bar{p}_c V_c}{\dot{m}(RT)_c}$,可得

$$\frac{\mathrm{d}p(t)}{\mathrm{d}t}=-\frac{p(t)}{\tau_c} \tag{4-37}$$

分离变量积分可得

$$p(t)=\bar{p}_c \mathrm{e}^{-t/\tau_c} \tag{4-38}$$

取$p=p_{s,v}$,则燃烧室的排空时间可为

$$t_3=\tau_c \ln \frac{\bar{p}_c}{p_{s,v}} \tag{4-39}$$

从而,发动机后效冲量的第三部分可写为

$$I_3=\frac{\bar{F}}{\bar{p}_c}\int_{t_2}^{t_3}p_c \mathrm{d}t \tag{4-40}$$

从图 4-16 中看出，可以用两个面积总和来代替积分 I_3，即

$$I_3 = S_1 + S_2 \tag{4-41}$$

式中：$S_1 = \dfrac{1}{2}(\bar{p}_c - p_{s,v})t_3$，$S_2 = p_{s,v}t_3$

最后可得

$$I_3 = \dfrac{\bar{F}(\bar{p}_c + p_{s,v})t_3}{2\bar{p}_c} \tag{4-42}$$

3) 第四部分的计算

这部分主要考虑推进剂的蒸发过程，在喷注器集液腔和冷却通道中，在推进剂的饱和蒸气压力的作用下，弥散性蒸气和液体混合物通过喷注器进入燃烧室。所以在计算燃烧室压力变化时不仅要考虑流体动力关系，还要考虑表示蒸气形成和乳剂从喷注器中流出过程的方程，已有专著给出该过程的详细计算方程。但这种方法不仅很复杂，而且计算中要用到许多难以确定的参数，计算结果的准确性不高。因此，从工程设计出发，可以用近似方法来计算 I_4。

由于推进剂组元的饱和蒸气压力和管路的流体动力特性有很大的差别，可以认为两种推进剂组元在不同的时间进入燃烧室。这样，在燃烧室中开始是一种组元的蒸发，然后是两种组元的燃烧，最后是剩余组元的蒸发。该过程燃烧室压力随时间变化如图 4-15 所示。

可以从喷注器前面的推进剂容腔（包括集液腔、冷却通道）内推进剂的总能量储备来确定 I_4。从图 4-17 中可以看出：

$$I_4 = F_4 t_4 = \dot{m}_4 t_4 I_{s4} \tag{4-43}$$

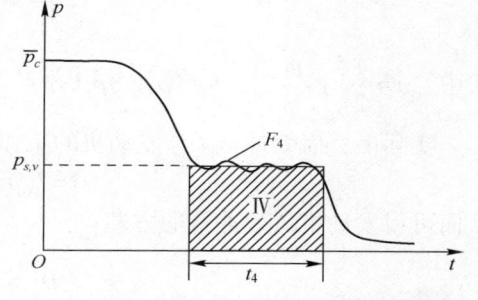

图 4-15 关机过程第 IV 部分的等效表示

式中：$\dot{m}_4 t_4 = m_o + m_f$。

而 $m_o = \rho_o V_o$，$m_f = \rho_f V_f$，其中 V_o、V_f 分别为活门与喷注器之间的氧化剂和燃料的容积。比冲 I_{s4} 与燃烧产物的做功能力成正比，因此：

$$\begin{cases} I_{s4} = \bar{I}_s \sqrt{\dfrac{(RT_c)_4}{(\overline{RT_c})}} \\ \bar{I}_s = \dfrac{\bar{F}}{\bar{m}} \end{cases} \tag{4-44}$$

$(RT_c)_4$ 由推进剂组元的蒸发过程确定，可采用下式近似计算：

$$\begin{cases} (RT_c)_{4,o} = \dfrac{R_M}{M_o} T_{s,o} \\ (RT_c)_{4,f} = \dfrac{R_M}{M_f} T_{s,f} \end{cases} \tag{4-45}$$

式中：$T_{s,o}$、$T_{s,f}$ 分别为喷注器腔内氧化剂和燃料的沸腾温度；M_o、M_f 分别为氧化剂和燃料的摩尔质量。根据推进剂在不同时间进入燃烧室，气体的工作能力可以取平均值。

$$(RT)_4 = R_M \left(\frac{Z}{Z+1} \frac{T_{s,o}}{M_o} + \frac{1}{Z+1} \frac{T_{s,f}}{M_f} \right)$$

式中：$Z = \dfrac{m_o}{m_f}$，$0 < Z < \infty$。当 $Z = \infty$ 时，发动机燃烧室中产生氧化剂蒸发。

最后可得

$$I_4 = \frac{\overline{F}}{\dot{m}} (\rho_o V_o + \rho_f V_f) N \tag{4-46}$$

式中：$N = \sqrt{\left(\dfrac{Z}{Z+1} \dfrac{T_{s,o}}{M_o} + \dfrac{1}{Z+1} \dfrac{T_{s,f}}{M_f} \right) \dfrac{R_M}{(\overline{RT_c})}}$。

3. 发动机后效冲量的散布

火箭入轨位置和速度的散布或火箭级间分离状况的散布不是由发动机后效冲量的值决定的，而是由后效冲量值的散布决定的。

发动机后效冲量的实验与计算均表明，上述近似算法的误差不超过 15%，将上述各计算式合并后可得

$$I = \overline{F} \left(t_{1-2} + a t_3 + \frac{b}{\dot{m}} \right) \tag{4-47}$$

式中：$a = \dfrac{1}{2} \left(1 + \dfrac{p_{s,v}}{\overline{p}_c} \right)$；$b = (\rho_o V_o + \rho_f V_f) N$。

实际上，后效冲量 I 与发动机的工作状态和结构参数有关，可以表达为

$$I = I(p_c, \dot{m}, F, t_i, V_i, \rho_i)$$

从而可得发动机后效冲量的方差：

$$D_I = \sum \left(\frac{\partial I}{\partial Y} \right)^2 D_{yj} \tag{4-48}$$

式中：D_{yj} 为随机参数 Y 的方差。

偏导数 $\left(\dfrac{\partial I}{\partial Y} \right)$ 可按下式计算：

$$\begin{cases} \dfrac{\partial I}{\partial F} = \dfrac{\overline{I}}{\overline{F}} \\[6pt] \dfrac{\partial I}{\partial p_c} = -\dfrac{\overline{F} p_{s,v} t_3}{2 \overline{p}_c^2} \\[6pt] \dfrac{\partial I}{\partial \dot{m}} = -\dfrac{\overline{F} b}{\dot{m}^2} \\[6pt] \dfrac{\partial I}{\partial t_{1-2}} = \overline{F} \\[6pt] \dfrac{\partial I}{\partial V_i} = \dfrac{\overline{F}}{\dot{m}} N \overline{\rho}_i \\[6pt] \dfrac{\partial I}{\partial \rho_i} = \dfrac{\overline{F}}{\dot{m}} N V_i \end{cases} \tag{4-49}$$

因此：
$$D_I = \overline{F}^2(d_F D_F + d_{\dot{m}} D_{\dot{m}} + d_{p_c} D_{p_c} + d_t + d_{V_i} D_{V_i} + d_{\rho_i} D_{\rho_i}) \tag{4-50}$$

式中：$d_F = \dfrac{\overline{I}^2}{\overline{F}^4}$；$d_{\dot{m}} = \dfrac{b^2}{\dot{\overline{m}}^4}$；$d_{p_c} = \dfrac{p_{s,v}^2 t_3^2}{4\overline{p}_c^4}$；$d_{V_i} = \dfrac{N^2 \rho_i^2}{\dot{\overline{m}}^2}$；$d_{\rho_i} = d_{V_i} \dfrac{V_i^2}{\overline{\rho}_i^2}$。

发动机后效冲量的均方根偏差：
$$\sigma_I = \sqrt{D_I} \tag{4-51}$$

减少发动机后效冲量均值及其散布的方法主要从以下方面着手。

（1）减少关机时发动机的推力。对于大推力发动机，可以采用二级关机，末级推力可取 $(0.1\sim0.5)\overline{F}$。如果发动机系统有姿态控制发动机参加工作，则可先关闭主发动机，后关姿态发动机。这样就能减少后效冲量的均值与散布。

（2）尽量减小喷注器的集液腔容积。这是减少影响 I_4 的主要方法，应当在设计时充分考虑。

（3）缩短活门的动作时间。缩短活门的动作时间对降低后效冲量的好处是显而易见的。但也应指出：在利用高速动作活门时会出现严重的水击现象，破坏导管。活门关闭时的压力增量可近似用下式计算：
$$p_{\max} = \rho \dfrac{\dot{m} \cdot 2L}{A_0 t_2} \tag{4-52}$$

进而可通过管道强度所允许的压力值 p_1 来确定活门的关闭时间。
$$t_2 \geqslant \dfrac{2\rho \dot{m} L}{A_0 p_1} \tag{4-53}$$

（4）喷注器的吹除与排泄。这个方法主要也是针对减少 I_4（蒸发过程）而采用的，压缩气体（空气或氮气）进入推进剂腔中，把推进剂挤压到燃烧室或通过活门排泄到周围介质中。这样一来，后效冲量的第四部分就大为减少，如图 4-16 所示，其最终结果是总的后效冲量可减少到原来的 $1/3\sim1/2$。

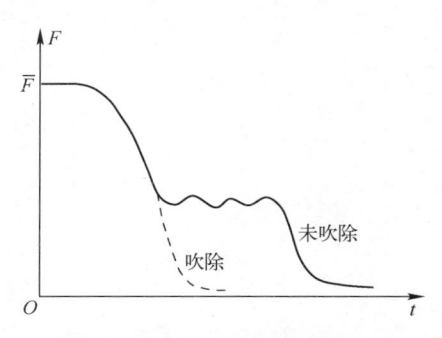

图 4-16 带吹除的发动机关机过程

习　　题

1. 讨论泵压式液体火箭发动机快速起动方法。

2. 某圆水管长度为 1m、直径为 10mm，稳态工作时管道入口压力为 0.3MPa、出口压力为 0.1MPa、流量为 1.57kg/s，假定初始状态管道充满不流动的水，入口压力和出口压力均为 0.1MPa，从零时刻开始入口压力突然跃升为 0.3MPa 并保持不变，求出口压力恒为 0.1MPa、管道流阻系数和惯性系数不变的情况下，水管流量达到 1.4kg/s 所需时间。

3. 涡轮泵式液体火箭发动机变工况过渡时间主要与哪些因素相关？

4. 某液氧煤油火箭发动机燃烧室混合比为 2.5、压力为 18MPa、特征长度为 1.5m、流量为 400kg/s，切断燃烧室液氧和煤油供应后，试估算燃烧室压力从 18MPa 下降到 0.1MPa 所需的时间。

5. 减少液体火箭发动机后效冲量的方法有哪些？各有什么优缺点？

6. 结合式（4-49）和式（4-50），讨论控制发动机后效冲量散布范围的措施。

第 5 章　液体火箭发动机常规测试内容

我国液体火箭推进系统技术已经相当成熟，具备良好的性能稳定性。推进系统的固有可靠性在火箭生产阶段便已确定，出厂前的多个测试项目通常至少会进行一次，以确保系统的正常运行。在火箭到达发射场后，推进系统只需要进行有限的重复测试，主要目的是及时识别并解决可能影响发动机正常运作的异常因素。这些测试有助于消除在吊装、运输及其他系统测试过程中可能对推进系统造成的破坏，从而实现对推进系统全生命周期的质量监控与管理。通过这种方式，可以确保系统在发射前的可靠性和安全性，为后续任务的顺利进行提供保障。

5.1　常规推进剂液体火箭推进系统测试内容

本节将以我国某型号运载火箭的第一、二子级推进系统为案例，简要探讨常规推进剂液体火箭推进系统的测试内容。通过分析这一具体实例，可以深入理解液体火箭推进系统的关键测试环节，以及在保障火箭性能和安全性方面的重要性。这种分析不仅为相关领域的研究提供参考，也为推进系统的优化和改进奠定基础。

5.1.1　内外观检查

在运载火箭完成出厂后至点火发射之前，通常需经历多次吊装、转运及测试人员的直接操作。为确保推进系统的状态正确且结构完整，必须按照相关测试细则和技术标准进行多次的内外观检查。外观检查主要关注火箭外部的状态，而内观检查聚焦火箭各舱内的状况。检查应系统全面，确保不遗漏任何细节，并对每项发现的异常情况进行详细记录。

（1）外观检查：外部检查侧重结构的完整性，包括箭体外壳是否存在划伤、压坑或脱漆现象，以及阀门和堵盖的完好性。

（2）内部检查：内部检查旨在评估发动机系统和推进剂输送系统的状态，涵盖多个方面。

① 组件外表检查：对发动机的喷管、高压导管、摇摆软管及推进剂输送管等的表面进行检查，确认是否有划伤、凹坑、锈蚀、裂纹或变形等缺陷。例如，燃料和氧化剂主导管的压坑深度应不超过 0.3mm，而其他导管的压坑深度应不超过 0.2mm；摇摆软管不得有超过 0.5mm 的压痕和其他缺陷；电缆插头和座必须无损伤。

② 保护件的完整性检查：检查喷管喉部膜片、涡轮废气排气口的防尘膜及涡轮泵漏泄液导管出口堵帽，确保其完整且无损。特别是在高空启动的情况下，喷管喉部和涡轮废气排气口的膜片需保持完整，以保证其防尘和保压的功能，从而支持高空启动的加速性能。此外，各导管组件的接头、紧固件及电缆插头的连接处的铅封应齐全且无松动。

③ 紧固件检查：确保发动机的拉杆、压杆和锁紧部位无松动或损坏现象，检查各接头和连接部位的保险丝是否牢固，确保电缆固定可靠。

④ 导管间隙检查：常温导管与附近金属零部件的间隙应不小于 15mm，而高温导管的间距应不小于 20mm。

⑤ 标识正确性检查：在火工品安装完毕后，电爆管、阀门座和分枝电缆的标号必须一致，以确保回路阻值测试的准确性，保证发动机点火和关机过程的准确无误。

⑥ 多余物检查：在发动机系统及各工作舱段内，必须确保没有任何多余物存在或产生，以避免对系统功能的影响。

5.1.2 地面配气系统准备

地面配气系统负责按照要求的气体类型、压力及质量标准（如露点、纯度和尘埃粒径）为输送系统提供测试所需的气源。图 5-1 所示为配气台气路系统原理。为确保输送系统的测试需求得以满足，必须对地面配气设备、气管等进行全面细致的检查准备。这一准备过程包括对地面测试配气台的检测、供气软管的状态审查、气管连接器的检查及气管连接器的对接等步骤。

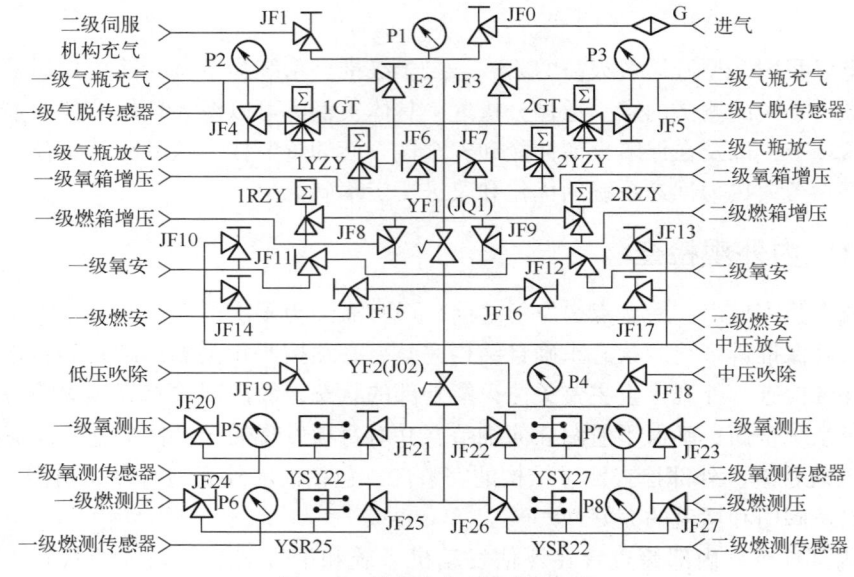

图 5-1 配气台气路系统原理

5.1.3 蓄压器检查

在长征系列运载火箭的常规推进剂液体火箭推进系统中，氧化剂输送管路的启动阀门前通常配置有蓄压器，以防止纵向结构耦合振动（POGO 振动）。蓄压器的检查内容主要包括膜盒内部的压力值测量及其气密性测试，确保其在工作状态下的可靠性。

5.1.4 气密性检查

常规推进剂液体火箭推进系统的气密性检查包括对高压气瓶和贮箱的气密性测试。在进行贮箱增压之前,所有在启动阀门前装有蓄压器的系统需先对蓄压器膜盒进行充气,其充气压力值需遵循各型号火箭的技术规范。例如,CZ-2E 火箭的第一、二子级氧化剂输送系统的蓄压器膜盒充气压力要求为 0.12MPa。

5.1.5 脱落电路检查

脱落电路检查的主要任务是确保控制气管连接器的电路与气路在工作状态下的正常性,以为输送系统的综合测试或总检查做好准备。图 5-2 所示为增压、气脱的设备连接关系。在脱落检查中,状态可分为以下两种。

(1) 带电不带气:此时连接器的供气管未供气,而气脱电路仍在供电,连接器保持不脱落状态。

(2) 带电带气:此时连接器的供气管正在供气,气脱电路仍在供电,连接器真实脱落。

通常,在技术区只执行带电不带气的状态测试,而在发射区会进行这两种状态的测试。值得注意的是,在两次检查之间,配气台必须断电,以确保电路解锁。

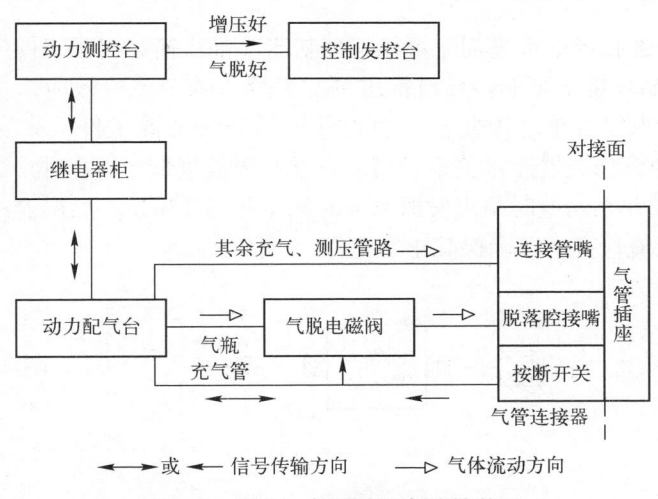

图 5-2 增压、气脱的设备连接关系

5.1.6 发动机电缆的检查

在火工品安装之前,推进系统的电缆需分别对地面转接电缆和箭上电缆进行内阻值检查,并进行绝缘阻值的点对点测试,包括电缆屏蔽层与火箭箭体的绝缘性评估。图 5-3 所示为发动机电缆连接关系。通常要求内阻测试结果与出厂合格证上标注的阻值一致,而绝缘阻值不得低于 20MΩ。在电缆的插拔过程中,必须确保连接的正确性,避免损坏电缆插头及其内部极针,并防止异物进入插头(座)内部。进行箭上电缆测试时,需谨慎剪断各分枝电缆插头上的熔丝,确保仅剪掉发动机电爆管模拟件与分枝电缆之间的保险,并仔细清点剪下的熔丝或铅封球,以避免遗留在舱段内。在内阻测试时,还需注意测试仪器的调零和校准。进行箭上电缆与箭体的绝缘测试时,确保兆欧表与箭体连接可靠,并保持通路状态。

图 5-3　发动机电缆连接关系

5.1.7　气蚀管加温器测试

对于采用小喉部孔径的推进剂流量稳定控制器（如火箭第二子级燃气发生器的氧化剂流量控制），在低温环境下可能会导致推进剂黏度增大或节流冷效应产生结冰，从而影响流量满足发动机的额定要求。因此，气蚀管外部需安装加温组件，称为气蚀管加温器。图 5-4 所示为气蚀管加温器连接关系。当发射场环境温度低于 1℃ 时，需确保气蚀管加温器通电至少 0.5h，并在断电时距离发射点火时刻不超过 15min。加温器的检测主要包括电路的内阻值和绝缘值检查，以确保其正常工作。

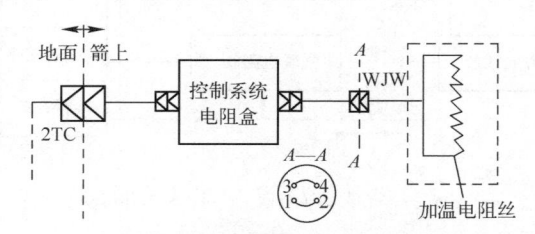

图 5-4　气蚀管加温器连接关系

5.1.8　火工品单元测试

火工品（包括电爆管、火药柱、点火药盒及高压气瓶电爆管）的单元测试至关重要，技术安全条件要求极高，因此测试过程需严格控制。测试应在无雷电、相对湿度不超过 70% 的环境中进行，且现场需远离热源、电源等危险因素。测试台上必须铺设铜网并可靠接地，接地电阻应不超过 4Ω。测试人员应佩戴防静电鞋、衣物、帽子和手套，并在测试前通过放电铜棒消除静电，测试时使用防静电手镯与铜网连接。阻值测试需采用电流不超过 50mA 的专用仪器。电爆管电性能的检查需在厚度不小于 2mm 的安全箱内进行，而测试完成后的火工品则应放入干燥箱保存。

（1）药柱及点火药盒的外观检查：需确保其表面无压痕、划痕、擦痕及崩落，整个药柱不得有裂纹、穿孔或油污等异常现象，药柱中心孔应畅通且光亮。

(2) 电爆管外观检查：应检查其壳体无油垢、锈蚀及机械损伤，极针和密封面应无锈蚀和环氧树脂，壳体与螺帽间不得存在松动。

(3) 电爆管电性能检查：使用专用阻值测试仪或不超过 50mA 的测试电桥进行内阻测试，电爆管的测试值应与合格证上的值偏差不超过 0.1Ω；用 500V 兆欧表进行绝缘测试时，测试值需不小于 20MΩ，以确保电爆管的可靠性。

5.1.9 推进剂温度测量电路检查

推进剂温度测量电路的检查主要包括对测温电路的内阻值和绝缘阻值的测试。通常，这一检查应在箭上火工品安装之前进行，以确保系统的可靠性和准确性。

5.1.10 贮箱推进剂液位传感器检查

贮箱中存在多种液位传感器，包括加注液位传感器、推进剂利用系统液位传感器（在推进剂利用系统存在时设置）和推进剂耗尽关机液位传感器。液位传感器的测试主要集中在连接导线的通路检查及绝缘阻值评估，以保证信号传输的稳定性和安全性。

5.1.11 电爆管回路阻值测试

在火工品安装完成后，使用专用阻值测试仪对电爆管回路的阻值进行检查。电爆管回路阻值指的是电爆管桥丝通电引发爆炸所需的电通路电阻。在发动机系统中，发射场技术区测试的回路阻值（包括地面电缆阻值）与各段单元测试值（地面电缆阻值、箭上发动机电缆值、电爆管单元测试值之和）之间的绝对差值一般应不超过 0.15Ω。而发射区与技术区测试的回路阻值差值的绝对值通常也不应超过 0.25Ω。为防止电爆管在装箭后被意外引爆，需用串联 1kΩ 标准电阻的 500 型三用表检查发动机电缆芯线与火箭箭体之间的绝缘阻值，该值应不低于 20MΩ。应严格禁止芯线间的绝缘测试或使用兆欧表进行绝缘测试，以避免潜在的安全风险。

5.1.12 发动机冷摆

发动机冷摆指的是在地面进行各种模拟测试时，发动机根据测试程序进行整体摇摆或喷管摆动。在控制系统的伺服机构单元测试、分系统测试及各系统的综合检查测试中，发动机通常会参与冷摆，冷摆波形应为正弦波，一般情况下，冷摆次数不应超过 5500 次。

在进行发动机冷摆之前，必须先卸下喷管、摇摆软管的保护套、卡箍或卡板。在冷摆过程中，必须避免发动机与箭体、发射台架等物体发生碰撞。对于配备摇摆软管的发动机，尤其是大推力发动机，为了防止摇摆软管长时间处于拉压变形状态而影响其工作寿命与可靠性，冷摆结束后应迅速恢复发动机的"零位"，即确保喷管推力向量线与火箭箭体中心纵轴之间的夹角符合技术条件的规定。通常，技术条件要求发动机累计不归零的时间不得超过 24h。

5.1.13 系统综合测试

推进系统参与火箭综合测试的目的是检验其与控制系统和遥测系统的匹配程度。测试主要分为两个方面：首先，通过控制系统火工品的等效器监控发动机电爆管电路的工作状态，并通过控制系统时串分析各电爆管之间的起爆时差，确保发动机的启动与关机具有同步性、响应性和可靠性；其次，利用遥测系统的传感器记录发动机涡轮转速（转速线圈单元的测试阻值应为 $8.5\text{k}\Omega \pm 1\text{k}\Omega$）、启动阀门前的压力、喷嘴前压力、蒸发器和降温器出口压力及推力室压力等关键参数，并进行详细分析。

不同用途和系统组成的运载火箭，其综合测试及匹配检查内容可能存在差异。下面以某型火箭为例，简要介绍常规推进剂液体火箭推进系统综合测试的主要内容。

1. 技术区综合测试

（1）第一次总检查（总检Ⅱ状态）：假转电，七管连接器不脱落，模拟增压贮箱开关，火箭第二子级伺服机构连接发动机。

（2）第二次总检查（总检Ⅱ状态）：七管连接器不脱落，模拟增压贮箱小减压器，火箭第二子级伺服机构连接发动机。

（3）第三次总检查（总检Ⅰ状态）：七管连接器不脱落，模拟增压贮箱开关，火箭第二子级伺服机构连接发动机。

（4）第四次总检查（总检Ⅲ状态）：在紧急关机状态下，七管连接器不脱落，模拟增压贮箱开关，火箭第二子级伺服机构连接发动机。

2. 发射区综合测试

（1）第一次总检查（总检Ⅱ状态）：假转电，七管连接器不脱落，模拟增压贮箱小减压器，火箭第一、二子级伺服机构连接发动机。

（2）第二次总检查（总检Ⅰ状态）：真转电，七管连接器真实脱落，进行贮箱的真增压，火箭第一、二子级伺服机构连接发动机。

（3）第三次总检查（总检Ⅲ状态）：在发射状态的紧急关机下，七管连接器真实脱落，模拟增压贮箱，火箭第一、二子级伺服机构连接发动机，并撤走塔架，摆开摆杆。

（4）第四次总检查（总检Ⅱ状态）：假转电，脱插不脱落，七管连接器不脱落，模拟增压贮箱开关。

在此过程中，发动机涡轮泵的转速应保持为零（高电平或低电平），启动阀门前的压力与对应贮箱的压力应基本一致，其他压力参数与生产厂所在地的大气压力相符。记录曲线应平滑，并且历次测试结果的一致性良好，偏差不大。以上措施确保在火箭实际飞行时，推进系统的关键工作参数能可靠记录，从而满足后续对发动机性能的评估与改进分析要求。

5.1.14 发动机状态检查

推进系统的状态检查与常规推进剂液体火箭的外观检查内容基本一致，但更加侧重关键项目的检查。

（1）技术区到发射区的状态检查：主要检查电爆管、阀门座和推进系统相关分支电缆的标号是否一致。需确认电爆管的保险是否齐全、无松动，方向是否正确，电爆管安装部位的导管、电缆和传感器等是否有被损坏的风险。此外，确保推进系统电缆的总短路插头可靠连接，发动机机架及周围不得有工具、铅封丝等异物，确保喷管、推力室的保护套、卡板和卡箍全部安装完好。

（2）发射前状态检查：检查电爆管、阀门座和推进系统分支电缆的标号一致性，确保电爆管、电缆、导管等外观无碰撞或踩踏等异常。确认电缆总插座的短路插头已移除并与控制系统电缆连接正确并打好保险，同时做好防烧蚀和防水处理。所有高温高压导管和摇摆软管不得有压坑或划伤等缺陷，且高空堵盖和膜片完好。临射前2h，检查所有泵的泄漏液导管堵帽、主阀门和清泄阀门控制管口堵帽、电爆阀排烟口堵盖及气瓶电爆管排烟口堵盖是否取下，并确认工作舱段内无推进剂泄漏，然后将舱口封好并打好保险。此外，还需检查推进剂温度是否符合技术条件的要求。

5.1.15 推进剂加注与泄出

1. 推进剂加注准备

在完成发射区火箭综合测试并确认其合格后，火箭进入液体推进剂加注阶段。图5-5所示为推进剂加注系统连接关系。此阶段的准备工作包括以下几项。

（1）加注软管等的清洗与气密检测：确保所有加注设备的清洁，防止污染物进入。
（2）加注管路的连接：准确连接所有相关管路，确保无泄漏。
（3）安溢阀门堵盖的移除：为加注流程做好准备。
（4）全系统气密性检测：验证整个系统的气密性，确保安全。
（5）加注信号联试：对加注信号进行联动测试，确保系统间协调运行。

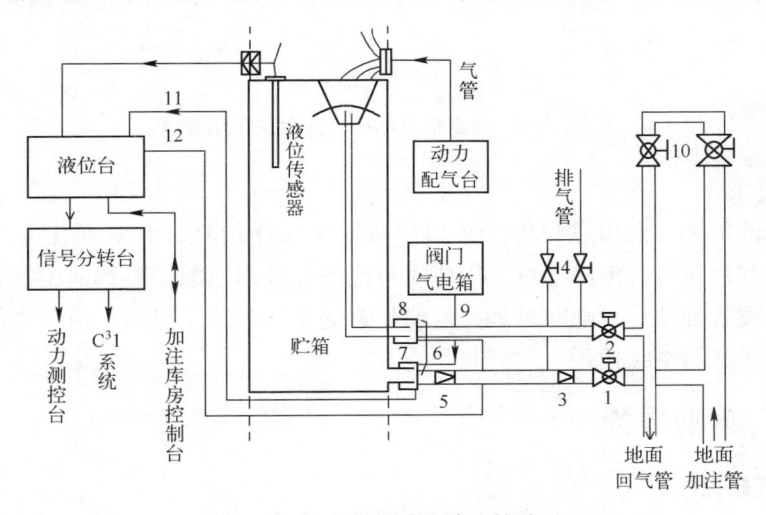

图5-5 推进剂加注系统连接关系
1—加注球阀；2—溢出球阀；3—过滤器；4—三通放气阀；5—过滤器；
6—负吸管；7—加注连接器；8—溢出连接器；9—加注阀门控制管；
10—系统联通阀；11—阀门回讯及零液位电缆；12—溢出信号电缆。

2. 推进剂加注

推进剂是火箭推进系统的核心能源，因此确保其品质至关重要。在推进剂加注之前，需对其进行化验，确保符合要求并调整温度至计算标准。此外，应防止硝酸盐、机械杂质等污染物在加注过程中进入推进剂。为此，需：

（1）定期检查加注输送管道中的多道过滤器的清洁度。
（2）清洗地面加注软管，并进行洁净度检查。

（3）对进入火箭贮箱的地面增压气体进行品质控制，尤其是颗粒物的检测。

在加注及其后续过程中，应严格检查推进剂输送系统，确保没有泄漏现象，保障推进系统的安全性和可靠性。

3. 推进剂泄出

因推进剂温度超限或需紧急关机时，需及时泄出推进剂。图 5-6 所示为推进剂泄回控制接口关系。操作流程为：

（1）使用高压氮气打开加泄阀，将加泄阀门以上的推进剂从地面管路泄出。

（2）若启动阀门已打开并且主阀门在工作，则使用高压氮气顶开主阀门，按燃料先行、氧化剂后行的顺序从喷管泄出推进剂。

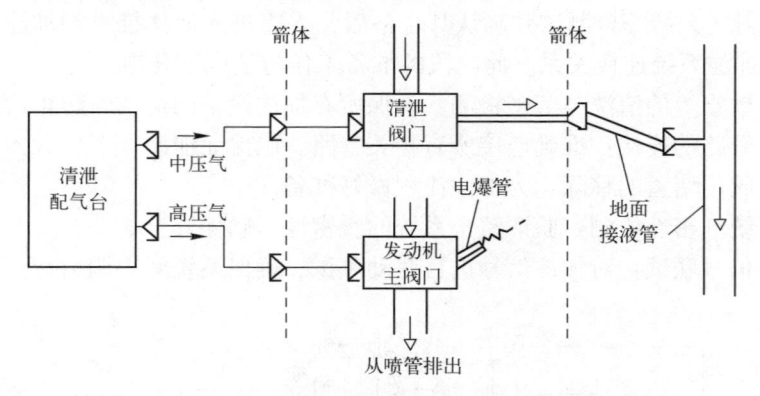

图 5-6　推进剂泄回控制接口关系示意

4. 技术要求

在推进剂的加注与泄出过程中，必须严格遵循操作规程，并对操作人员进行安全防护。需准备中和液及各种消防器材，以应对可能的推进剂泄漏。喷管泄出推进剂时，务必使用消防水对喷管部位进行随时处理。需要注意的是，紧急关机后，由于阀门只能使用一次，发动机将无法再继续使用。

5.1.16　射前准备

1. 补压气瓶充气

通过配气台为补压气瓶充气至技术条件规定值。在观察压力稳定后，关闭箭上卸荷开关，并放掉地面充气管中的气体。使用活塞气泡法检查卸荷开关的漏气量是否符合规定。

2. 射前状态检查

射前状态检查需确保以下几个方面。

（1）推进剂无泄漏。

（2）推进剂温度满足要求：燃料温度 T_r 在 1~25℃，氧化剂温度 T_y 在 5~20℃，并且 $|T_r-T_y| \leqslant 5℃$。

（3）取下补压气瓶电爆阀门的红色堵盖，装上加注阀门保护盖并打好保险。

（4）卸荷开关保护盖及各舱口均已关闭并打好保险。

（5）地面配气台的各手动阀及减压器状态正确，气源压力达到规定值。

3. 增压气脱

在贮箱增压至技术条件要求的射前增压值后,通过七管连接器气脱管路供入不小于20MPa的高压气体,进行连接器自动脱落。此时应向地面动力控制台或发射控制台发回"增压好""气脱好"的信号,并传递至控制系统发射控制台,以确认所有准备工作顺利完成。

5.2 低温推进剂火箭推进系统测试内容

本节以某大型低温推进剂火箭推进系统为例,深入探讨该类系统的测试原理与方法。该推进系统应用于我国某运载火箭的三级子级,以下内容将重点介绍其关键测试环节。

5.2.1 内外观检查

(1) 推进剂贮箱外观检查。液氢/液氧推进剂贮箱的外观检查包括以下几个方面:

① 外绝热层完整性:检查贮箱及推进剂输送导管的外绝热层是否完好无损,确保其防护性能不受影响;

② 保护件状态:确认箭体上所有保护件无损坏,保障推进系统在运输和操作过程中的安全;

③ 连接器及阀门完好性:检查连接器插座、氢排气阀和氧排气阀的出口处是否完好,无杂物;密封面是否完好,以防止泄;

(2) 低温液体火箭发动机外观检查。低温液体火箭发动机的外观检查在发射场进行两次,分别在技术区和发射区。检查内容包括以下几个方面:

① 保护件和密封件:确保发动机各部位的保护件、堵头、堵盖、保险丝和铅封完好、安装正确。

② 推力室喉部:检查推力室喉部附近内表面是否有划伤或压伤,保证其结构完整。

③ 控制电缆检查:检查控制电缆和点火电缆的总插座是否存在机械损伤,插针插孔是否清洁无杂物和锈。

④ 表面发泡状态:确认发动机表面的发泡层无损坏,确保保温效果。

⑤ 测温装置完好性:检查测温热敏电阻和铂电阻引出线是否完好,确保温度测量的准确性。

(3) 外观检查基本要求。所有外观检查必须严格按照产品证明书中的技术指标和测试细则进行。任何疑点或异常情况都必须详细记录,确保推进系统的状态符合设计要求。

5.2.2 气瓶及供气系统气密性检查

液氧/液氢火箭推进系统依赖高压氮气进行贮箱增压与补压、系统吹除、箭体气封及气控系统供气,部分情况下还用于启动涡轮。气瓶在充气前必须进行气密性检查,供气系统(包括充气卸荷阀、手动阀、减压器及导管等)也需进行相应检查。常用的方法是涂抹中性肥皂液以检测漏气。

气密性检查步骤如下:

① 按技术要求向气瓶充入高压气体，并保持压力稳定 20min。
② 关闭充气源后，继续保持 10min，记录此期间的压降。
③ 压降应小于 0.39MPa，漏气量应小于 1×10^{-3} Pa·m³/s。
④ 对压力表、充气阀、手动阀、减压器及导管接头处涂抹中性肥皂液，确保无漏气现象。

5.2.3 箱系统气密性检查

（1）检查内容。贮箱系统的气密性检查包括以下两个方面：
① 气密性压力下的气检：确保贮箱在规定的气密性压力下无泄漏；
② 阀门性能检查：测试与贮箱相连的各类阀门（如增压单向阀、测压单向阀、加注阀等）是否正常工作。
（2）技术要求。贮箱系统气密性检查的技术要求包括：
① 保证气检时贮箱共底的反压在规定值以下，并持续监控记录；
② 手动脱落气管连接器前，必须先释放供气管中的气体；
③ 检查氢保险阀门和氧安溢阀门时，需先增压至开启压力，再将箱压泄至气检值，模拟实际工作状；
④ 确保所有阀门的漏气量符合技术规范。

5.2.4 箭体吹除系统单元测试

箭体吹除系统单元测试通过向系统供入不同压力的吹除气体，检查前底舱、后底舱和压力调节器气封口的正常工作。技术区测试需在三级尾裙对接后进行，技术区使用氮气配气台供气，发射区则使用尾端加温控制台。

5.2.5 箭体气封系统单元测试

箭体气封系统单元测试确保气封口的气封正常。技术区测试同样要求三级尾裙对接后进行，技术区使用氮气配气台，发射区则使用尾端加温控制台供气。

5.2.6 液氢输送管真空度测试和贮箱共底抽真空检查

图 5-7 和图 5-8 分别所示为技术区和发射区共底抽空与贮箱共底连接关系。推进剂输送系统的真空度测试包括以下两个方面。
（1）液氢输送管真空度检测；
（2）液氢/液氧贮箱共底抽真空度和泄漏率检测。

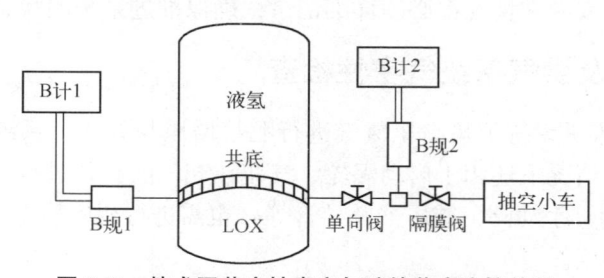

图 5-7 技术区共底抽真空与贮箱共底连接关系

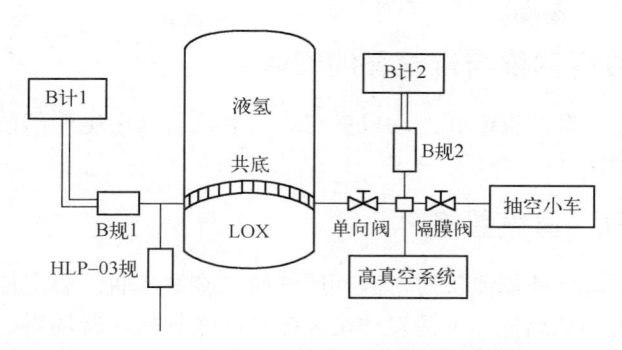

图 5-8　发射区共底抽真空与贮箱共底连接关系

5.2.7　贮箱加注液位传感器、变换器测试

贮箱加注液位传感器和变换器的测试包括以下两个方面。
(1) 检查传感器和变换器的工作状态，确保性能参数符合技术指标；
(2) 确认传感器与变换器的匹配情况，保证数据传输的准确性。

5.2.8　发动机单元测试

(1) 主要测试内容：
① 检查减压器出口压力及耗气量是否正常；
② 通电测试电磁阀，记录瞬态电流-时间曲线，并监听电磁阀和被控阀门的动作声音，判断其工作状态；
③ 调整各吹除口的压力，确保发动机正常工作。
(2) 基本要求：
① 技术区使用空气供气，发射区使用氮气和氢气，确保气体种类符合要求；
② 严格按照测试程序进行单元测试，确保操作规范。

5.2.9　火工品单元测试

(1) 测试内容：
① 火工品外观检查，确保无损伤；
② 测试火工品电缆的内阻值和绝缘阻值；
③ 检查点火器和电爆管的桥丝内电阻及绝缘电阻；
④ 点火器安装后的气密性检查。
(2) 检查与测试要求：
① 确保每个火工品对号入座，安装件外观良好、清洁无杂物；
② 量化安装力矩，确保符合要求；
③ 施工过程中严格遵守"双岗"原则，确保安全；
④ 使用经过校验的测试设备，确保测试结果准确；
⑤ 进舱测试时，严格遵守安全着装和登记制度。

5.2.10 喷管延伸段与排气管的安装

喷管延伸段与排气管的安装在发动机参与综合测试后，由生产部门完成装配，确保整体系统的密封性与稳定性。

5.2.11 氮气、氦气置换

按照技术条件要求，使用氮气对常温补压气瓶、冷氦气瓶、姿态控制发动机气瓶和氢箱进行氮气置换。由于低温液体火箭发动机发控和吹除气瓶在转场后一直使用氮气，故不进行氮气置换。完成氮气置换后，还需按照技术要求进行氦气置换，确保系统气体纯净，防止污染。

5.2.12 推进系统与控制系统、遥测系统匹配检查

匹配检查旨在验证推进系统与火箭控制系统及遥测系统之间的协调性和接口正确性。主要内容包括以下几个方面。

① 电磁阀电流曲线记录：检查控制系统发出的指令是否准确到达电磁阀，确保阀门动作正常；

② 飞行时序模拟：控制系统模拟飞行时序，验证与推进系统的工作时序一致性；

③ 控制系统指令验证：通过遥测系统参数，确认控制系统指令的发出及推进系统的响应；

④ 工作时序与阀门波形检查：确保推进系统的工作时序和阀门动作波形符合技术要求。

5.2.13 总检查

推进系统在运载火箭（或导弹）的综合性能测试中扮演着至关重要的角色，其目的是验证推进系统与其他分系统之间的协调性与接口关系的正确性。例如，在某大型液氧/液氢推进剂火箭参与综合性能测试时，系统需处于技术区和发射区的总检查状态。

1. 参加技术区总检查状态

1）第一次总检查（总检查Ⅱ状态）

（1）模拟假转电，脱落插头和分离插头均不脱落。测试包括遥测、外部安全、推进剂利用、控制及推进系统、整体网络的协调。

（2）保护关机的条件包括助推器耗尽关机和各子级的定时关机。低温液体火箭发动机的电动气阀门测试通过电磁阀等效器进行，发动机保持静止状态。

（3）记录姿控和推进剂管理系统中电磁阀的电流曲线，气瓶不进行充气，贮箱用开关进行增压模拟，气管连接器开关进行脱落模拟。

2）第二次总检查（总检查Ⅱ状态）

（1）同样保持假转电状态，脱落插头和分离插头均不脱落。各系统和整体网络参加检查，并进行制导关机。

（2）低温液体火箭发动机的电动气阀门测试系统继续进行记录，气瓶不充气，贮箱用开关模拟增压，气管连接器开关模拟脱落。

3）第三次总检查（总检Ⅰ状态）

（1）进行真转电测试，脱落插头真实脱落，助推器级间分离插头真实分离。所有系统和总体网络参与检查，并执行制导关机。

（2）低温液体火箭发动机电动气阀门测试系统进行记录，保持发动机静止，气瓶不充气。增压系统的开关模拟增压，气管连接器开关进行脱落模拟。

4）第四次总检查（总检Ⅲ状态）

（1）进行真转电测试，脱落插头真实脱落，并进行紧急关机。所有相关系统和总体网络参与检查，保护关机包括助推器和各子级的定时关机。

（2）贮箱用开关进行增压模拟，气管连接器保持连接。

2. 参加发射区总检查状态

（1）第一次总检查（总检Ⅱ状态）。模拟假转电，脱落插头不脱落，分离插头不分离，执行制导关机。遥测、外部安全等系统参与检查。活动塔保持就位，塔架工作平台不撤收，摆杆进行模拟摆动。气瓶不充气，发动机摇摆，并记录电磁阀的电流曲线。

（2）第二次总检查（总检Ⅰ状态）。进行真转电，脱落插头脱落，分离插头拔开，执行制导关机。所有系统参与检查，保持活动塔和塔架工作平台就位。气瓶充氢气，补压氮气，姿态控制发动机气瓶不充气，记录电磁阀电流曲线，模拟增压。

（3）第三次总检查（总检Ⅲ状态）。进行真转电，脱落插头真实脱落，并执行紧急关机。所有相关系统参与检查，发控气瓶保持不充气，发动机不摇摆，记录电磁阀电流曲线。

（4）第四次总检查（总检Ⅱ状态）。模拟假转电，脱落插头不脱落，分离插头不分离，执行制导关机。所有系统参与检查，活动塔保持就位，塔架工作平台不撤收，摆杆进行模拟摆动。

习　题

1. 什么是运载火箭推进系统在出厂后至点火发射前必须进行的两种主要外观检查？
2. 外观检查主要关注运载火箭的哪些方面？
3. 在内部检查中，燃料和氧化剂主导管的压坑深度不得超过多少？
4. 地面配气系统准备包括哪些主要检查步骤？
5. 蓄压器在液体火箭推进系统中的作用是什么？
6. 在发动机冷摆测试前，需要卸下哪些部件的保护套？
7. 在推进剂加注过程中，为什么需要定期检查加注输送管道中的过滤器清洁度？
8. 在射前状态检查中，燃料温度 T_r 和氧化剂温度 T_y 的要求范围分别是多少？
9. 发动机状态检查主要侧重哪些关键项目？

第 6 章　液体火箭发动机智能测试

液体火箭发动机作为航天运输系统的核心动力装置,其技术水平直接反映了一个国家的空间技术能力。近年来,随着我国航天活动的增加,包括载人航天、探月工程和空间实验室的建设,对液体火箭发动机的性能要求显著提高,这导致发动机的结构和工作过程愈加复杂。

大型液体火箭发动机由多个相互耦合的独立动态环节构成,形成了一个复杂的热流体动力系统。这种系统的试验研究成本高昂,且耗时较长。此外,发动机在高温、高压、强腐蚀和高能量密度等极端工作条件下运行,成为航天运输系统中故障频发且敏感的部位。这些故障往往发展迅速,具有高度破坏性。例如,美国在对其发射的中远程导弹及运载火箭进行故障统计时发现,发动机系统故障导致的飞行失败案例占比约22%(图6-1)。以航天飞机主发动机等 7 种泵压式发动机为例,试验和飞行过程中记录到的故障次数达84379 次。

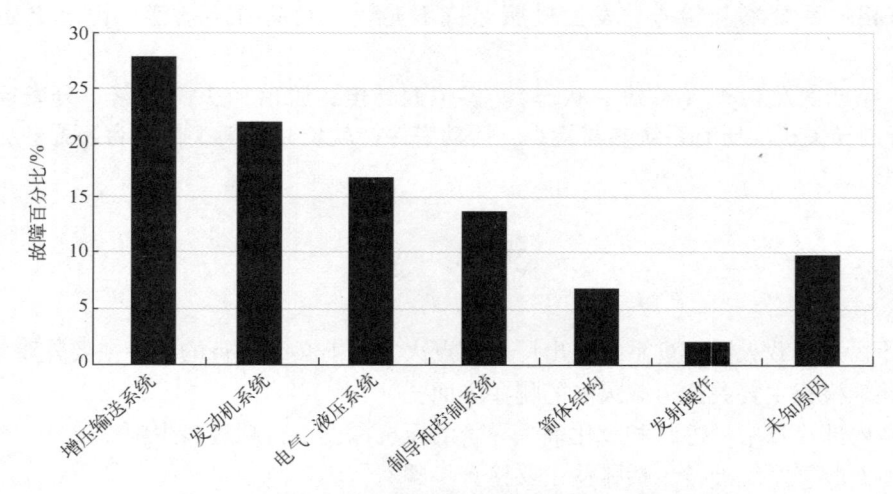

图 6-1　美国导弹、火箭发射失败各系统所占百分比

一旦火箭发动机发生故障,后果可能从轻微的性能影响到严重的空间任务失败,甚至危及航天员生命,造成难以估量的损失。例如,2006 年 7 月 26 日,改造自俄制 RS-20 重型洲际弹道导弹的运载火箭在哈萨克斯坦贝康诺太空中心发射后不久因发动机故障坠毁。2010 年 12 月 25 日,搭载印度 GSAT-5P 卫星的 GSLV-F06 运载火箭因第一级发动机出现严重故障,发射后不到 1min 便冒烟并偏离轨道,最终在空中爆炸,导致卫星和火箭全部损毁。

此外,2011 年 8 月 24 日,"联盟-U"火箭在发射后不久爆炸,调查结果显示故障源于第三极的动力设备。2013 年 7 月 2 日,俄"质子 M/DM3"运载火箭在点火 17s 后,一级助推器故障导致有毒燃料泄漏，造成环境污染。2014 年 5 月 22 日，在美国斯坦尼斯航天中心进行的 AJ-26 型液氧煤油发动机试验中，点火 30s 后故障导致发动机严重损坏。2015 年 5 月 16 日，搭载墨西哥通信卫星的"质子-M"运载火箭因第三级发动机故障坠毁。

表 6-1 展示了 2012 年以前主要航天国家和地区的发射记录。从数据中可以观察到，尽管航天大国如俄罗斯、美国和中国在发射火箭方面的次数较多，但它们的失败案例也相对频繁，最高成功率仅为 96.1%。相比之下，印度和以色列的发射成功率则明显较低，在 60%~70%。

表 6-1 2012 年以前主要航天国家和地区的发射记录

序号	国家和地区	发射次数	失败次数	成功率/%
1	俄罗斯	1262	49	96.1
2	美国	513	35	93.2
3	欧盟	164	11	93.3
4	中国	124	6	95.2
5	日本	50	5	90
6	印度	19	6	68.4
7	以色列	6	2	66.7
8	韩国	1	1	0
9	朝鲜	3	3	0

开展大型液体火箭发动机智能测试技术的研究，具有显著的学术价值和工程应用潜力。通过对发动机在地面试车和实际飞行过程中的健康状态进行全面监控，可以有效提升发动机的可靠性与安全性。这种监控不仅能够及时发现潜在故障，降低事故风险，还能在关键时刻采取相应措施，从而避免危险性和灾难性事件的发生，确保人员、设备和财产的安全。

6.1 发动机故障智能测试方法分类

液体火箭发动机智能测试技术的核心在于故障检测与诊断的相关理论与方法。根据故障检测与诊断算法所依赖的信息类型，可以将其划分为三大类：基于模型驱动的方法、基于数据驱动的方法及基于人工智能的方法。

6.1.1 基于模型驱动的方法

基于模型驱动的故障检测与诊断方法主要包括基于解析模型的方法和基于定性模型的方法。

1. 基于解析模型的方法

基于解析模型的故障检测与诊断方法主要依赖系统运行的内在规律，首先通过解析方程描述系统输入、状态和输出之间的关系，从而建立相应的数学模型。接下来，将模型的输出与实际测量数据进行对比，生成残差，通过分析和处理这些残差实现故障的检测与诊断。这一方法根据建立模型的特性，可进一步细分为静态模型和动态模型两种类型。

在静态模型方面，Rockwell 公司针对航天飞机主发动机（SSME）开发了功率平衡模型（power balance model，PBM）。基于该模型，Rocketdyne 公司提出了一种影响系数方法，以检测 SSME 在启动与稳态过程中的故障。NASA Lewis 研究中心对此模型进行了简化，并针对 25 种工况建立了线性化模型，成功实现了对主阀和传感器故障的检测与分离。Boeing-Canoga Park 公司也基于功率平衡模型开发了线性发动机模型（linear engine model，LEM），用于 SSME 的异常检测。此外，Kolcio 等研究人员建立了高压氧涡轮泵系统的通用数学模型，能够模拟 SSME 的正常运行，并对转速不平衡、泄漏和阻塞等异常情况作出响应，适用于发动机的控制与状态监控。

在国内，针对静态模型的故障检测与诊断研究同样在不断深入。例如，朱恒伟针对 YF-75 发动机建立了线性和非线性静态模型，并对氧化剂泵效率下降等故障进行了仿真研究；刘昆及其团队则针对分级燃烧循环液体火箭发动机，建立了管路系统的网络模型和有限元模型、涡轮泵流体动力学模型及燃烧室分区模型等，为液体火箭发动机的设计和故障检测提供了重要参考。此外，有学者引入灰色系统模型（grey system model，GM）方法，并为克服传统模型在处理不确定参数时的局限性，提出了模态区间法，实验证明了这些方法的准确性与可靠性。

在动态模型方面，主要采用状态估计和参数估计的方法。状态估计利用状态观测器或卡尔曼滤波器估计发动机状态，并基于估计值与实际测量信号的残差进行故障检测。例如，针对 YF-20 发动机的多个故障模式，有研究者提出了基于状态估计的方法。Koutsoukos 等在 2000 年提出了一种基于粒子滤波器的混合系统状态监测和故障诊断方法，随后在 2002 年，研究人员针对液体火箭发动机泄漏故障，利用强跟踪滤波器估计流体的阻尼系数对故障进行了检测。

参数估计方法则通过分析系统输入输出的可测量值来识别故障。针对 SSME，有研究者基于非线性递归方法建立了主燃烧室压力的输入输出模型，并利用多个传感器的数据进行故障检测。还有研究利用反向传播（BP）神经网络，探讨了 YF-75 发动机氧化剂泵出口压力等 12 个参数的非线性辨识问题。此外，有学者提出了通用数据缩减（generalized data reduction，GDR）数学建模方法，对 MC-1 发动机运行数据进行了验证，结果显示该方法能够有效识别微小故障，并具有良好的抗传感器数据丢失能力。

虽然基于解析模型的故障检测与诊断方法在理论上是完备的，但其准确性依赖所建立的解析模型与实际系统之间的一致性。对于结构简单、输入输出关系明确的小型系统，这一方法是较好的选择。然而，对于新一代大推力液体火箭发动机而言，由于其复杂的机械-流动-燃烧耦合特性及在高温、高压和强振动环境中的工作要求，建立合理准确的数学模型本身就是一项巨大挑战。并且，模型的适用性也需要进一步验证。尤其是在状态估计中，由于故障模式复杂，需要设计相应的高阶状态观测器，使整个系统的实时在线检测与诊断变得异常复杂。对于参数估计而言，有限的输入输出测量参数使准确估计与故障相关的多个结构和性能参数变得困难，因此在液体发动机的故障检测与诊断研究中，需要将基于模型的方法与其他方法相结合，以提升整体检测与诊断的有效性。

2. 基于定性模型的方法

基于定性模型的故障诊断方法主要依赖系统组件之间的连接关系，首先，建立诊断系统的结构、行为或功能上的定性模型；其次，通过对比系统预期行为与实际行为，识别出异常征兆；最后，运用定性推理技术定位导致这些异常的故障源。

20世纪90年代末，NASA Ames研究中心和喷气推进实验室（JPL）开发了基于Livingstone内核的诊断与重构引擎，该引擎首次应用于"深空一号"任务。Livingstone利用了系统组件连接模型（component connection model）、转换模型（transition model）和行为模型（behavioral model）三类模型，并配备了候选状态管理器（candidate state manager），以在特定系统指令和观测条件下追踪最可能的候选状态。当追踪结果与观测不一致时，该系统通过验证和约束设计识别冲突。Livingstone的一个显著特点是其能够持续进行冲突识别与候选状态追踪。

Livingstone的改进版本——Livingstone2，采用了Kurien提出的诊断推理策略，通过优化同一概率的故障诊断问题，显著降低了计算复杂性，并在运载器推进系统综合健康管理技术试验（PITEX）中经过了验证，此外还被应用于X-34可重复使用运载器的推进系统智能测试。

此外，一些研究者提出了基于定性模型的混合诊断引擎（hybrid diagnosis engine，HyDE）。该引擎在部件级和系统级使用多种模型，并在不同的诊断推理过程中提供多种算法选择，具有良好的扩展性。HyDE已成功应用于多个项目，如火星环境的自动钻探计划（DAME）、先进诊断和预兆测试平台（ADPTP）及自动登陆演示计划（ALDP）。另一项研究则开发了一种基于定性模型的航天器执行器Titan，采用一次学习形式进行冲突控制，以迅速排除不可行解，该方法在NASA的"深空一号"探测器系统中得到了验证。

尽管基于定性模型的方法具备计算简单、快速的优点，但在实际应用中，常常会产生大量虚假行为，导致故障诊断的准确性不高。因此，近年来，许多学者开始探索集成定性与定量知识的故障诊断方法。例如，黄卫东在1995年提出了液体火箭发动机系统的SDG模型，该模型集成了定量信息，显著增强了故障诊断效果。2013年，晏政针对航天器推进系统，发展了结合定性与定量信息的故障诊断方法，构建了包含时间信息及组件节点间影响关系的SDG模型，并应用于神舟推进系统的故障诊断中，结果表明该方法显著提升了故障诊断的分辨率和准确性。

6.1.2　基于数据驱动的方法

基于数据驱动的方法通过分析系统输出与故障之间的关系，利用发动机的测量输出信号来判断故障的存在及其位置。这类方法主要包括统计分析、主成分分析、独立分量分析、小波分析和羽流光谱分析等多种技术。

在统计分析方法中，通过对大量样本进行统计处理，可以识别出发动机或其组件的状态规律，从而确定参数的阈值以实现故障检测。这些方法通常分为固定阈值和自适应阈值两种。

固定阈值方法是最简单和常用的故障检测方式,应用于多个系统,如 SSME 的红线关机系统(redline cut-off system, RCS)、异常与故障检测系统及现代的实时振动监控系统。这种方法在发动机的启动、稳态及涡轮泵故障检测中也被广泛使用。尽管固定阈值方法直观且实时性强,但其缺陷仍在于需要手动设定阈值,且不同工况下的自动调整能力不足,导致误报和漏报的可能性增加。

为了解决这一问题,研究者提出了**自适应阈值算法**(adaptive threshold algorithm, ATA),该算法能够动态计算参数的均值和方差,从而提高故障检测能力。此外,考虑到参数间的相关性,**自适应相关安全带算法**(adaptive correlative safety band, ACSB)被提出,以避免对每个参数单独计算阈值。在此基础上,朱恒伟等开发了**自适应相关算法**(adaptive correlation algorithm, ACA)及其简化形式**自适应加权和平方算法**(adaptive weighted sum square algorithm, AWSSA),进一步提升了算法的实用性。谢廷峰则对自适应阈值算法进行了多方面改进,并在液氢液氧发动机的稳态工作中验证了其效果。

其他基于数据驱动的方法如最小邻域法、支持向量机法、聚类方法和主成分分析法等,已被用于故障检测与诊断。有学者归纳总结了 4 种基于数据驱动的故障检测与诊断方法:Orca、GritBot、归纳监控系统 IMS 和一阶支持向量机 SVM。Orca 算法使用最近邻域的方法将异常点定义为远离数据空间中最近的邻近点;GritBot 通过从训练数据中学习规则,标记违反这些规则的数据点为异常;归纳监控系统 IMS 先对训练数据进行聚类,然后使用聚类距离作为异常判断;一阶支持向量机 SVM 通过在高维空间中定义超平面对数据进行划分,以检测异常。结合 SSME 历史数据和 NASA Stennis Space Center 的实验数据,这 4 种方法可以准确检测与诊断 9 种故障。

尽管基于数据驱动的方法在实时故障检测中应用广泛,计算量小且实时性良好,但其对数据质量的要求极高。通常,当正样本(故障状态数据)与负样本(正常状态数据)的比例达到约 3∶7 时,这些方法才能充分利用数据的隐含信息,达到较高的准确性。然而,由于发动机结构和工作过程的复杂性,故障表现形式各异,同类型发动机的故障模式也可能因输入条件的微小变化而有所不同。这导致实际应用中,正负样本比例往往失衡,使基于数据驱动的方法在液体火箭发动机故障的隔离和定位方面仍存在困难,当前更多集中于稳态工作过程中的故障检测与报警。

6.1.3 基于人工智能的方法

基于人工智能的方法主要包括专家系统、神经网络和模糊理论等方法。

1. 专家系统

基于专家系统的液体火箭发动机故障诊断方法通过建立知识库,存储故障征兆、故障模式及其成因等信息。随后,推理机依据一定的推理机制,利用这些知识进行故障诊断。这种方法不依赖发动机的数学模型,能够有效整合专家经验与系统知识,通过推理过程实现故障检测与诊断,同时具备故障解释能力。

最早进行 SSME 数据分析专家系统研究的 Rocketdyne 公司,开发了多个相关系统,包括涡轮泵专家系统和发射前专家系统(prelaunch expert system, PLES)。当前已有的主要故障检测与诊断专家系统包括:Aerojet 公司开发的基于规则的 Titan 健康评估专家系统(Titan health assessment expert system, THAES),用于 Titan 第一级发动机的验收试验和数据分析，并以图形化方式展示结果；LeRC 研发的自动化后测数据评估系统（automated post-test data review system，APTDRS），为 SSME 的地面试车和飞行试验监测数据提供全面的自动化分析，协助专家判断试验目标达成情况及是否存在异常；以及 MSFC 联合阿拉巴马大学开发的发动机数据解释系统（engine data interpretation system，EDIS），通过建立定性约束模型，对 SSME 试车数据进行后续分析。

此外，田纳西州立大学研制的 SSME 故障诊断专家系统（expert system for fault diagnosis，ESFD）和由 LeRC、MSFC 及 Rocketdyne 联合开发的试车后故障诊断系统（post-test diagnostic system，PTDS）也为故障诊断提供了有力支持。Gensym 公司开发的 G2 实时专家系统专注高压氧化剂涡轮泵的密封泄漏故障诊断，刘冰等利用 CLIPS（C language integrated production system）开发了某氢氧发动机的故障诊断专家系统原型，同时还有学者研究了一种具备实用性和自主性的 SSME 维修与监视专家系统，以及针对小推力发动机的故障诊断专家系统。

理想的发动机故障诊断专家系统应具备完善且准确的知识表达能力，以有效支持故障诊断。然而，当前基于专家系统的液体火箭发动机故障诊断方法仍存在一些不足之处，包括诊断知识的获取难度较大、系统自学习能力不足、故障检测与诊断的实时性较差、运行效率低下，以及通常只能在发动机工作前或关机后进行离线分析等。

2. 神经网络

神经网络凭借其自组织和自学习能力，有效克服了传统基于启发式规则的专家系统在处理新型故障信息时的局限性，因此在故障检测与诊断领域展现出良好的应用前景。在液体火箭发动机故障检测与诊断中，神经网络的主要应用包括以下几个方面。

（1）**无监督学习的聚类方法**：神经网络能够基于无监督学习，通过聚类分析进行发动机故障检测。该方法不依赖液体火箭发动机的结构知识，仅需利用传感器测量信号，自动提取故障行为特征，显著提升故障检测的灵活性。

（2）**残差信号分析**：通过比较发动机的测量信号与神经网络估计的信号，生成残差信号，实现故障检测。这种方法能够准确反映系统状态，并及时发现潜在问题。

（3）**故障样本学习与相似性度量**：借助神经网络的自学习能力，输入已有的故障样本进行训练，调整网络权重，以建立故障模式与特征参数向量之间的对应关系。通过对新输入样本进行相似性度量，准确判断故障类型。

目前，应用于液体火箭发动机故障检测与诊断的神经网络方法主要包括前向多层感知神经网络、自组织神经网络、神经模糊网络、动态神经网络及混合神经网络等多种形式。

在过去的二十多年中，多个研究工作进一步推动了神经网络在该领域的应用。例如，2000 年，有学者研究了将主成分分析与 Kohonen 网络结合的液体火箭发动机泄漏故障检测方法。2001 年，另一研究者建立了火箭发动机的非线性动态径向基函数神经网络模型。2003 年，针对涡轮泵的故障诊断，学者研究了并行 BP 神经网络的应用。2005 年，BP 神经网络被成功应用于液体火箭发动机的泄漏故障检测，同时提取了涡轮泵的频段能量比特征，并利用自组织映射网络进行健康状态评估。2008 年，谢廷峰等研究了 BP 神经网络与 RBF 神经网络在氢氧火箭发动机启动与稳态过程中的故障检测，验证了其有效性。2012 年，黄强结合云理论与神经网络，提出了针对液体火箭发动机实时故障检测的新方法，并在高压补燃循环发动机的多种工况下获得了良好的检测效果。2017年，聂侥通过基于权值更新的过程神经网络算法，解决了增量问题，提升了对液体火箭发动机故障预测的时效性和有效性。

神经网络方法的一个显著优势是其强大的容错能力，即使在某些传感器失效的情况下，也依然能够做出正确的诊断。这一特性对提升液体火箭发动机故障检测与诊断的可靠性至关重要。然而，值得注意的是，神经网络方法在故障诊断过程中对历史数据的典型模式和经验知识的过度依赖，可能会影响其在新故障场景中的适应能力。因此，未来的研究需要进一步探索如何增强神经网络在不确定环境下的自适应能力，以实现更为可靠地检测与诊断故障。

3. 模糊理论

在液体火箭发动机的故障诊断过程中，各类不确定性因素显著影响诊断的准确性。这些因素包括干扰和噪声、测量误差、数学模型的不完善，以及诊断知识的模糊性等。基于模糊理论的故障诊断方法因其在处理系统复杂性与不确定性方面的优势，逐渐受到研究者的广泛关注。模糊理论的应用已从最初的小规模线性单变量系统拓展至大规模、非线性复杂系统，并在机械工程、化工、输电网络及航空航天等领域获得成功应用。

基于模糊理论的液体火箭发动机故障诊断方法主要包括模糊聚类、模糊模型及模糊理论与其他方法的结合。

1）模糊聚类

模糊聚类技术通过量化数据点间的相似性，将数据集划分为多个模糊类别。模糊C-均值聚类（fuzzy C-means，FCM）是此领域的典型方法，由Bezdek于1981年提出。FCM通过引入隶属度，允许每个数据点以不同的程度归属于各个类，隶属度的取值范围在$[0,1]$，从而实现比传统分类更为灵活的分类方式。研究表明，模糊模式识别技术在火箭发动机故障诊断中展现了良好的效果，其中最大隶属度原则被用于识别故障模式。还有学者提出结合改进型可能性G均值聚类与故障向量理论的方法，实现了对未知类型故障的在线检测。此外，谢涛等研究了基于模糊熵与方向相似度的故障检测方法，通过试车数据的模糊聚类中心向量相似度的变化，提升了算法对干扰噪声的鲁棒性。

2）模糊模型

基于模糊模型的方法通过将系统视为"黑箱"，利用历史数据建立模糊辨识模型，从而模拟输入与输出的关系。Mamdani于1976年提出的模糊模型借助if-then规则来描述系统行为，而Takagi和Sugeno在1985年提出的T-S模糊模型利用数学工具提高了模拟精度，尤其适用于非线性系统。Wang于1992年证明了T-S模糊模型的万能逼近定理，表明其能以任意精度逼近连续实值函数。这种模型已被应用于航空发动机的健康状态判定，且研究者对其鲁棒性与稳定性进行了深入探讨。同时，模糊聚类也为模糊模型的建立提供了支持。

3）模糊理论与其他方法的结合

将模糊理论与神经网络、专家系统等方法结合，可以有效发挥各自优势。例如，神经网络能够增强模糊模型的学习能力与适应性。自适应神经模糊推理系统（ANFIS）能够根据输入输出数据自适应调整模糊模型参数，适用于复杂系统建模。此外，黄敏超等研究了以模糊集表示故障模式的神经网络分类器，应用于液体火箭发动机故障检测。模糊理论与支持向量机的结合也显示了良好的前景，研究者提出的基于模糊支持向量机（FSVM）的方法在典型转子故障的模拟与诊断中表现出色。

6.2 先进测量传感器技术

液体火箭发动机的智能测试依赖高效的传感器信号测量技术，这些技术为发动机的性能监测和故障诊断提供了重要的基础。发动机的传感器信息可以大致划分为几类：首先是反映发动机工作状态的信号，包括流量、压力、转速、加速度和温度等；其次是反映发动机工作机理的物理参数，如频率、振动模式、图像、光谱及色谱信息；最后是表征发动机机械特性的结构参数，如刚度、阻尼及裂纹的长度、深度和宽度等。

在传统的发动机测量中，温度和压力等状态信号一直是重点关注的对象，许多故障检测和诊断方法也主要基于这些参数。然而，物理和结构参数虽然可测性较低，并未纳入传统测量范畴，实际上它们对于识别发动机故障状态的敏感性更高。这些参数能够提供发动机及其关键部件的健康状态和诊断信息，反映出更细致的运行情况。

近年来，随着传感器技术的迅猛发展，特别是先进测量传感器的出现，液体火箭发动机的智能测试技术逐渐引起了广泛的关注与研究。这些新型传感器不仅提升了测量精度，还拓展了可测量参数的范围，能够捕捉到更为复杂和微小的变化，从而提升故障检测的及时性和准确性。通过对多维度信号的综合分析，研究人员能够更好地理解发动机的运行特性，及时发现潜在的故障，并实施有效的预防性维护策略。

6.2.1 发动机结构智能测试

在液体火箭发动机的地面试验和飞行过程中，由于高温、高压及强烈振动等极端工作条件，加之材料疲劳、蠕变和老化等因素的影响，其关键结构部件（如涡轮叶片、涡轮泵轴承、密封装置、推进剂输送导管、燃烧室壁、喷管喉部及其冷却夹套等）必然会发生损伤积累。这些损伤通常难以被及时发现，且一旦发生，往往导致故障频发、发展迅速，并可能引发严重的破坏后果。

为应对这一挑战，近年来内窥技术、光纤光栅传感器等无损检测手段得到了快速发展，这为发动机关键部件的内部损伤检测与诊断提供了新的技术方案。这些先进的检测技术不仅能够实时监测结构部件的状态，还能够有效捕捉到微小的损伤变化，从而为故障预测和预防性维护提供重要依据。

通过应用无损检测与先进测量技术，研究人员可以深入分析发动机内部结构的健康状态，从而在早期阶段识别出潜在的损伤风险。这种方法不仅提高了故障诊断的准确性，也极大地提升了液体火箭发动机的运行安全性和可靠性。

1. 结构内窥无损检测

发动机结构内窥无损检测是一种通过光学手段在不破坏发动机材料和结构完整性的前提下，对燃烧室、喷管、涡轮泵等关键部件的内表面进行检查的方法。该技术利用图像处理技术进行损伤识别与评估，提高了对结构健康状态的监测能力。

内窥检测（borescopic inspection，BI），也称孔探检测，是当前使用广泛的无损检测技术之一，被归类为目视检测的一种形式。根据表 6-2 中的比较，内窥检测相较于其他无损检测方法具有独特的优势。此技术最初用于医学领域的人体检查，经过了硬杆式、光纤式及现代视频内窥镜（电子内窥镜）三大阶段的演进。目前，市面上最先进的内窥检测系统包括美国韦林公司生产的 VideoProbeXL 和日本 Olympus 公司的 IV6C6 系列，这些系统利用最新的视频成像技术，具备较高的清晰度、较大的视距，并且其探头直径最小可达 3.9mm，具备三维测量能力和灵活操作性。然而，中国在这一领域的研究起步较晚，虽然自 20 世纪 80 年代以来逐步引进和吸收了相关技术，但现有的制造水平与国际先进标准尚有较大差距，且内窥镜的整体体积仍然偏大。

表 6-2　常用无损检测技术比较

名称	优点	缺点	主要应用场景
涡流检测	非接触、检测速度快、能在高温下进行	只能用于导电材料表面和近表面缺陷的检测	发动机轮盘、叶片等部位的检测
液体渗透检测	显示直观、检测灵敏度高	只能检出表面开口的缺陷，而且对零件和环境有污染	发动机轮盘和叶片检测
磁粉检测	适用于铁磁材料表面和近表面缺陷	只能检出表面开口的缺陷，而且对零件和环境有污染	发动机叶片检测
射线照相检测	可检测工件内部缺陷，结果直观，检测基本不受零件材料、形状、外廓尺寸的限制	需要使用放射源，而且三维结构二维成像，前后缺陷可能重叠	发动机叶片检测和使用维护
超声检测	适用于多种材料（包括导电材料和非导电材料），能对缺陷机械能定位，具有很高的精度	需要耦合剂，表面和近表面缺陷难以检测，且对探头的安装和前期的清洗工作要求较高	发动机叶片检测
声发射检测	可以检测和评价对结构安全更为有害的活动性缺陷，可以对大型复杂构件进行快速检测	检测容易受外部机电噪声干扰	发动机结构检测
工业 CT	能对缺陷进行定位，结果直观，检测灵敏度高，检测对象基本不受材料尺寸、形状的限制	检测成本高昂、检测效率比较低	发动机结构检测

正如美国前总统里根所指出的，先进的无损检测技术是保持美国在多个领域领先的重要原因之一。作为无损检测的关键技术之一，内窥检测能够有效规避发动机结构的拆卸、分解及再组装带来的问题。该技术在检测过程中不会对发动机产生任何损伤，且具备操作简单、结果直观、响应迅速等特点，因此被广泛应用于航空发动机的故障检查和实时监测。

国内的研究者在内窥探伤领域进行了深入分析，涵盖了机器视觉、图像参数选择、损伤识别与评估等多个方面。部分学者结合计算机技术和数字图像处理，探讨了航空发动机故障诊断中孔探图像的参数选取方法，另有研究者设计了针对航空发动机九级篦齿盘和叶片的内窥涡流集成检测传感器，并构建了基于内窥检测的原位无损检测系统。此外，一些研究团队综合利用计算机图像处理、模式识别、立体视觉和专家系统等技术，建立了航空发动机内窥检测损伤识别和评估系统。

2. 结构光纤光栅检测

液体火箭发动机的结构和工作环境极为复杂，承受着来自热力、气动、机械振动等多方面的负荷。同时，电磁干扰强烈和环境污染腐蚀问题也使传统电传感器在这一极端条件下面临诸多挑战，如响应时间慢、寿命有限、布线复杂，以及测量精度易受电磁干扰和应变疲劳等因素的影响。

近年来，光纤光栅技术作为一种新兴的传感测量技术，凭借其结构简洁、体积小、质量小、抗电磁干扰、耐腐蚀和耐高温等优点，逐渐显示出在恶劣环境下的强大潜力。光纤光栅能够对应力、应变、振动、压力、温度等多种物理量进行实时连续测量，这使其在液体火箭发动机的结构智能测试中具有广阔的应用前景。随着光纤光栅制造工艺的逐步成熟和相关基础理论的不断完善，这一技术在发动机健康监测和寿命评估中的重要性也日益显现。

光纤光栅系统通常由光纤光栅传感器、传输光缆和光纤光栅解调器等组成。光纤光栅传感器是该系统的核心部分，主要用于监测发动机关键部件的结构强度及承受的各种载荷。根据发动机各关键部位的载荷和受力特点，传感器的布设应经过优化，以适应特定的结构要求。同时，传感器的波长选择需符合物理参量的变化范围，并且相邻传感器的波长差异应满足解调仪的分辨率要求，以避免波长重叠影响检测结果。

光纤光栅解调仪则是光纤光栅系统的核心设备，用于将调制的光信号转换为电信号。该解调仪应具备多路光纤同时接入的能力，以实现大规模的分布式传感网络，并能够根据不同信号要求调整采集频率。解调仪之间的同步和对时功能也是确保数据一致性和准确性的关键。此外，系统还应设计冗余功能，以在主回路故障时保证数据采集的可靠性。

光纤光栅技术的起源可以追溯到1978年，当时Hill等首次观察到在掺锗光纤中由于光诱导效应而产生光栅的现象，并制造了首个光纤光栅。现如今，光纤光栅已广泛应用于桥梁、大跨度结构、隧道、铁路和海洋平台等领域的结构损伤监测。航空航天领域的应用也已取得显著成果，如NASA在航天飞机和X-33项目中安装了光纤光栅传感网络，用于实时测量应变和温度等参数。此外，日本东京大学的Takeda等研究者将光纤光栅应用于飞机机翼的冲击和疲劳损伤测试，取得了比传统方法更为精确和有效的监测结果。

在国内，光纤光栅技术也得到了广泛的应用研究，包括对桥梁的智能测试、氢泄漏检测和汽车车架结构的监测等领域。研究者探索了光纤光栅在温度、流量、振动等参数测量中的应用，设计了相关智能测试系统。然而，针对液体火箭发动机的光纤光栅结构智能测试的研究仍处于起步阶段，尚未见到相关的系统性研究报道。因此，进一步探索光纤光栅技术在液体火箭发动机结构智能测试中的应用，将为发动机的安全运行和性能评估提供新的技术解决方案，具有重要的科学价值和工程意义。

6.2.2 羽流光谱诊断

液体火箭发动机中的关键元件，如涡轮泵、喷注器和阀门，主要由金属材料构成。当这些元件出现磨损、老化或烧蚀等故障时，金属颗粒可能随气流进入发动机羽流。即便在相对低的浓度下，这些金属物质在高温流场中仍会发射出强烈的紫外和可见光谱（UVR）。因此，通过分析发动机羽流的光谱，可以有效识别其中的物质成分和浓度，从而实时评估发动机的工作状态并进行故障诊断。

发动机羽流光谱诊断主要包括发动机羽流光谱测量和发动机羽流光谱分析两个方面。

1. 羽流光谱测量

羽流光谱的测量主要依赖会聚透镜、光纤、光谱仪和光学多通道分析仪等设备。会聚透镜用于聚焦羽流或火焰发射的光，并在透镜的焦平面上成像。为了提高测量结果的信噪比，透镜的焦距应较小，通光直径应尽可能大。光纤则负责传递透镜聚焦的光信号，其传输损耗应保持在最低水平。同时，光纤座的设计允许透镜和光纤的多角度调节，以确保最佳入射角。

光谱仪作为光纤传递光信号的下游设备，利用光栅作为色散元件将复合光分解为单色光，其响应波段需涵盖发动机羽流中的主要紫外和可见光谱，并具备足够的波长分辨率，以准确区分待识别元素的特征谱线。光学多通道分析仪，包括 CCD 探测器和控制板，通过内部的 ADC 电路完成光信号的电信号转换。控制板能够接收 CCD 采集的数字信号，并进行处理后显示或存储，同时也可以通过光纤调整 CCD 的工作参数。

2. 羽流光谱分析

在羽流光谱分析中，主要目标是识别金属元素成分、粒子浓度和合金成分。金属元素成分的识别是通过将测量光谱与仿真或实验研究得到的特征谱线进行比对，以确定羽流中是否存在特定元素。粒子浓度的识别则依赖通过仿真或实验建立的光谱特征（如光谱能量、面积、峰值强度等）与粒子浓度之间的关系，从而计算实际测量结果的粒子浓度。合金成分的识别则基于各合金的分子组成和元素在合金中的比例，通过测量和计算粒子浓度进一步推算不同合金的含量。

羽流光谱分析技术具有非侵入式、信息覆盖广、误检率低和计算量相对较低等优点，自 1986 年以来，该技术得到了迅速发展。美国相继提出了多种基于羽流光谱的故障检测和诊断算法，并成功应用于 SSME（space shuttle main engine）地面试车的智能测试。1995 年，NASA 的斯坦尼斯太空飞行中心建立了发动机诊断控制台（engine diagnostics console，EDC），利用现有的 SSME 光谱数据库实现了对发动机状态的实时监测。

在国内，研究者首次将羽流光谱技术应用于液体火箭发动机的地面试车实验，并对气氧/煤油火焰的辐射光谱进行了深入研究。此外，还有研究者采用相干反斯托克斯拉曼光谱（CARS）、激光诱导荧光光谱（LIFS）和平面激光诱导荧光（PLIF）等技术，深入探讨火箭发动机的燃烧机理。

6.2.3 推进剂泄漏检测

推进剂泄漏是液体火箭发动机安全性和可靠性的重大隐患，因此，推进剂泄漏检测技术的研发成为故障检测与诊断领域的关键课题。全球各大航天国家，尤其是美国，在这一领域进行了大量研究，形成了多种先进的检测技术。

在氢泄漏检测方面，美国针对 X-33 项目开发了在线氢泄漏检测系统，该系统集成了 20 个固态微电子氢敏传感器。这一集成化设计使该系统能够在推进系统的组装、发射及推进剂加注等高风险环节中自动进行氢气泄漏检测。此外，Gencorp 公司研发的氢泄漏检测系统，由传感器阵列、信号处理单元和诊断处理器三部分构成，能够在惰性环境中实现快速、连续、多点的低浓度氢气检测，表现出极高的灵敏度。

另一项重要进展是美国智能光学系统公司与波音公司联合开发的光纤氢泄漏实时检测系统。该系统利用低成本光源和标准通信级光纤，通过光子管与温度敏感指示器的结合，实现了对运载火箭内部及外部氢气泄漏的实时监测。这一技术具备安全性、抗电磁干扰、耐高温和耐腐蚀等优良特性。

在载人航天器的气体泄漏检测方面，美国 Invocon 公司研制的无线超声气体检漏系统已成功应用于国际空间站和航天飞机。该系统通过捕捉气体泄漏时产生的声波，并利用三角测量法确定泄漏位置。此外，思创公司与 NASA 合作开发的超声气体检漏系统，也成功通过 NASA 的测试，并在国际空间站中得到应用。

红外热成像技术作为一种非接触检测方法，能够快速实时地检测低温推进剂和高温气体的泄漏。该技术通过探测发动机周围的红外辐射信号，并结合图像处理技术和判据，判断推进剂是否泄漏，进而定位泄漏源并评估其严重程度。当前，红外热成像技术已经成功应用于火箭发动机喷管和冷却通道的泄漏检测。同时，研究者通过结合点式传感器与红外传感器，利用信息融合和图像处理技术，实现了对液体火箭发动机推进剂泄漏故障的高效诊断。

6.3 发动机故障模式特征分析

液体火箭发动机的故障表现形式称为故障模式。明确这些故障模式及其特征是故障检测与隔离的基础。对液体火箭发动机的故障模式和特征进行深入分析，不仅能帮助确定和选择关键监控部件，还能为选择重要监控参数和制定故障检测与隔离的准则提供依据。

通过系统化地分析发动机的故障模式，可以在故障检测前对可能的关键部件进行识别，确保监控系统的有效性。此外，这种分析有助于在发动机设计阶段采取针对性措施，提升发动机的安全性能，从而降低故障发生的概率。同时，故障模式与特征的研究能够提升故障检测与诊断系统的可靠性，使系统在面对潜在故障时能迅速、准确地做出响应。

6.3.1 发动机故障模式

液体火箭发动机的故障可根据发生部件的不同分为多种类型，包括管路系统故障、燃气发生器故障、涡轮泵故障、推力室故障、自动器故障和密封件故障等。自 1960 年至 1998 年，我国自主研发了多款泵压式液体火箭发动机，这些发动机在地面试车和发射过程中经历了多次故障。通过对这些故障数据进行统计分析，可以明确各部件故障的发生比例，如图 6-2 所示。

从图 6-2 中可以看出，涡轮泵故障的发生比例最高，达到了 29.7%；紧随其后的是推力室故障，占总故障数的 21.2%。这两个部件的故障发生率超过了 50%，这与它们所处的极端工作环境密切相关。管路系统故障位居第三，占故障总数的 18.2%，而密封件故障、自动器故障和燃气发生器故障则分别占 10.9%、9.7% 和 4.8%。此外，由人为错误和测试系统故障引起的其他故障占到了 5.5%。

6.3.2 发动机故障原因

液体火箭发动机因其结构复杂，故障原因多样，故障位置各异。根据故障模式及其成因，大型泵压式液体火箭发动机通常可分为以下十类故障。

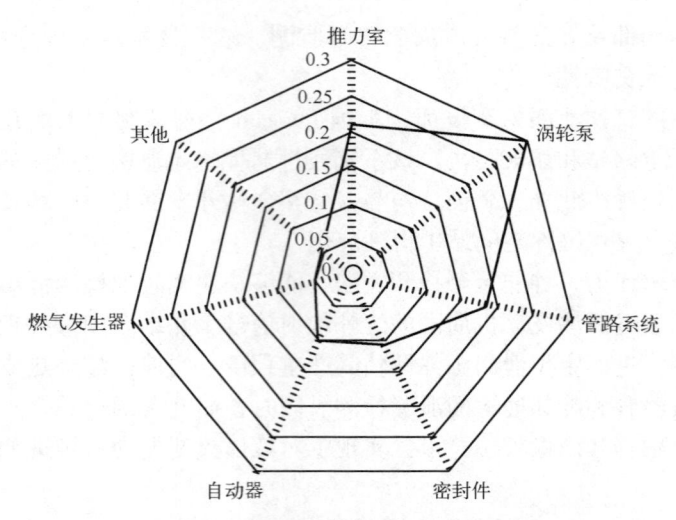

图 6-2　泵压式发动机部件故障比例

（1）泄漏。泄漏故障常发生于管路与阀门的接头、管路与喷嘴的接头及壳体焊缝等部位。其主要原因包括材料设计缺陷、结构安装不当、材料疲劳性能不足、过高的工作温度导致的变形，以及紧固件松动等。

（2）堵塞。该故障通常出现在喷注器、涡轮泵及其他细小通道中。堵塞的原因多为推进剂中混入杂质，常见杂质包括磨削物、火药残留和金属颗粒。

（3）烧蚀。烧蚀故障主要发生在燃烧室和涡轮泵转子。涡轮泵转子烧蚀多由密封圈损坏导致氧化剂泄漏，进而引发燃气过热，导致转子材料熔化和变形。燃烧室的烧蚀往往与燃烧不稳定或冷却通道堵塞相关。

（4）卡死。卡死故障常见于涡轮泵的滚珠轴承和电动阀门，通常是由轴承球体脱落或涡轮转子叶片焊接不当引起的。转子在高温和高负荷下容易卡死，导致系统失效。

（5）磨损与腐蚀。该故障主要影响转动部件，如涡轮泵的轴承和喷注器。这种故障通常是由温度过高引起的变形、摩擦，或由材料与推进剂间的化学反应导致的腐蚀。

（6）断裂与破裂。此类故障常见于涡轮泵的转子叶片及其连接处。叶片断裂通常由加工缺陷或疲劳破坏造成，导管断裂则可能是由材料缺陷或振动引起的共振。

（7）剥落与脱落。剥落故障常见于涡轮泵系统，特别是叶片和叶冠的脱落。涡轮盖的热变形及不当的间隙设计容易导致摩擦，从而引起剥落。

（8）疲劳破坏。疲劳破坏主要发生在涡轮泵的叶片和承压部件，通常由载荷超过材料承受能力或高频振动引起。

（9）密封失效。密封失效一般发生在阀门和涡轮泵，可能由材料污染、腐蚀或设计缺陷导致。密封失效会影响系统的安全性和可靠性。

（10）爆炸。爆炸故障多发生在涡轮泵和燃烧室，常见原因包括由推进剂泄漏导致的混合反应和由高温引发的泵腔压力急剧上升。

6.3.3　发动机故障特征分析

在对我国泵压式液体火箭发动机故障部件进行统计时，发现涡轮泵、推力室和管路系统是故障发生比例最高的三个部件，这三者的故障总和接近70%。因此，接下来的故障特征分析将主要集中在这三个关键部件上。

1. 涡轮泵故障特征

涡轮泵作为泵压式液体火箭发动机的核心部件，其故障发生频率极高，主要是因为它在推进剂运输中扮演着动力来源的角色。其高温、高转速的工作环境及复杂的结构使其成为故障的高发区域。涡轮泵的常见故障模式包括断裂、密封失效、磨损、泵爆炸、烧蚀、轴承损坏、卡死和叶片脱落等。

涡轮泵故障特征主要表现在以下几个方面。

（1）故障频率与时机：故障多在发动机的启动和稳态阶段发生，且通常缺乏明显预兆，多为瞬时或突发性故障。

（2）断裂故障：断裂是涡轮泵最常见的故障，常由诱导轮、连接部位或叶片处的共振、疲劳损伤或气蚀引起。

（3）泵爆炸：泵爆炸故障占总故障的14.3%，这主要由泄漏、谐振动或碰撞摩擦导致。

（4）密封失效：端面密封件的失效通常缘于磨损、腐蚀、设计缺陷或装配不当。

（5）脆弱性：涡轮转子极易遭受烧蚀、断裂或脱落，一旦发生故障，往往会对发动机性能产生严重影响。

2. 推力室故障特征

推力室是液体火箭发动机中将化学能转化为热能并进一步转化为动能的关键区域，因此其工作温度极高。推力室的故障模式主要包括裂纹、泄漏、不稳定燃烧、烧蚀和爆炸等。

推力室故障特征主要体现在以下几个方面。

（1）故障时机：推力室故障多发生在启动阶段，这时推进剂输送尚不稳定，导致温度急剧升高，从而引发结构热变形。

（2）裂纹与断裂：裂纹或断裂故障的发生率最高，达到54.3%。这类故障多发生在内外壁及焊接部位，通常与焊接工艺不达标或部件耦合振动有关。

（3）烧蚀现象：烧蚀主要出现在喷管的喉部、燃烧室壁面和喷注器面板上，其原因多为由冷却系统故障或推进剂流动不稳定导致的燃烧不稳定。

（4）影响后果：推力室故障一旦发生，可能导致严重的后果，直接影响发动机的整体性能。

3. 管路系统故障特征

管路系统故障主要包括堵塞和泄漏两大类。当管路系统出现堵塞或微小泄漏时，往往在发动机的相关参数中难以察觉，属于缓变故障。然而，当泄漏量过大时，可能引发局部大火或爆炸，具有突变特性。

管路系统故障的特征包括以下两个。

（1）泄漏影响：微小泄漏难以被检测，但若泄漏量过大，则会造成火灾风险，甚至导致爆炸。

（2）堵塞影响：部分堵塞会影响发动机性能，与泄漏类似，但完全堵塞则会导致发动机熄火，甚至导致坚硬堵塞物进入涡轮泵，造成叶片损坏。

6.4　基于动力学模型的发动机故障智能测试方法

液体火箭发动机系统的运行过程涉及涡轮泵的高速旋转、阀门等控制元件的精确运动、供给管路中流体或气体的流动、各种换热器内的热交换，以及推力室、预燃室或燃气发生器的燃烧过程。这些复杂的机械、流体和热过程对发动机结构施加了显著的振动、冲击和热负荷，从而导致结构或部件潜在失效。这些失效引发的状态参数异常，构成了发动机故障检测与诊断研究的基础。

本节将对大型泵压式双组元液体火箭发动机的系统组成及工作原理进行简要概述，并分析常见故障及其可能效应。在此基础上，将提出发动机组件的动力学模型，以便进行故障仿真和故障机理分析。

6.4.1　动力学模型基础

液体火箭发动机在极端的高温、高压和强腐蚀环境中工作，其故障发生和发展过程通常迅速且影响严重。然而，发动机类型的多样性、结构和工况的差异，使故障表现形式各不相同。即使是同一型号的发动机，微小的输入条件变化也可能导致故障模式漂移或显著不同。这一特性使通过物理模拟和实验手段再现发动机故障变得极为困难，进而导致故障样本的数量与重要性相对不足。在这种情况下，缺乏充足的样本数据和详细的故障模式描述，使得故障检测与诊断方法的准确性难以有效提升。

近年来，随着计算机仿真技术的快速发展，基于数学模型的故障仿真研究逐渐成为分析发动机故障模式特征、积累诊断知识和故障样本数据的重要手段。大推力泵压式液体火箭发动机系统主要由涡轮、泵、热力组件（如燃烧室、燃气发生器和燃气导管）、调节器（节流装置）及自动控制器等构成。尽管不同型号的液体火箭发动机在动态数学模型上具有一定的通用性，但在参数设置上仍存在差异。

为此，首先依据发动机结构的层次化分解和故障模式分析，分别为各组件建立故障模型。随后，根据具体发动机的物理连接关系，组建模块化的发动机组件模型库，并开展系统的故障仿真研究。

本节所建立的模块化故障仿真模型涵盖了液体涡轮模型、燃气涡轮模型、泵模型、热力组件模型、液体管路模型和带阀液体管路模型等多种类型。这些模型将为深入分析液体火箭发动机的故障特征提供重要的理论基础和实践依据，有助于提升故障检测与诊断的准确性和有效性。通过这一研究，能够更好地应对液体火箭发动机在极端条件下的复杂故障，为未来的安全运行和性能优化提供支持。

1. 液涡轮模型

在液氧煤油发动机中，液涡轮作为冲击式涡轮，负责为燃料预压泵提供必要的轴动力。当液涡轮发生转子破坏、叶片烧蚀、流道堵塞、轴承卡住、转子卡死或涡轮轮缘脱落等故障时，其做功能力将显著下降，甚至完全失效。

液涡轮功率方程：

$$N_{ptf} = \frac{P_{iptf} - P_{eptf}}{\rho_{ptf}} q_{ptf} \cdot \eta_{ptf} \cdot F_{t1} \tag{6-1}$$

液涡轮效率方程：

$$\eta_{\mathrm{ptf}} = \omega_{\mathrm{f1}} + \omega_{\mathrm{f2}}\left(\frac{n_{\mathrm{ptf}}}{v_{\mathrm{eptf}}}\right) + \omega_{\mathrm{f3}}\left(\frac{n_{\mathrm{ptf}}}{v_{\mathrm{eptf}}}\right)^2 \quad (6-2)$$

液涡轮功率平衡方程（带故障参数）：

$$J = \frac{\mathrm{d}n_{\mathrm{ptf}}}{\mathrm{d}t} = \frac{N_{\mathrm{ptf}} - (1 + F_{\mathrm{t2}})N_{\mathrm{ppf}}}{(\pi/30)^2 F_{\mathrm{t3}} n_{\mathrm{ptf}}} \quad (6-3)$$

式中：液涡轮入口压力和出口压力分别为（$P_{\mathrm{iptf}} = P_{\mathrm{epf1}}$）和（$P_{\mathrm{eptf}} = P_{\mathrm{eppf}}$）。下标 i 和 e 分别为输入和输出；下标 ptf、ppf 和 pf1 分别为燃料预压涡轮、燃料预压泵和燃料一级泵；N 为功率；P 为压力；η 为涡轮效率；v 为工质出口速度；q 为质量流量；ρ 为密度；J 为涡轮泵转子的转动惯量；n 为转速；ω_{f1}、ω_{f2} 和 ω_{f3} 分别为涡轮效率的经验系数。液涡轮故障因子 F_{t1}、F_{t2} 和 F_{t3} 用于描述不同类型的故障或异常现象，具体如下。

（1）涡轮转子破坏：$0 \leqslant F_{\mathrm{t1}} < 1$，正常时 $F_{\mathrm{t1}} = 1$。
（2）涡轮叶片烧蚀：$0 \leqslant F_{\mathrm{t1}} < 1$，正常时 $F_{\mathrm{t1}} = 1$。
（3）涡轮流道堵塞：$0 \leqslant F_{\mathrm{t1}} < 1$，正常时 $F_{\mathrm{t1}} = 1$。
（4）涡轮轴承卡住：$F_{\mathrm{t2}} > 0$，正常时 $F_{\mathrm{t2}} = 0$。
（5）涡轮转子卡住：$F_{\mathrm{t2}} > 0$，正常时 $F_{\mathrm{t2}} = 0$。
（6）涡轮轮缘脱落：$0 \leqslant F_{\mathrm{t3}} < 1$，正常时 $F_{\mathrm{t3}} = 1$。

2. 燃气涡轮模型

在液氧煤油发动机中，燃气涡轮由氧化剂预压涡轮和主涡轮组成。氧化剂预压涡轮采用冲击式设计，而主涡轮采用反力式涡轮。燃气涡轮在高温、高压和高速条件下运行，承受复杂的工作环境。表 6-3 列出了氧化剂预压涡轮和主涡轮模型的接口参数。

表 6-3　燃气涡轮模型的接口参数

氧化剂预压涡轮（冲击式）	主涡轮（反力式）
$P_{\mathrm{i,opt}} = P_{\mathrm{lg}}$	$P_{\mathrm{i,t}} = P_{\mathrm{gg}}$
$P_{\mathrm{e,opt}} = P_{\mathrm{e,opp}}$	$P_{\mathrm{e,t}} = P_{\mathrm{lg}}$
$(RT)_{\mathrm{i,opt}} = (RT)_{\mathrm{e,t}}$	$(RT)_{\mathrm{i,t}} = (RT)_{\mathrm{e,gg}}$
$\gamma_{\mathrm{i,opt}} = \gamma_{\mathrm{e,gg}}$	$\gamma_{\mathrm{i,t}} = \gamma_{\mathrm{e,gg}}$
$\theta_{\mathrm{opt}} = 0$	$\theta_{\mathrm{t}} = \theta_0$

在表 6-3 中，部分下标中 opt、opp、t、lg、gg 分别为氧化剂预压涡轮、氧化剂预压泵、主涡轮、燃气导管和燃气发生器；γ 为气体比热比；R 为燃气气体常数；T 为燃气温度。

燃气涡轮工作过程中各参数间关系式可用如下方程描述。

燃气涡轮功率方程：

$$N = (v_e^2/2) \cdot q \cdot \eta \cdot F_{\mathrm{tol}} \quad (6-4)$$

燃气涡轮效率方程：

$$\eta = b_1 + b_2\left(\frac{n}{v_e}\right) + b_3\left(\frac{n}{v_e}\right)^2 \quad (6-5)$$

燃气涡轮流量方程：

$$q = \begin{cases} \dfrac{\mu A P_i}{\sqrt{(RT)_i}} \sqrt{\gamma \left(\dfrac{2}{\gamma+1}\right)^{\frac{\gamma+1}{\gamma-1}}}, & \dfrac{P_0}{P_i} \leqslant \left(\dfrac{2}{\gamma+1}\right)^{\frac{\gamma}{\gamma-1}} \\ \dfrac{\mu A P_i}{\sqrt{(RT)_i}} \sqrt{\dfrac{2\gamma}{\gamma-1}\left[\left(\dfrac{P_0}{P_i}\right)^{\frac{2}{\gamma}} - \left(\dfrac{P_0}{P_i}\right)^{\frac{\gamma+1}{\gamma}}\right]}, & \dfrac{P_0}{P_i} > \left(\dfrac{2}{\gamma+1}\right)^{\frac{\gamma}{\gamma-1}} \end{cases} \quad (6-6)$$

涡轮燃气理论喷射速度：

$$v_e = \sqrt{\dfrac{2\gamma}{\gamma-1}(RT)_i \left[1 - \left(\dfrac{P_e}{P_i}\right)^{\frac{\gamma-1}{\gamma}}\right]} \quad (6-7)$$

燃气涡轮功率平衡方程：

$$J\dfrac{\mathrm{d}n}{\mathrm{d}t} = \dfrac{N - (1 + F_{\mathrm{to}2})\sum N_\mathrm{p}}{(\pi/30)^2 \cdot n \cdot F_{\mathrm{to}3}} \quad (6-8)$$

涡轮静子与转子间的燃气压力：

$$P_0 = P_i \left[\theta + (1-\theta)\left(\dfrac{P_e}{P_i}\right)^{\frac{\gamma-1}{\gamma}}\right]^{\frac{\gamma}{\gamma-1}} \quad (6-9)$$

式中：μ 为涡轮喷嘴的流量系数；A 为涡轮喷嘴面积；N 为涡轮功率；$\sum N_\mathrm{p}$ 为由涡轮带动的泵功率之和；$F_{\mathrm{to}1}$、$F_{\mathrm{to}2}$ 和 $F_{\mathrm{to}3}$ 分别为不同类型的故障或异常现象的燃气涡轮故障因子，具体如下：

(1) 涡轮转子破坏：$0 \leqslant F_{\mathrm{to}1} < 1$，正常时，$F_{\mathrm{to}1} = 1$；
(2) 涡轮叶片烧蚀：$0 \leqslant F_{\mathrm{to}1} < 1$，正常时，$F_{\mathrm{to}1} = 1$；
(3) 涡轮流道堵塞：$0 \leqslant F_{\mathrm{to}1} < 1$，正常时，$F_{\mathrm{to}1} = 1$；
(4) 涡轮轴承卡住：$F_{\mathrm{to}2} > 0$，正常时，$F_{\mathrm{to}2} = 0$；
(5) 涡轮转子卡住：$F_{\mathrm{to}2} > 0$，正常时，$F_{\mathrm{to}2} = 0$；
(6) 涡轮轮缘脱落：$0 \leqslant F_{\mathrm{to}3} < 1$，正常时，$F_{\mathrm{to}3} = 1$。

3. 泵模型

在液氧煤油发动机中，氧化剂路中有氧化剂预压泵和氧化剂泵，燃料路中有燃料预压泵、燃料一级泵和燃料二级泵，它们的主要作用是对推进剂增压，泵是在高压、高速、易燃、易腐蚀条件下工作的。表 6-4 给出了不同推进剂泵的接口参数。通常，对发动机工作过程仿真时，采用泵的静态特性描述泵的工作，其静态特性完全根据经验确定。

表 6-4 各泵的接口参数

类型	氧化剂预压泵	氧化剂泵	燃料预压泵	燃料一级泵	燃料二级泵
转速	$n_{\mathrm{ppo}} = n_{\mathrm{pto}}$	$n_{\mathrm{po}} = n_{\mathrm{t}}$	$n_{\mathrm{ppf}} = n_{\mathrm{ptf}}$	$n_{\mathrm{pf1}} = n_{\mathrm{t}}$	$n_{\mathrm{pf2}} = n_{\mathrm{t}}$
流量	$q_{\mathrm{ppo}} = q_{\mathrm{vo}}$	$q_{\mathrm{po}} = q_{\mathrm{vo}}$	$q_{\mathrm{ppf}} = q_{\mathrm{vf}}$	$q_{\mathrm{pf1}} = q_{\mathrm{vf}}$	$q_{\mathrm{pf2}} = q_{\mathrm{rf}}$
压力	$p_{\mathrm{i,ppo}} = p_{\mathrm{i,o}} - \Delta p_{\mathrm{lo}}$	$p_{\mathrm{i,po}} = p_{\mathrm{e,ppo}} - \Delta p_{\mathrm{lo}}$	$p_{\mathrm{i,ppf}} = p_{\mathrm{i,f}} - \Delta p_{\mathrm{lf}}$	$p_{\mathrm{i,pf1}} = p_{\mathrm{e,ppf}} - \Delta p_{\mathrm{lf}}$	$p_{\mathrm{i,pf2}} = p_{\mathrm{pf1}} - \Delta p_{\mathrm{lf}}$

在表 6-4 中，ppo、po、ppf、pf$_1$、pf$_2$ 分别为氧化剂预压泵、氧化剂泵、燃料预压泵、燃料一级泵和燃料二级泵；q_{vo} 为氧化剂主阀的质量流量；q_{vf} 为燃料主阀的质量流量；q_{rf} 为流量调节器的质量流量；p_{io} 为氧化剂入口压力；p_{if} 为燃料入口压力；Δp_{lo} 为氧化剂管路压力损失；Δp_{lf} 为燃料管路的压力损失。

在泵工作过程中，当某处静压力低于当时温度下的截止饱和蒸气压力时，将产生气泡，体积膨胀，进入高压区时，气泡又凝结成液体，体积收缩，压力升高，形成巨大的水力冲击，叶轮表面受到这种交变的压力冲击，从而产生裂纹、剥蚀，这就是泵的气蚀。泵气蚀发生时，流量、出口压力和泵扬程下降，进一步发展会在泵中形成断流，导致叶轮损坏。

泵的扬程：

$$\Delta P = P_e - P_i = (\mu_{p1} n_p^2 + \mu_{p2} n_p q_p + \mu_{p3} q_p^2) F_{p1} \quad (6-10)$$

泵的功率：

$$N_p = v_{n1} n_p^3 + v_{n2} n_p^2 q_p + v_{n3} n_p q_p^2 \quad (6-11)$$

式中：ΔP 为泵的扬程；μ_{p1}、μ_{p2}、μ_{p3} 和 v_{n1}、v_{n2}、v_{n3} 分别为泵扬程和功率的经验系数；F_{p1} 为泵故障因子，泵气蚀时：$0 < F_{p1} < 1$，正常时：$F_{p1} = 1$。

4. 热力组件模型

燃气泄漏是液体火箭发动机中常见的故障现象，主要由组件烧坏、振动等因素引起。这种泄漏不仅会导致容积偏高，还会造成燃气的损失，进而影响发动机的整体性能。在燃气发生器发生泄漏时，其压力会迅速下降，涡轮的功率随之降低，导致转速减缓。同时，流经燃气发生器的流量增加，而燃烧室的流量则减少。这一变化使推力室的压力下降，因此，燃气发生器的压力对泄漏现象极为敏感。另外，燃烧室的泄漏对系统的影响更为显著。燃烧室的压力下降幅度通常最大，这时燃烧室的流量会增加，而燃气发生器的流量相应减少，导致其压力下降。涡轮泵的转速也因此降低，这表明燃烧室的压力对泄漏现象的敏感性更强。热力组件接口参数如表 6-5 所示。

表 6-5 热力组件接口参数

类 型	燃气发生器	燃烧室	燃气导管
压力	$p_{e,gg} = p_{lg}$	$p_{e,com} = c$	$p_{e,lg} = p_{com}$
混合比	$K_{i,gg} = 0$	$K_{i,com} = K_{lg}$	$K_{i,lg} = K_{gg}$
氧化剂流量	$q_{i,lo} = q_{vo}$	$q_{i,lo} = 0$	$q_{i,lo} = 0$
燃料流量	$q_{i,lf} = q_{rf}$	$q_{i,lf} = q_{vf}$	$q_{i,lf} = 0$
燃气流量	$q_{i,g} = 0$	$q_{i,g} = q_{e,lg}$	$q_{i,lg} = q_{e,gg} - q_{po}$

在表 6-5 中，gg、com 和 lg 分别为燃气发生器、燃烧室和燃气导管；$P_{e,lg}$ 和 P_{com} 分别为燃气导管和燃烧室内压力；c 为常数；$K_{i,lg}$ 和 K_{gg} 分别为燃气导管和燃气发生器混合比；q_{vo}、q_{vf}、q_{rf}、$q_{e,lg}$、$q_{e,gg}$ 和 q_{po} 分别为流经液氧主阀、燃料主阀、流量调节器、燃气导管出口、燃气发生器出口和氧主泵的质量流量。

质量守恒方程：

$$\frac{dm_g}{dt} = q_{ig} + q_{lo} + q_{lf} - (1 + F_{g2}) q_{eg} \quad (6-12)$$

热力组件内燃气密度变化：

$$\frac{\mathrm{d}\rho}{\mathrm{d}t}=\frac{1}{V}\cdot\frac{\mathrm{d}m_g}{\mathrm{d}t} \tag{6-13}$$

热力组件内燃气混合比的变化率：

$$\frac{\mathrm{d}K}{\mathrm{d}t}=(1+K)(q_o-Kq_f)\cdot\frac{RT}{PV} \tag{6-14}$$

热力组件内燃气热值：

$$RT=RT(K) \tag{6-15}$$

理想气体方程：

$$PV=m_gRT \tag{6-16}$$

对式（6-16）两边求导，有

$$\frac{\mathrm{d}P}{\mathrm{d}t}=\frac{RT}{V}\cdot\frac{\mathrm{d}m_g}{\mathrm{d}t}+\frac{P}{RT}\cdot\frac{\mathrm{d}(RT)}{\mathrm{d}t}-\frac{P}{V}\cdot\frac{\mathrm{d}V}{\mathrm{d}t} \tag{6-17}$$

出口流量方程：

$$q_e=\begin{cases}\dfrac{\zeta F_{g1}AP}{\sqrt{(RT)_i}}\sqrt{\gamma\left(\dfrac{2}{\gamma+1}\right)^{\frac{\gamma+1}{\gamma-1}}}, & \dfrac{P_e}{P}\leq\left(\dfrac{2}{\gamma+1}\right)^{\frac{\gamma}{\gamma-1}}\\[2ex]\dfrac{\zeta F_{g2}AP}{\sqrt{RT}}\sqrt{\dfrac{2\gamma}{\gamma-1}\left[\left(\dfrac{P_e}{P}\right)^{\frac{2}{\gamma}}-\left(\dfrac{P_e}{P}\right)^{\frac{\gamma+1}{\gamma}}\right]}, & \dfrac{P_e}{P}>\left(\dfrac{2}{\gamma+1}\right)^{\frac{\gamma}{\gamma-1}}\end{cases} \tag{6-18}$$

式中：m_g、ρ、V、P 和 K 分别为热力组件内高温燃气质量、密度、体积、压力和混合比；q_{ig}、q_{lo} 和 q_{lf} 分别为流入热力组件的燃气质量流量、液态氧化剂质量流量和液态燃料质量流量；q_{eg} 为热力组件出口流量；ζ 为热力组件喉部的流量系数；A 为热力组件的喉部面积。F_{g1}、F_{g2} 均为热力组件故障因子，可表示如下类型故障或异常现象：F_{g1} 为喉部烧蚀，$F_{g1}>1$，正常时，$F_{g1}=1$；F_{g2} 为燃气泄漏，$F_{g2}>0$，正常时，$F_{g2}=0$。

5. 液体管路模型

液体管路在发动机中起着向组件输送推进剂的作用，其输入为压力和推进剂质量流量，同时向下一个组件输出压力和推进剂质量流量。在建模和仿真中，需要考虑液体的惯性、黏性及压缩性。

考虑液体的惯性和黏性，根据压力叠加原理，可以得到管路中推进剂组元的运动方程，即

$$L\frac{\mathrm{d}q}{\mathrm{d}t}=F_{l1}\left[(P_i-P_e)-F_{l2}\alpha q^2\right] \tag{6-19}$$

考虑液体的压缩性，根据质量守恒方程，经推导，可以得到管路中推进剂组元的连续方程，即

$$\xi\frac{\mathrm{d}P_e}{\mathrm{d}t}=\frac{q_i-q_e}{F_{l2}} \tag{6-20}$$

式中，$\xi=V/a^2$ 为液体管路流容系数，反映管路中液体的压缩性，V 为管路体积；a 为液体中的声速；L 为液体的惯性流阻系数；α 为管路的流阻系数；q_i 和 q_e 分别为管路的入口和

出口质量流量；P_i 和 P_e 分别为管路入口和出口的压力。F_{l1}、F_{l2} 为带阀液体管路故障因子，可表示如下类型故障或异常现象：F_{l1} 为泄漏故障因子，$0<F_{l1}<1$，正常时，$F_{l1}=1$；F_{l2} 为阻塞故障因子，$F_{l2}>1$，正常时，$F_{l2}=1$。

6. 带阀液体管路模型

带阀液体管路模型主要是针对推进剂供应系统中的主要阀门及与之相连接的管路而建立的一个组件模型。在液氧煤油发动机中，具体指液氧主阀及其后的管路与燃烧室燃料阀及其后的管路。表 6-6 给出了带阀液体管路的接口参数。

表 6-6 带阀液体管路接口参数

类型	液 氧 主 阀	燃料路燃烧室前燃料阀
压力	$P_{i,vo}=P_{e,op}-\Delta P_o$	$P_{i,vf}=P_{e,fp1}-\Delta P_f$
压力	$P_{e,vo}=P_{gg}$	$P_{e,vf}=P_c+\Delta P_{co}$

在表 6-6 中，vo、vf 分别为液氧主阀和燃料路燃烧室前燃料阀；$P_{i,vo}$、$P_{e,vo}$、$P_{e,op}$、ΔP_o 和 P_{gg} 分别为液氧主阀入口压力、出口压力、氧泵出口压力、氧泵至液氧主阀管路压力损失、燃气发生器压力；$P_{i,vf}$、$P_{e,vf}$、$P_{e,fp1}$、ΔP_f、P_c 和 ΔP_{co} 分别为燃烧室前燃料阀入口压力、出口压力、燃料一级泵出口压力、燃料一级泵至燃料阀压力损失、燃烧室室压、燃料阀出口至燃烧室管路压力损失（包括冷却通道压力损失）。

在建立带阀液体管路数学模型时，假设：①阀门为瞬时作动；②管路中液体为一维不可压缩流。

带阀液体管路数学模型与液体管路数学模型类似，只是在建立模型时，设置了阀门开启时间。阀门开启之前，通过带阀液体管路的流量为零；阀门开启之后，带阀液体管路数学模型与液体管路数学模型相同，公式如下：

$$\begin{cases} q_v=0, & t<t_v \\ L_v\dfrac{dq_v}{dt}=P_i-P_e-\alpha_v q, & t \geqslant t_v \\ q_{fv}=F_v q_v, & \end{cases} \quad (6-21)$$

式中，L_v 为液体的惯性流阻系数；α_v 为管路的流阻系数；q_v 为流经带阀液体管路的质量流量。F_v 为阀门开启故障因子，$0<F_v<1$；正常时，$F_v=1$。

6.4.2 发动机故障动力学仿真分析

1. 燃料控制阀堵塞故障

液体火箭发动机阀门堵塞故障是一个十分常见的故障问题，对发动机正常运行造成了很大的影响，因此对阀门堵塞进行故障仿真具有重要意义。在膨胀循环发动机系统中，燃料控制阀是燃料进入燃烧室的进口阀，一旦发生堵塞，火箭发动机系统整体工况会产生巨大变化，故本章选择对燃料控制阀模拟阀门堵塞故障，通过故障因子对燃料控制阀进行开度控制模拟阀门堵塞。

故障因子主要对阀门开度进行控制，经过实验发现，当阀门开度降为 30%时，流量几乎为 0，发动机无法正常运行，故将阀门开度的故障因子设定为在正常开度下的 50%、70%、90%、100%，进行发动机启动仿真，仿真结果如图 6-3~图 6-6 所示。

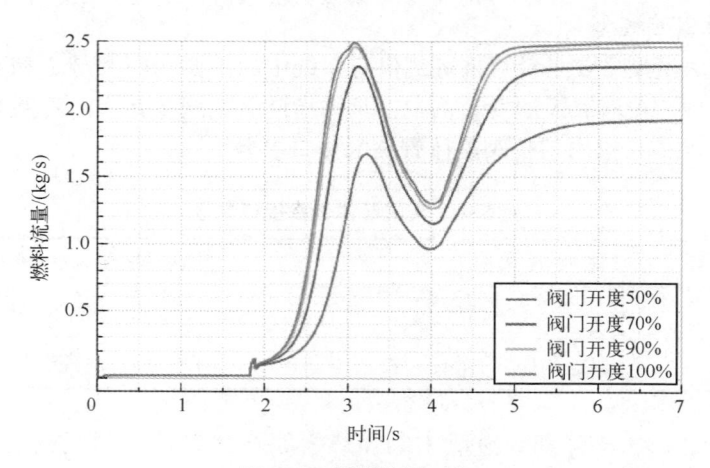

图 6-3　燃料流量对比

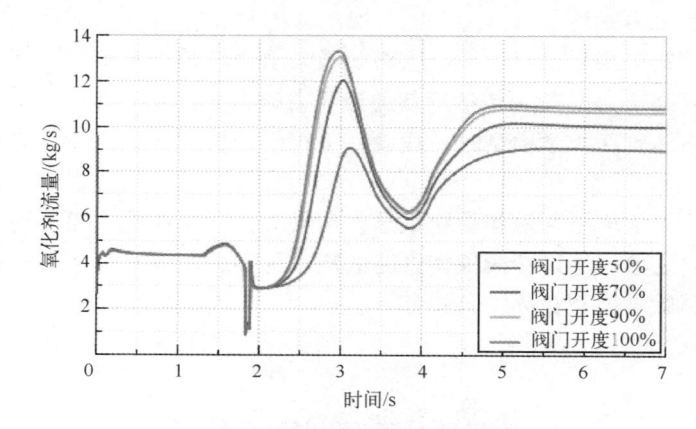

图 6-4　氧化剂流量对比

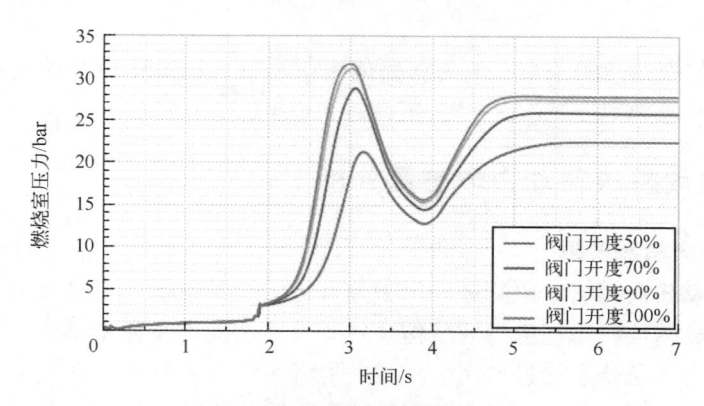

图 6-5　燃烧室压力对比

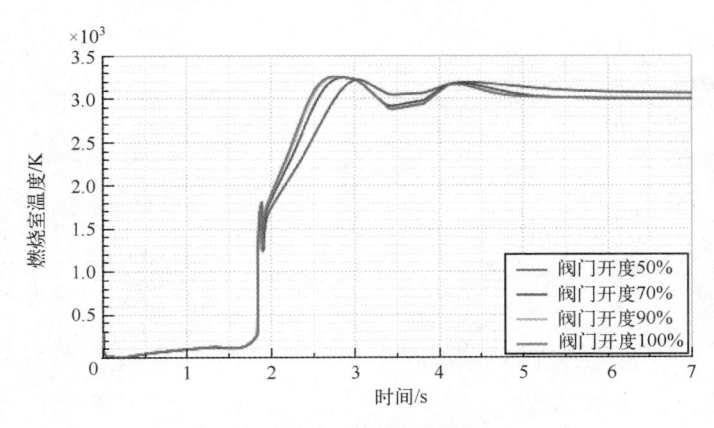

图 6-6 燃烧室温度对比

由图 6-3 可知，随着燃料控制阀的开度逐渐降低，流经燃料控制阀的燃料流量越来越小，发动机达到稳态所需的时间也越来越长，同时由图 6-4 可以看出，进入燃烧室的燃料流量减小，进入燃烧室的氧化剂流量也相应减小，导致燃烧室内压力降低（图 6-5），而阀门的开度不同对燃烧室温度却没有巨大影响（图 6-6），是由于燃烧室内的混合比 K_m 始终保持在 4.3 左右，没有发生变化。

由图 6-7 和图 6-8 可知，涡轮泵系统的功率也随着阀门开度受到了较大影响，尤其是阀门开度为 70% 与开度为 50% 时相比，涡轮泵系统功率下降较为明显，涡轮功率降低了约 1×10^5 W，氢泵功率降低了约 4×10^4 W，可见阀门开度越小，涡轮泵系统功率越低，且下降量越大。

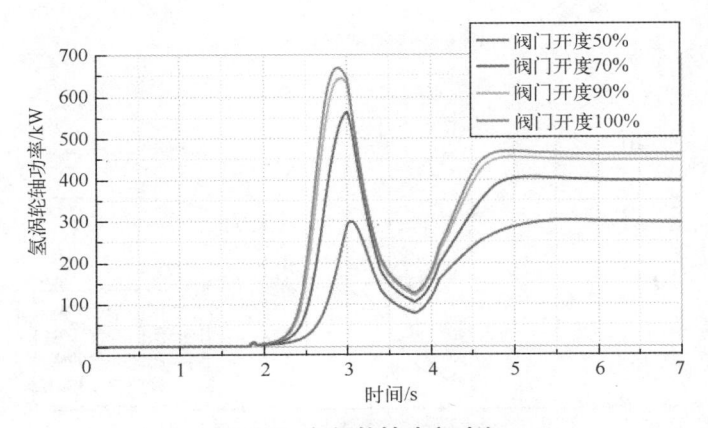

图 6-7 氢涡轮轴功率对比

结合图 6-9 和图 6-10 可以看出，当燃料控制阀的开度降为 70% 时，发动机系统的整体工况降至约为原来的 85%；当燃料控制阀的开度降为 50% 时，发动机系统的整体工况降至约为原来的 60%；当燃料控制阀的开度低于 50% 时，发动机无法正常工作。

通过仿真分析，随着阀门堵塞程度的不断加大，燃烧室流量和压力、涡轮泵系统功率等参数均出现了明显的大幅下降，稳态响应时间明显增长。因此，当发生阀门堵塞故障时，发动机的整体性能就会有明显的降低。

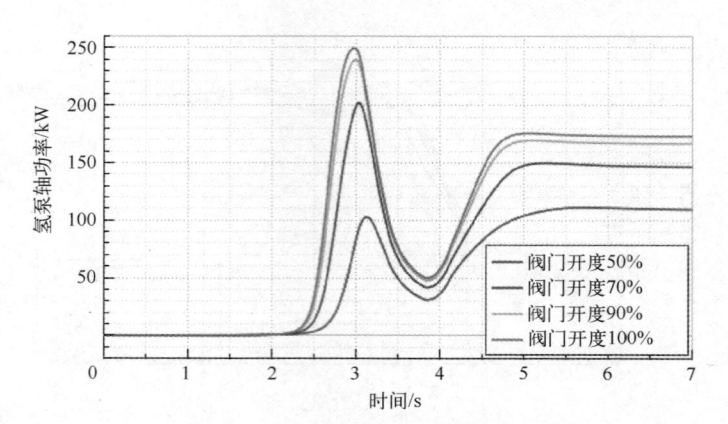

图 6-8　氢泵轴功率对比

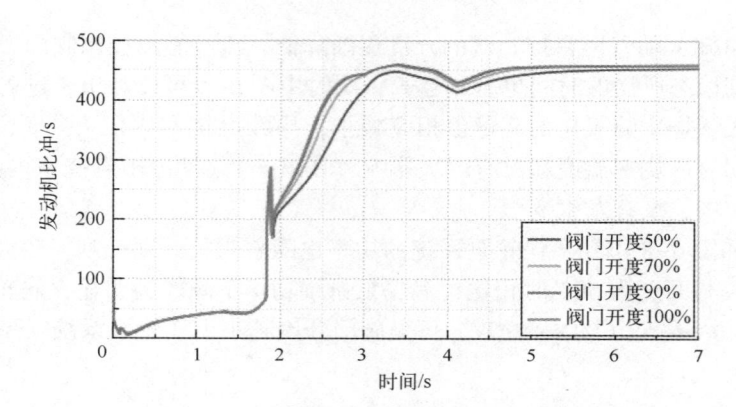

图 6-9　发动机比冲对比

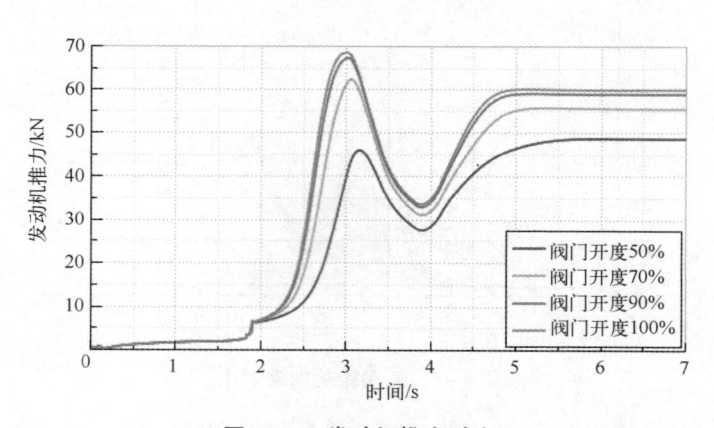

图 6-10　发动机推力对比

2. 氢泵汽蚀故障

由于离心泵工作环境易燃易爆、高压高速且极易腐蚀，因此泵发生汽蚀故障是泵部件中比较常见的一种故障类型。当泵发生汽蚀故障时，泵的整体工作效率会降低，进一步导致泵结构被损坏。

氢泵对液氢进行加压运输，由于液氢的极低温和易燃性，氢泵的汽蚀故障对发动机的整体特性的影响十分明显，且二级氢泵相较于一级氢泵功率更高，加压效果更明显，故选用二级氢泵作为研究对象。由于汽蚀现象无法采用故障因子进行模拟，但汽蚀故障会使泵的整体工作效率降低，因此，本章采用故障因子对二级氢泵的参考效率进行控制的方式，模拟氢泵汽蚀故障，分析氢泵汽蚀故障对发动机整体特性的影响。

本章将故障因子设定为二级氢泵的正常效率下的 20%、40%、60%、80%、100%，进行发动机启动仿真，仿真结果如图 6-11～图 6-15 所示。

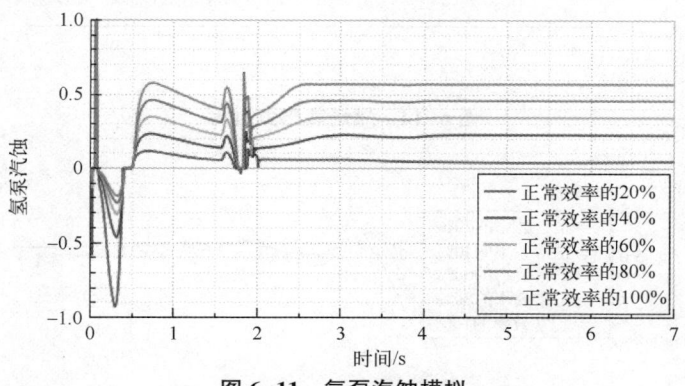

图 6-11 氢泵汽蚀模拟

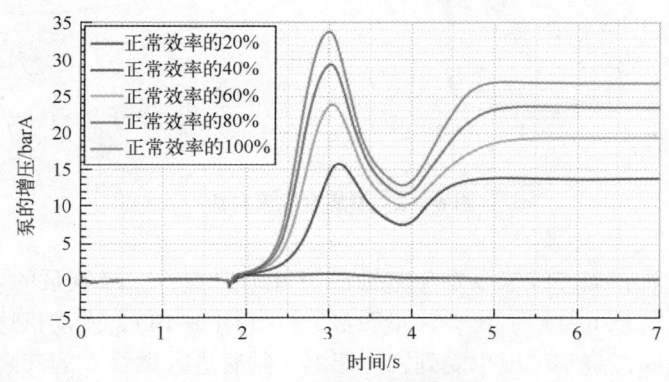

图 6-12 泵的增压效果对比

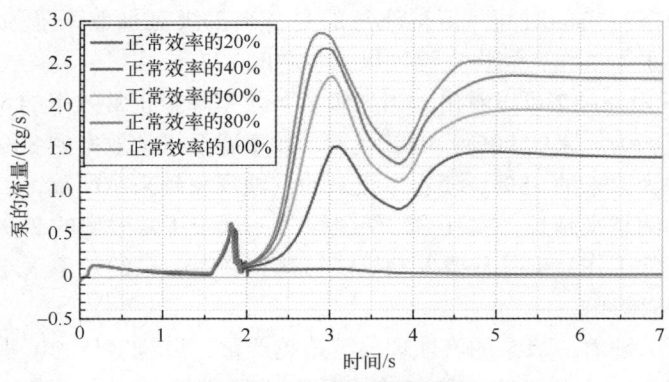

图 6-13 泵的流量变化对比

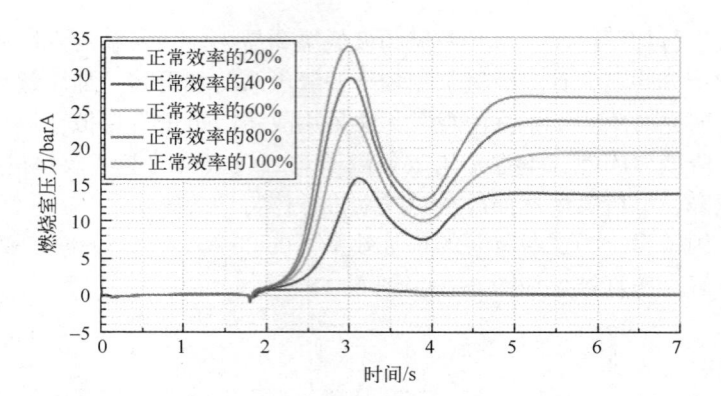

图 6-14 燃烧室压力对比

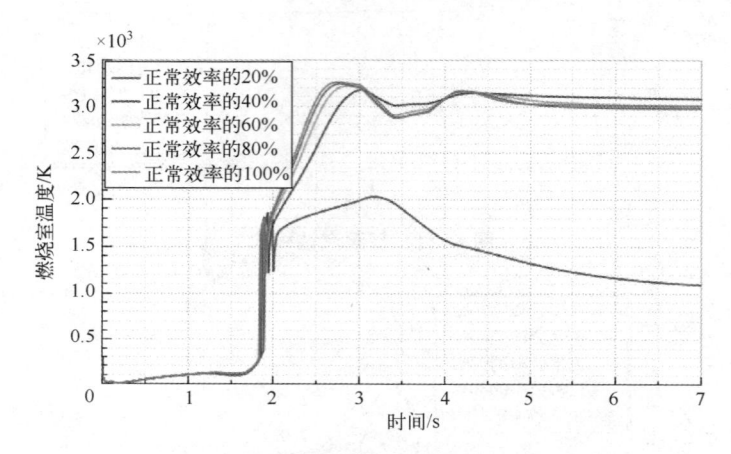

图 6-15 燃烧室温度对比

从仿真结果来看，当二级氢泵发生气蚀故障逐渐严重，二级氢泵的效率逐渐降低时，增压效果明显降低（图6-12），出口流量明显减少（图6-13），发动机达到稳态所需的时间也越来越长。同时燃烧室工况也受到剧烈影响，随着进入燃烧室的流量减少，燃烧室内压力降低（图6-14），而泵的效率不同对燃烧室温度却没有巨大影响（图6-15），只是延长了发动机达到稳态所需的时间。值得注意的是，当二级氢泵效率降为正常效率的20%时，发动机整体几乎不工作，燃烧室温度仅为1000K左右。

结合图6-16和图6-17可以看出，当二级氢泵效率降至正常效率的80%时，发动机系统的整体工况降至约为原来的90%；当二级氢泵效率降至正常效率的80%时，发动机系统的整体工况降至约为原来的75%。随着二级泵的汽蚀现象越来越严重，二级氢泵效率越来越低，稳态响应时间越来越长，尤其当二级氢泵效率低于正常效率的20%时，发动机无法保持稳态，无法正常工作。但是只要发动机能够达到稳态，泵的效率大小对燃烧室温度和发动机比冲没有显著影响。

通过仿真分析，随着二级泵的汽蚀现象越来越严重，燃烧室压力、涡轮功率、泵转速等参数均出现了明显的大幅下降，稳态响应时间明显增长。因此，当发生泵的汽蚀现象时，发动机可以工作，但整体性能就会大大降低。

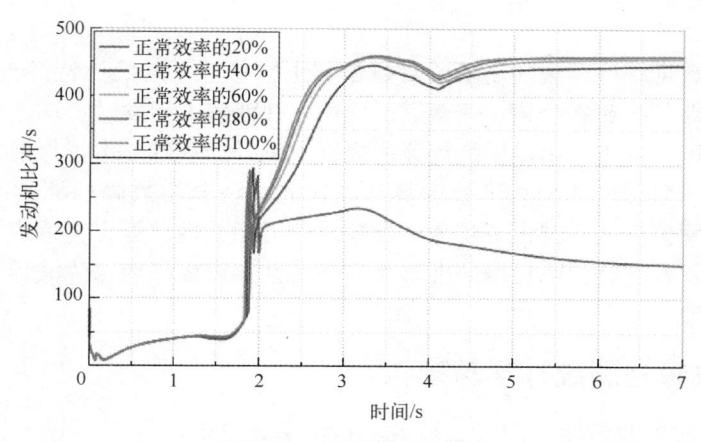

图 6-16 发动机比冲对比

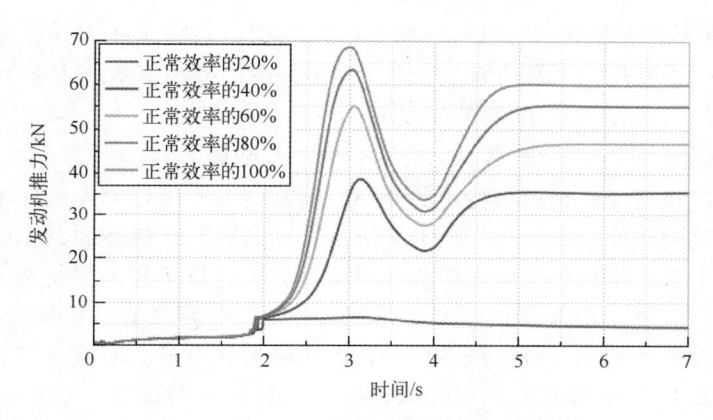

图 6-17 发动机推力对比

6.5 基于统计分析的发动机故障智能测试方法

目前，我国在液体火箭发动机故障检测中主要应用红线算法，这种算法曾在 20 世纪 90 年代中期之前的美国航天领域广泛使用。尽管红线算法在实际应用中提供了一定的安全保护，然而其基于门限的故障检测机制相对简单，导致其故障覆盖范围有限，难以有效识别早期故障。此外，该算法往往孤立监测各项参数，因此在传感器出现故障时，易产生误报，影响整体系统的可靠性。

液体火箭发动机的启动过程是一个强非线性的瞬态过程，涉及复杂的工作动态，且运行时间较短，参数变化剧烈。而在稳态工作期间，发动机运行状态相对稳定，各项参数波动较小。尽管如此，建立精确的数学模型以描述这些过程依然十分具有挑战性，且求解过程耗时。因此，基于数学模型的故障检测算法通常实时性不足。另外，利用专家系统和定性推理等方法时，常常面临知识获取难度大、运行效率低及自学习能力差等问题，这些缺陷导致故障检测时常出现误报或漏检现象。因此，研发新的发动机地面试车故障检测系统势在必行。

相较之下，数据统计算法则是基于对数据在正常状态下的统计特性进行故障检测的。这种方法简单可靠，已在多个领域获得广泛应用。在液体火箭发动机的地面试车中，积累了大量的测试数据，这为应用数据统计算法提供了良好的基础。本章将针对现有的数据测量系统，研究基于数据统计的故障检测算法。首先，将介绍故障检测的统计学模型；其次，提出自适应阈值算法，并进一步考虑参数之间的相关性，提出自适应相关算法。这些新方法的引入，旨在提高故障检测的准确性和实时性，以更好地保障液体火箭发动机的安全运行。

6.5.1 故障检测统计学基础

考虑一个 m 维的观测序列 $(X_t)_{t \geq 1}$，其结构由下式给出：

$$X_t = \theta_t + e_t \tag{6-22}$$

式中：θ_t 为测量参数的基准值；e_t 为与之相关的误差项，其特点在于具有零均值。在假设 θ_t 为已知，并且 e_t 遵循某个分布 D 的条件下，故障检测问题可以表述为如下形式：

$$\begin{cases} e_t \text{服从分布} D, & t<t_0(\text{正常}) \\ e_t \text{服从分布} \overline{D}, & t \geq t_0(\text{故障}) \end{cases} \tag{6-23}$$

要验证一个随机变量是否遵循特定的分布，通常需要利用足够大的样本量进行分布假设检验。然而，这类检验的算法往往较为复杂。特别是在发动机地面试车的场景中，由于需要监测的参数众多，采用分布假设检验会带来巨大的计算负担。尽管在 e_t 为独立正态分布的前提下，已经发展出诸如序贯概率比检验（SPRT）、广义似然比检验（GLR）、累积和算法（CSA）及基于 χ^2 的变种方法等多种技术来降低计算量，但这些方法的有效性都建立在测量误差满足独立性和正态分布的假设之上。在实际情况中，这些假设往往难以成立，因此需要借助其他手段，如模型和基于模型的残差生成技术，产生符合这些方法应用条件的观测序列。遗憾的是，目前尚缺乏能够满足实时性要求的液体火箭发动机模型，因此这些方法在当前的地面试车故障检测中并不适用。

另外，根据概率不等式，如切比雪夫不等式，我们知道具有有限期望和方差的随机变量的取值在一定概率下会落在其期望附近的某个区间内。基于这一原理，提出一种简化的故障检测方法，即通过判断测量参数是否落在某个预定区间 C 内来进行故障检测：

$$\begin{cases} e_t \in C, & t<t_0(\text{正常}) \\ e_t \notin C, & t \geq t_0(\text{故障}) \end{cases} \tag{6-24}$$

式中：C 为正常状态的取值区间。需要注意的是，当 e_t 的分布发生变化时，其取值仍有可能落在正常区间内，因此这种方法的故障检测能力可能不如基于分布假设检验的方法。但由于其计算简单性，这种方法在实际应用中仍然得到了广泛的采用。例如，在红线关机系统中，门限故障检测算法和 SAFD 算法都采用了这种检测模型。前者涉及的检测参数较少，并且正常区间 C 是固定不变的；而后者能够检测更多的参数，并且正常区间 C 具有一定的自适应调整能力。

6.5.2 基于自适应阈值的故障智能测试

阈值的设置对门限故障检测方法的敏感性和可靠性具有重要影响。目前，液体火箭发动机多为一次性使用，即使是进行不同台次的热试车，通常也不是同一台发动机。这一现象主要源于制造工艺等因素，同种型号但不同批次的发动机在性能上往往存在差异。例如，即便是部分可重复使用的发动机，如 SSME，因技术水平的限制，其易损部件在完成一次飞行任务后也常需进行拆卸、修理或更换。此外，因参数调整的差异，同一台发动机在不同试车中也可能表现出不同的性能。

在试车过程中，测量参数的值还可能受环境因素和测试系统本身的影响，导致其统计性质发生变化。这些因素使采用固定门限值的故障检测方法面临挑战。为了降低误检率，正常区间必须设置得相对宽泛，但这将不可避免地导致故障检测的延迟，进而降低对故障的敏感性，增加漏检的风险。

因此，在液体火箭发动机的地面试车中，自适应阈值故障检测算法显得尤为重要。这种算法可以根据实时数据动态调整阈值，使故障检测系统更加灵活和高效。通过自适应阈值设置，能够有效平衡误检率与漏检率，从而提升整体检测性能。这种方法不仅提升了故障检测的准确性，还有助于及时识别潜在问题，为发动机的安全运行提供更加可靠的保障。

1. 计算阈值的基本方法

设 x 为发动机稳态工作期间测量参数的测量值，它显然为一个随机变量。在正常情况下，其方差 $D(X)=\sigma^2<\infty$，数学期望 $E(X)=\mu<\infty$。由切比雪夫不等式，对任意 $n>0$，有

$$P(|x-\mu|\geq n\sigma)\leq \frac{1}{n^2} \tag{6-25}$$

由式（6-25）可知，对给定的误检概率 α，x 的最大和最小阈值由式（6-26）和式（6-27）给出，即

$$|x-\mu|\leq n\sigma \tag{6-26}$$

$$n=\frac{1}{\sqrt{a}} \tag{6-27}$$

即参数 X 的正常区间由式（6-28）描述：

$$[\mu-n\sigma,\mu+n\sigma] \tag{6-28}$$

由于式（6-25）对任意具有有限数学期望和有限方差的随机变量都成立，所以式（6-28）确定的正常区间为最大的正常区间，且是一个有限的区间。发动机试车测量值的样本是有限的，可将其延拓为具有有限均值和方差的某种分布。因此，总可以得到一个形如式（6-28）且小于由切比雪夫不等式确定的区间的正常区间，其带宽系数 n 由其本身的分布规律确定。

2. 自适应阈值计算方法

自适应阈值随测量参数的实际情况自动变化。具体地，在式（6-28）中，利用由参数测量值进行实时计算得到的测量值方差、均值和带宽系数，就能获得自适应阈值。由于对带宽系数进行计算，其前提是必须首先得到测量值的分布函数，而这在实时在线工作条件下，是相当困难的。因此，本节只考虑测量参数的方差和均值的自适应计算。

发动机在稳态工作过程中，测量参数的均值和方差分别用式（6-29）和式（6-30）估计，即

$$\overline{X}^N = \frac{1}{N}\sum_{i=1}^{N} X_i \tag{6-29}$$

$$\hat{s}^N = \frac{1}{N-1}\sum_{i=1}^{N}(X_i - \overline{X}^N)^2 \tag{6-30}$$

式中：X_i 为时刻 i 的测量值；$\overline{X}^N$、$\hat{s}^N$ 分别为测量参数均值和方差在时刻 N 的估计值。

显然，这两个计算式都需要利用当前时刻以前所有的测量数据，不但随时间的推移需要大量的计算机存储空间，而且每次都要对所有采样时刻的数据进行重复计算，计算量非常大，无法满足算法在线估计均值和方差的实时性要求。如果采用两者的递推估计公式，即

$$\overline{X}^{N+1} = \overline{X}^N + \frac{X^{N+1} - \overline{X}^N}{N+1} \tag{6-31}$$

$$\hat{s}^{N+1} = \frac{N-1}{N}\hat{s}^N + \frac{(X^{N+1} - \overline{X}^N)^2}{N+1} \tag{6-32}$$

则只要利用当前测量数据和前一时刻的估计值，就可以求得当前时刻的均值和方差，不需要很多存储空间，计算量也可大大减少。

将式（6-31）和式（6-32）代入式（6-28），便可以得到自适应参数阈值。由此得到为时刻测量参数 X 的正常区间为

$$M^N : [\overline{X}^N - n\hat{s}^N, \overline{X}^N + n\hat{s}^N] \tag{6-33}$$

对于不同台次、不同工况的发动机试车而言，发动机的测量参数 X 不可能完全相同，一定会存在变化波动。因此，阈值不能根据某一次试车而固定，那样会造成很高的误报警率。因此，在式（6-33）中引入综合系数 c_i，降低发动机的这种非线性行为引起的误报警率，那么 t_N 时刻测量参数 X 的正常区间为

$$M^N : [\overline{X}^N - n\hat{s}^N - c_i/2, \overline{X}^N + n\hat{s}^N + c_i/2] \tag{6-34}$$

3. 带宽系数的训练

在式（6-28）中，除测量参数的均值和方差外，带宽系数也是确定阈值的重要因素。当已知参数测量值的统计分布规律时，带宽系数的取值可由测量值统计分布的分位数来计算。对某低温推进剂液体火箭发动机地面试车测量数据进行了大量统计与分析，结果表明，在发动机稳态工作期间，大部分测量数据服从正态分布。但是，由于受各种内外干扰因素影响，测量数据中存在较多的数据野点，使不同的测量参数及不同试车的相同测量参数，其测量值的统计分布存在较大的差别。大量的数据野点会使参数分布偏离正态，变成每次试车都有差别的未知分布。因此，不能简单地根据正态分布假设来设置参数的带宽系数，也难以在理论上根据未知的参数分布来设置其值。有时不同参数的野点会同时出现，带宽系数设置不当，很容易使多个参数超出正常区间，从而出现故障误检测。

为此，设计了一种快速有效地确定带宽系数的训练算法。其思想是首先根据正态分布的 99.73% 置信区间，将带宽系数设定为 3，即 $n=3$。然后用正常试车数据对算法进行训练，如果出现故障误检测，则参数依据超出阈值次数的多少及参数超出阈值的大小对参数的带宽系数进行调整。其中，超出阈值次数最多和次数最少的参数，其带宽系数调整量小，超出阈值次数处在中间的参数，其调整量大。具体的训练算法如下。

（1）记录在某一阶段各个参数超出其阈值的次数 M_i，并找出 M_{max}。

(2) 计算超出阈值参数的规范化偏差值的平均值，即

$$f_{ji} = \frac{1}{M_i} \sum_{k=1}^{M_i} \frac{|P_{k,ji} - P_{ji}|}{S_{ji}} \tag{6-35}$$

式中：j 为算法的三个阶段，$j=1,2,3$；i 为第 i 个被检测参数；P_{ji} 和 S_{ji} 分别为各阶段参数测量值的平均值与标准偏差；$P_{k,ji}$ 为超出门限的参数滑动平均值。

(3) 如果在此阶段出现异常报警，则按式（6-35）调整各带宽系数，即

$$n_{ji} = n_{ji}^0 + \frac{1}{2} F\left(\frac{M_i}{M_{\max}}\right)(f_{ji} - n_{ji}^0) \tag{6-36}$$

式中：n_{ji} 为调整后的带宽系数；n_{ji}^0 为调整前的带宽系数；函数 $F(\cdot)$ 用于根据参数超出阈值的次数控制参数调整量的相对大小。否则转步骤（3）。

(4) 重启算法进行这一阶段的训练，重复步骤（1）、（2）、（3）直到不出现误检测。

(5) 如果有很大的带宽系数，将之适当减小，转步骤（3）；否则进行下一阶段的训练。

训练完毕，就可得到对各次用于训练的正常试车不出现误检测的带宽系数值。由此算法得到的带宽系数并不是最优的，甚至由于只用训练试车数据进行检验，还有可能偏小。因此，在对液体火箭发动机进行故障检测时，通常不直接使用该算法训练得到的带宽系数。

根据式（6-36）的实际计算结果发现，对于试车期间比较平稳的测量参数，随着试车时间的推移，测量参数的方差会不断减小。因此，如果将短时间试车得到的带宽系数用于长时间试车的故障检测，则会出现误报警；反之，则会出现漏报警。一般来讲，发动机地面试车时间是事先设定的，在试车期间不会改变。因此，在实际应用中，本节根据发动机试车时间长短的不同对带宽系数分别进行训练。策略如下：根据历史试车数据库中发动机试车时间长短将数据进行分组，假设有 k 组，分别用这 k 组数据使用上述算法对带宽系数进行训练，得到 k 组带宽系数 $n_1, n_2, \cdots, n_k$，在每次地面试车前，根据预定的试车时间，选择相应的带宽系数。

4. 综合系数的确定

综合系数 c_i 反映的是不同台次、不同工况发动机试车之间同一参数的非线性差别。采用如下方法对综合系数 c_i 进行训练，即取 k 组试车时间相同的发动机数据，分别计算该参数稳态运行期间一段数据的均值 $l_1, l_2, \cdots, l_h$，则

$$c_i = \max(l_1, l_2, \cdots, l_h) - \min(l_1, l_2, \cdots, l_h) \tag{6-37}$$

采用这种方法得到的阈值，对于新的试车数据适用性较好，在实时在线检测情况下能够有效避免算法出现误报警。

5. 故障数据对阈值影响的消除

在对某型液体火箭发动机历史试车数据进行分析时发现，自适应阈值故障检测算法若不剔除故障数据（包括单路传感器异常数据）的影响，则将会导致算法的检测阈值自适应地随故障数据变化而变化的现象。为避免出现这种现象，采用如下策略消除故障数据对阈值的影响。

设 t_N 时刻参数尤的均值和方差分别为 $\bar{x}^N$ 和 $\bar{s}^N$，根据式（6-34）计算的自适应阈值区间

为 M^N。如果此时参数的实时值落在 M^N 之内，则分别根据式（6-31）和式（6-32）对 t_N 时刻的均值和方差进行更新，再对自适应阈值区间进行更新；如果此时的参数实时值落在 M^N 之外，则 t_N 时刻参数的均值和方差分别取为 $\bar{x}^N = \bar{x}^{N-1}$，$\bar{s}^N = \bar{s}^{N-1}$，即不根据式（6-31）和式（6-32）对均值和方差进行更新，从而也不对自适应阈值区间进行更新。

6. 算法的故障检测过程

因检测算法在发动机启动过程或其他瞬变过程结束时刻才开始工作，此时尚无足够的稳态过程测量数据，无法求得参数均值和方差；同时，均值和方差的估计对样本容量也有一定的要求，这都使检测算法不能从一开始就采用递推方法来估计阈值。因此，在计算参数阈值时，分三个阶段进行。

算法开始的最初 Δt_1 为第一阶段，采用从不同台次发动机正常试车数据统计所得到的瞬变过程结束时刻的参数均值和方差来计算阈值；接下来的 Δt_2 为第二阶段，采用的方差与第一阶段相同，均值则采用由第一阶段实时估计的参数均值；最后的 Δt_3 为第三阶段，持续到一个稳态过程或检测算法的结束时刻，采用由递推计算得到的参数均值和方差。

设发动机的试车时间为 t。在发动机启动完成进入稳态阶段之后的前 Δt_1（如 3~5s）内，因为启动过程刚刚结束，各个参数还不够稳定，因此使用固定阈值算法检测发动机故障。此时的初始阈值是通过发动机历史试车数据训练得到的，采用不同台次（具有相同试车时间）发动机正常试车数据进入稳态阶段某时刻（如 4s）的均值和方差。

在接下来的 Δt_2（如 5~10s）内，如果没有检测到参数异常，采用的方差与第一阶段相同，均值则根据式（6-31）自适应地更新，再根据式（6-35）自适应地更新阈值。否则，不对信号的均值及其阈值进行更新。这一阶段内不对参数的方差进行自适应更新，其原因是这段时间内发动机的数据还不够稳定，方差的变化较大，不便在发动机故障检测中使用。

之后的 Δt_3（10~ts），若没有检测到参数异常，则继续对均值进行自适应更新，同时根据式（6-32）对参数的方差进行自适应更新，然后根据式（6-34）自适应更新阈值。否则，不对信号的均值、方差及阈值进行更新。

7. 故障检测逻辑

在计算出各参数的阈值以后，检测算法分两个层次检测发动机的故障。第一层次是参数的门限检测，即检测各个参数测量值是否在各自的正常区间之内。为了减小测量噪声和随机干扰的影响，用参数测量值的滑动平均值来进行门限检测。第二层次是发动机的故障检测，采用两个检验准则并综合所有参数在一段时间内的状况来进行。一是多参数检验准则，只有当同时出现多个不在正常区间内的参数时才认为系统可能出现异常情况；二是持续性检验准则，只有连续出现多次可能的异常情况才判断系统出现了故障。

多参数检验准则的参数个数、持续性检验准则的持续次数对算法的性能影响较大。取值过大，容易出现漏检测或检测时间延迟；反之，则极易出现误检测。它们的取值在仔细分析发动机故障模式和测量参数的分布规律基础上才能具体确定。

6.5.3 基于自适应相关的故障智能测试

尽管 ATA 算法能够处理多个参数以进行故障检测，但其在检测过程中仍将各参数孤立处理，简单依赖多参数检验准则来整合多个传感器的信息。这一方法需要为每个参数单独确定阈值及多参数检验准则中参数的数量等多个算法控制参数。这种独立处理的方式在一定程度上忽视了测量参数之间的内在关系。实际上，液体火箭发动机的各测量参数在物理上是相互关联的，统计分析也表明这些参数之间存在一定的相关性。然而，ATA 算法并未有效考虑这一点，导致其在故障检测中的局限性。

为了解决这些不足，本节将引入 Mahalanobis 距离，作为一种综合多参数信息的工具，并利用其作为故障检测的综合指标。Mahalanobis 距离能够考虑不同参数之间的相关性，从而提供一个更加全面的故障检测视角。通过这种方法，本书提出一种自适应相关故障检测算法。

1. 算法的提出

在正常情况下，发动机试车中所测参数向量的测量值 X 一般为 m 维正态分布随机向量，其均值为 M，协方差为 $C = \mathrm{Cov}(X)$，概率密度函数为

$$f(X) = \frac{1}{\sqrt{(2\pi)^m |C|}} e^{-\frac{1}{2}(X-M)^{\mathrm{T}} C^{-1}(X-M)} \tag{6-38}$$

X 在正常情况下的 Mahalanobis 距离 d 可由式 (6-39) 计算得出，即

$$d^2 = (X-M)^{\mathrm{T}} C^{-1}(X-M) \tag{6-39}$$

当 C 等于单位矩阵 I 时，d 化为 Euclidean 距离。由式 (6-38) 可知，与均值距离相等的点处于概率密度函数的等高面之上。

d^2 可以用于度量发动机试车中大量测量数据偏离正常均值的程度。在正常情况下，d^2 应小于某个阈值，此阈值决定了测量参数向量的正常区间。d^2 超出此阈值就偏离了正常区间，可以认为发动机出现了故障。这就是本节所提故障检测算法的基本原理。此算法考虑了测量参数之间的相关关系，将各个监测参数的状况综合成为一个指标，可以避免分别确定每个测量参数的阈值和多参数检验准则中测量参数个数的困难出现。

Mahalanobis 距离的计算并不要求测量参数服从正态分布，而只要求其存在二阶矩，在 3.2 节中已指出，这一般是可以满足的。因此，对于非正态分布的情况，仍然可以采用这种算法。

2. d^2 的自适应计算

实际中，只能利用测量参数向量均值和协方差矩阵的估计值来计算 d^2。因为历史试车数据表明，同类或同型号发动机在稳态过程正常工作时，试车数据一般具有平稳、各态遍历性，所以实际应用中，均值和协方差等都采用在时间轴上的估计值，即

$$\overline{X}^N = \frac{1}{N} \sum_{i=1}^{N} X_i \tag{6-40}$$

$$\hat{C}^N = \frac{1}{N-1} \sum_{i=1}^{N} (X_i - \overline{X}^N)(X_i - \overline{X}^N)^{\mathrm{T}} \tag{6-41}$$

式中：X_i 为参数向量的第 i 次采样测量值；$\overline{X}^N$ 和 $\hat{C}^N$ 分别为均值和协方差的估计值。

这种利用所有测量数据的一次估计公式，随时间推移不但需要大量的存储空间，而且每次都要对所有采样时刻的数据进行重复计算，计算量非常大，无法满足算法在线估计向量均值和协方差矩阵的实时性要求。为此，推导出多维随机变量向量均值和协方差矩阵的递推估计公式，即

$$\overline{X}_{N+1} = \frac{1}{N+1}\sum_{i=1}^{N+1} X_i = \frac{1}{N+1}\left(\sum_{i=1}^{N} X_i + X_{N+1}\right) \tag{6-42}$$

$$= \frac{1}{N+1}(N\overline{X}^N + X_{N+1}) = \overline{X}^N + \frac{1}{N+1}(X_{N+1} - \overline{X}^N)$$

$$\hat{C}^{N+1} = \frac{1}{(N+1)-1}\sum_{i=1}^{N}(X_i - \overline{X}_{N+1})(X_i - \overline{X}_{N+1})^{\mathrm{T}} \tag{6-43}$$

$$= \frac{N}{N+1}\hat{C}^N + \frac{1}{N+1}(X_{N+1} - \overline{X}^N)(X_{N+1} - \overline{X}^N)^{\mathrm{T}}$$

式中：$\hat{C}^N$ 的初值（$N=l$）可取为维数为 m 的任意方阵。利用递推估计公式，每次采样后只需利用当前采样的数据对估计值进行一次更新，不需要很多存储空间，计算量也显著减小。

但是，在计算 Mahalanobis 距离时，需要的是协方差矩阵的逆而不是协方差矩阵本身。如果每次先用式（6-43）求协方差矩阵然后再求其逆，总共需要进行 $n^2+n+n^2(n-1)/2$ 次乘法运算（考虑了协方差矩阵的正定对称性），而计算 d^2 值时又另需 $n(n+1)$ 次乘法运算，如此，对于实时计算而言，测量参数较多时计算量仍然很大。因此，推导出协方差矩阵逆的递推公式，即

$$\hat{C}_N^{-1} = a\left(\hat{C}_N^{-1} + \frac{Y_{N+1}Y_{N+1}^{\mathrm{T}}}{b + d_{N+1}^2}\right) \tag{6-44}$$

式中：$Y_{N+1} = \hat{C}_N^{-1}(X_{N+1} - \overline{X}^N)$；$\hat{C}_N^{-1}$ 为协方差矩阵逆的第 N 次递推估计值；$a = N/(N-1)$；$b = (N^2-1)/N$；$d_{N+1}^2 = (X_{N+1} - \overline{X}^N)^{\mathrm{T}} Y_{N+1}$。

利用协方差逆矩阵的递推估计公式，并考虑协方差矩阵的对称性，可将计算协方差矩阵逆的乘法次数减少到 $2n(n+1)$ 次。同时，在递推过程中，所计算的 d_{N+1}^2 就是当前测量数据相对前一次估计的向量均值的 Mahalanobis 距离的平方。因此，不需要另外计算 d^2 的值。

利用式（6-44）计算协方差矩阵的逆，开始时应该给出协方差矩阵逆的初值。具体有以下几种设置初值的方法。

（1）首先利用式（6-43）计算协方差矩阵，至少经过 m 步以后，计算其逆作为初值，然后转而由式（6-44）计算。

（2）首先不考虑参数的相关性，利用式（6-32）计算各个参数的方差估计值，若干步后，求它们组成对角矩阵的逆并将其作为协方差矩阵的初值。

（3）将由历史数据统计分析得出的协方差矩阵的逆，作为协方差矩阵逆的初值。

3. d^2 的分解及修正

Mahalanobis 距离有时会夸大变化微小的变量对 d^2 的贡献，而且它反映所有测量参数偏离正常值的综合信息，个别测量参数的异常，有时也可能造成很大的 d^2 值，这使检测算法对个别参数出现大的测量误差非常敏感，一两个参数的单独变化就可能使检测算法作出发动机发生故障的判断。如果直接利用 d^2 进行检测，就会出现故障的误检测。为了提高检测算法的鲁棒性，对 d^2 值进行修正以减少个别参数的测量野点对检测算法的影响。其思想类似于各类竞赛中"去掉最高、最低分"的原则。

对 d^2 值进行如下分解：

$$d^2 = \sum_{j=1}^{n}\sum_{i=1}^{n} c_{ij}z_iz_j = \sum_{i=1}^{n} m_i \tag{6-45}$$

式中：$m_i = \sum_{j=1}^{n} c_{ij}z_iz_j$；$y_i$ 为 Y 的第 i 个元素；z_i 为第 i 个测量参数与其均值的差；c_{ij} 为 $\hat{C}_N^{-1}$ 的元素。如果令

$$z_j = 0, \quad j = 1, 2, \cdots, m; j \neq i \tag{6-46}$$

则

$$d^2 = a_i = 2m_i - z^2 c_{ij} \tag{6-47}$$

式中：a_i 为只考虑参数 i 发生变化时的 d^2 值。可见，a_i 近似反映了测量参数 i 对 d^2 的贡献，每次计算 d^2 值时都对其进行分解，并找出其中 a_i 数值最大的两个分量，从 d^2 中去除它们的贡献，就得到修正的 d^2 值。假设参数 k、l 对 d^2 贡献最大，则 d^2 的修正公式为

$$d_m^2 = d^2 - a_l - a_k + 2c_{ij}z_lz_k \tag{6-48}$$

这样就得到一个 d^2 的修正值 d_m^2，用它作为故障检测算法的综合判断指标。d_m^2 的阈值因测量参数向量 X 服从 m 维正态分布，在已知均值 $\bar{x}$ 和方差 $\hat{s}$ 时，d_m^2 服从自由度为 m 的 χ^2 分布 $\chi^2(m)$。因此，对于给定的误检概率 α，d_m^2 的阈值为 $\chi^2(m)$ 的上 $(1-\alpha) \times 100\%$ 分位数，即

$$d_{thr}^2 = x_{1-\alpha}^2(m) \tag{6-49}$$

实际中，均值 $\bar{x}$ 和方差 $\hat{s}$ 都是未知的，只能利用由测量参数样本得到的估计值来计算 d_m^2。此时，统计量服从 $F(m, N-m)$ 分布，即

$$F = \frac{N-m}{m(N-1)} d_m^2 \tag{6-50}$$

式中：N 为用于估计测量参数向量均值和协方差矩阵的样本容量。因此，d_m^2 的阈值为

$$d_{thr}^2 = \frac{m(N-1)}{N-m} F_{1-\alpha}(m, N-m) \tag{6-51}$$

式中：$F_{1-\alpha}(m, N-m)$ 为 $F(m, N-m)$ 的上 $(1-\alpha) \times 100\%$ 分位数。

由式 (6-51) 可见，d_m^2 的阈值随 N 而变化。这也提供了一种检测阈值自适应变化的机制。

当采用 d_m^2 进行故障检测时，去除贡献最大的两个变量相当于在计算 d^2 时令这两个变量与均值的差为零。这使统计量 F 的自由度减少了 2 个。因此，在采用式 (6-51) 计算阈值时，应减去 2。

对实际试车数据的计算表明，在信号比较平稳、测量野点比较少时，大部分 d^2 值小于理论阈值。然而，试车数据经常被一些较强的冲击型噪声污染，有些参数达到稳态的时间比较长。在试车过程中发动机也可能存在一些小的状态变化，但又没有达到发生故障的程度。这些因素都使测量数据不完全符合正态分布，也不具备完全的平稳性。因此，由理论确定的阈值往往偏小，阈值最终还是应该由历史的试车数据来确定。尽管如此，由于 ACA 算法只需要确定 d_m^2 的阈值这一个参数，较 ATA 算法需确定的控制参数个数少得多，因此更便于实际应用。

4. 算法的故障检测过程

当发动机经过一个瞬变过程达到稳态状态后，检测算法开始启动。算法分三个阶段进

行。第一、二阶段的故障检测算法仍与 ATA 算法相同，第三阶段采用 d_m^2 进行故障检测，当其持续多次超出阈值时，就判定发动机出现故障。从算法开始时刻起，就开始计算各参数的方差，经过至少 m 次迭代计算后，求由参数方差组成的对角矩阵的逆并将其作为初值，不断对 $\hat{C}_N^{-1}$ 进行递推估计。在递推估计过程中，舍弃 d_m^2 超过一定阈值的测量点，以防止算法将野点或故障时的参数为正常参数更新均值和协方差矩阵的逆，并保证算法对故障的敏感性。执行上述过程的故障检测算法，称为 ACA 算法。

6.6 基于神经网络的发动机故障智能测试方法

随着现代科学技术的迅猛发展，技术系统的规模和复杂性不断增加，系统与设备的安全性与可靠性问题日益凸显。为此，构建一套综合监控、预测、容错和维修的机制，贯穿系统全寿命周期，已成为防止故障发生和发展的重要目标。基础科学，如物理学和数学的进步，以及控制理论和信息科学的持续发展，为故障检测与诊断提供了多种技术手段，成为这一领域快速发展的重要支撑。因此，系统故障检测与诊断技术正在朝着更加综合、集成、智能、可视和无线的方向发展。

在这一背景下，人工神经网络（ANN）作为近三十年来迅速崛起的重要技术，受到了广泛关注。它在语音识别、图像识别、非线性辨识、自适应控制和组合优化等领域已取得显著成果。与传统的模式识别和专家系统方法相比，人工神经网络模拟人脑的思维方式，具备良好的联想、记忆能力及强大的数据处理能力。因此，ANN 在故障检测与诊断的实时性、及时性、鲁棒性，以及对新型故障的自适应和学习能力等方面表现出了优异的性能。目前，人工神经网络已经在核电站、石油化工、机电设备、控制系统和航空发动机等多个领域得到了广泛应用，涵盖故障检测、故障模式识别、故障控制及数据处理与传感器数据验证等多个方面。

本章首先简要介绍人工神经网络的基本特性和工作原理，重点讨论反向传播（BP）和径向基函数（RBF）两种主要算法，探讨基于人工神经网络的发动机启动与稳态工作过程模型的辨识问题，包括输入输出模式的选择、网络结构的设计、训练样本的选取和训练函数的确定等。其次依据人工神经网络的故障检测逻辑，设计并实现液体火箭发动机的基于神经网络的故障检测算法，并利用历史试车数据对该算法进行了验证和评估。通过这种研究，期望为提升液体火箭发动机的故障检测与诊断能力提供有力支持。

6.6.1 神经网络理论基础

1. 神经网络简介

人工神经网络（ANN）是由大量互相连接的处理单元（神经元）组成的系统，旨在模拟人脑的基本特性。尽管基于神经科学的研究构建了这一模型，实际的人工神经网络也仍未完全复现大脑的功能，而是对生物神经网络进行了一定的抽象和简化。信息处理的过程通过神经元之间的相互作用实现，知识和信息则以分布式的方式存储在网络的连接中。神经网络的学习与识别能力依赖各个神经元之间连接权重的动态演化。

（1）神经网络的基本特性。人工神经网络具有几个显著特性，包括非线性、非局域性、非定常性和非凸性。这些特性使神经网络能够处理复杂的模式识别和分类任务，从而在各种应用中展现出强大的适应能力。

（2）神经网络的连接模式。一旦确定神经网络的模型，其性能和能力主要取决于网络的拓扑结构和学习方法。常见的连接模式包括前向网络、反馈前向网络、层内互连前向网络和互联网络等。不同的连接模式适用于不同类型的任务，影响网络的信息处理效率和结果的准确性。

（3）神经网络的学习方式。神经网络通过与环境的互动来获取知识并改进自身性能，这是其核心特征之一。在一般情况下，网络性能的提升是通过调节自身参数（如权重）以实现某种预定度量的过程。神经网络的学习方式主要分为三类：监督学习、非监督学习和强化学习。监督学习依赖已有的标注数据进行训练；非监督学习则通过发现数据的内在结构进行学习；而强化学习通过与环境的交互获得反馈，从而逐步优化决策策略。

2. BP 网络

反向传播（BP）网络源于 BP 算法的开发，该算法是一种监督式学习方法，属于 δ 算法。BP 算法的核心思想是通过对网络输出与目标输出之间的误差进行分析，调整网络权重，以实现模型的学习。给定 q 个输入样本 $p^1, p^2, \cdots, p^q$ 及其对应的输出样本 $T^1, T^2, \cdots, T^q$，学习的目标是使网络实际输出 $A^1, A^2, \cdots, A^q$ 尽可能接近期望的输出 $T^1, T^2, \cdots, T^q$，从而最小化输出层的误差平方和。

这一过程通过对误差函数的梯度下降法不断调整权重和偏差来实现。每次权重和偏差的更新均与当前网络误差的大小成正比，并通过反向传播机制将这一信息传递到网络的每一层。

BP 算法主要由两个阶段构成：正向传播和反向传播。在正向传播过程中，输入信息从输入层经过隐层逐步传递至输出层，每一层神经元的输出作为下一层神经元的输入。如果输出层未能产生预期的输出，则计算输出层的误差，并进入反向传播阶段，通过网络反向传递误差信号，调整各层神经元的权重，直到满足预期目标。图 6-18 展示了典型的 BP 网络结构。

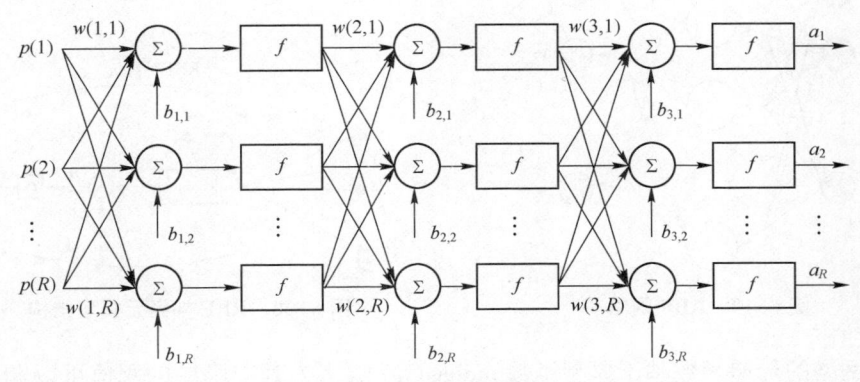

图 6-18　BP 网络结构

在图 6-18 中，神经元的传递函数 f 可采用以下几种形式。

（1）purelin 函数。该线性函数仅对神经元的输入进行阈值调整，输出保持线性。其

计算公式为
$$out = in \quad (6-52)$$
式中：in 为传递函数的输入；out 为传递函数的输出。

（2）tansig 函数。双曲正切 S 型函数（tansig）用于将神经元输入从 $(-\infty,+\infty)$ 映射到 $(-1,+1)$。其计算公式为
$$out = 2/(1+\exp(-2 \cdot in)) - 1 \quad (6-53)$$

（3）logsig 函数。对数 S 型函数（logsig）将神经元输入从 $(-\infty,+\infty)$ 映射到 $(0,+1)$。其计算公式为
$$out = 1/(1+\exp(-in)) \quad (6-54)$$

3. RBF 网络

RBF（径向基函数）网络，一种具有三层结构的神经网络，其独特构造如图 6-19 所示。在 RBF 网络中，输入层节点负责将信号直接传递至隐层，而隐层节点通过类似于高斯函数的辐射状作用函数来处理这些信号。最终，输出层节点利用简单的线性函数来生成网络的最终输出。

值得注意的是，隐层节点中的基函数对输入信号具有局部响应特性。具体而言，当输入信号接近基函数的中心区域时，隐层节点会产生显著的输出响应。这种特性赋予了 RBF 网络出色的局部逼近能力，使其成为一种高效的局部感知场网络。

RBF 网络及其神经元模型结构如图 6-19 及图 6-20 所示，其传递函数 radbas 以权值向量和阈值向量之间的距离 $\|dist\|$ 作为自变量。这里，$\|dist\|$ 是通过计算输入向量与加权矩阵行向量的乘积而得到的。当输入自变量为 0 时，传递函数达到最大值 1，并且随着权值与输入向量之间距离的减小，网络输出呈现递增趋势。因此，RBF 神经元可以视作一种探测器，当输入向量与加权向量相匹配时，神经元输出为 1。

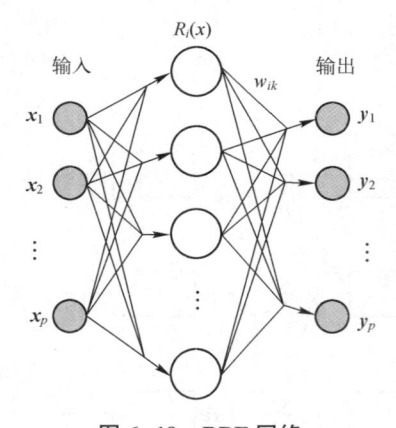

图 6-19　RBF 网络

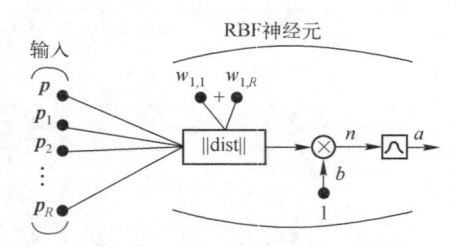

图 6-20　RBF 神经元模型结构

RBF 网络的传递函数基于原型函数 $radbas(n) = e^{-n^2}$，其中隐层的阈值可以调节函数的灵敏度。然而，在实际应用中，我们更常使用另一个参数 spread（扩展常数）来控制网络的响应特性。在 MATLAB 神经网络工具箱中，b_1 和 spread 之间的关系为 $b_1 = \text{sprt}(-\log(0.5))/\text{spread}$，以确保网络性能的优化。具体而言，spread 值反映了输出对输入的响应宽度：spread 值越大，隐层神经元对输入向量的响应范围越广，同时神经元间的平滑度也得

到提升。

RBF 网络的训练过程包括两个关键步骤：首先是无监督学习阶段，该阶段主要确定输入层与隐层之间的权值 w_1；其次是有监督学习阶段，此阶段负责确定隐层与输出层之间的权值 w_2。在开始训练之前，需要提供输入向量 X、对应的目标向量 T 及 RBF 网络的扩展常数 spread。训练的目标是求出两层的最终权值 w_1、w_2 及阈值 b_1、b_2（当隐层单元数等于输入向量维数时，通常取 $b_2=0$），从而确保网络能够准确地映射输入与输出之间的关系。

6.6.2 稳态工作过程的辨识模型

在液体火箭发动机的稳态工作过程中，应用神经网络进行辨识的步骤如下。

1. 输入输出模式的确定

考虑到神经网络算法的特性及试车条件等多个因素，输入向量选择了 9 个关键参数，包括氧涡轮入口压力（p_{owy}）、氢涡轮出口压力（p_{ewr}）、氧涡轮隔离腔压力（p_g）、发生器氢喷前压力（p_{ft}）、发生器氧喷前压力（p_{ty}）、推力室氧喷前压力（p_y）、氢冷却套出口压力（p_{el}）、氢泵前阀门入口温度（T_{ohr}）和氧泵前阀门入口温度（T_{ohy}）。输出向量则由六个参数组成，分别为燃气发生器压力（p_f）、推力室压力（p_k）、氧泵出口压力（p_{ey}）、氢泵出口压力（p_{er}）、氢泵后温度（T_{er}）和氧泵后温度（T_{ey}）。这些参数共同构建了稳态工作过程神经网络辨识模型的输入输出模式。

2. 训练样本的选取

由于训练样本对网络性能至关重要，因此需选取信息丰富的试车数据作为训练样本。经过对历史试车数据的分析，选择某次试车的 2~26s 的 1000 组数据作为训练样本，以进行发动机稳态工作过程的模型辨识。在模型中，输入节点设置为 9 个，输出节点为 6 个，隐层节点的数量将根据训练结果进行调整。

3. 采用动量及自适应法的稳态过程 BP 网络辨识模型

对于发动机稳态工作过程的模型辨识，采用单隐层的三层 BP 网络结构，该结构能够有效实现大部分非线性映射。由于输入向量为 9 维，输入层设置为 9 个神经元，而输出层为 6 个神经元。隐层神经元的数量会根据训练和测试中的误差情况进行动态调整。隐层和输出层的激活函数分别选用 tansig 和 purelin，训练步数设定为 1000 步，直至达到预设的误差精度（goal = 1×10^{-6}）或达到最大训练步数为止。训练函数采用动量及自适应的梯度递减算法（traingdx）以增强模型的训练效果。

4. 稳态过程的 RBF 网络辨识模型

在使用 RBF 网络进行发动机稳态过程的模型辨识时，训练目标设定为 goal = 0.03，训练过程的显示频率为 $df=1$。网络建立函数采用 newrb，隐层神经元的数量会根据训练情况进行调整。RBF 网络的扩展常数（spread）对网络性能影响显著，扩展常数越大，模型的拟合越平滑。然而，过大的扩展常数会导致需要更多神经元来适应训练函数的快速变化；反之，设定过小则可能需要更多神经元来应对训练函数的缓慢变化，影响网络性能。根据训练情况，将扩展常数设置为 1 时，效果表现较好。

6.6.3 启动过程的辨识模型

液体火箭发动机的启动过程是一个复杂的非线性时变随机过程，涉及从挤压充填到强迫充填的转变。这一过程的复杂性主要源于启动器和阀门开启的非线性动态特性，以及启动器和燃气发生器交叠工作阶段的非线性特征。为此，采用神经网络进行液体火箭发动机启动过程的辨识，旨在构建基于神经网络的非线性辨识模型。

1. 输入输出模式的确定

在液体火箭发动机的启动工作过程中，选择了 12 个参数构成输入向量，这些参数包括氧涡轮入口压力（p_{owy}）、氢涡轮出口压力（p_{ewr}）、氢涡轮入口压力（p_{owr}）、推力室压力（p_k）、发生器氢喷前压力（p_{fr}）、发生器氧喷前压力（p_{fy}）、推力室氧喷前压力（p_y）、氢冷却套出口压力（p_{el}）、氧泵出口压力（p_{ey}）、氢泵出口压力（p_{er}）、液氢流量（G_r）和液氧流量（G_y）。输出向量由 6 个参数组成，包括燃气发生器压力（p_f）、推力室压力（p_k）、氧泵出口压力（p_{ey}）、氢泵出口压力（p_{er}）、氧泵转速（N_{wy}）和氢泵转速（N_{wr}）。这些参数共同构成了液体火箭发动机启动过程神经网络辨识模型的输入输出模式。

2. 训练样本的选取

训练样本的质量对神经网络的性能至关重要，因此需要选择信息丰富的试车数据。由于启动过程的持续时间较短且采样频率有限，单次试车数据较为稀缺。为提升网络的训练效果与推广性能，选取了两次试车启动过程中的各 200 组数据作为训练样本，同时从另外一次试车中抽取 200 组数据作为测试样本，其余历史试车数据则用于验证启动过程神经网络辨识模型的有效性。

3. 基于动量及自适应法的启动过程 BP 网络辨识模型

在构建神经网络模型时，由于输入向量为 12 维，输入层设置为 12 个神经元，而输出层由 6 个神经元组成。隐层的神经元数量根据训练和测试的误差情况进行动态调整，最终确定。隐层和输出层的激活函数分别采用 tansig 和 purelin。训练过程中，设定的训练步数为 1000 步，直至模型训练效果达到预期的误差精度（goal = 1×10^{-3}）或达到最大训练步数为止。训练函数选用动量及自适应的梯度递减训练算法（traingdx），以缩短模型的收敛速度、提升其性能。通过这些方法，旨在实现液体火箭发动机启动过程的高效辨识。

6.6.4 基于神经网络的传感器失效检测与数据恢复

发动机控制和故障诊断系统都必须采用、分析和处理传感器测量数据，这就要求传感器的测量值必须具有真实性。其真实程度越高，越有利于发动机控制和故障诊断，如果有些传感器失效，则应及时将其检测出来，并将其所测的一些关键参数的真实值估算出来，再传送给诊断、控制系统。本节介绍一个失效检测和数据恢复一体化的方法，该方法科研检测多个传感器失效，并且能比较准确地恢复数据。

1. 输入参数的选择

以某变推力液体火箭发动机为例，该发动机试车时用传感器测量的参数共有八个，我们选取其中六个，即燃烧室室压 p_c、氧化剂活门出口压力 $P_{ov,o}$、推力 F、氧化剂流量 $\dot{m}_o$、燃料流量 $\dot{m}_f$ 及控制氧化剂、燃料活门开度从而调节 $\dot{m}_o$ 和 $\dot{m}_f$ 的控制电压 V_o，归一化后作为网络的输入，这六个参数间有着较为密切的联系，例如，$F = (\dot{m}_o + \dot{m}_f) I_{sp}$，而比冲 I_{sp} 又与室压 P_c、混合比 $K = \dot{m}_o / \dot{m}_f$ 有关，等等。另外，隐层节点取为 12 个，输出层节点取为 6 个，分别与输入节点相对应。

2. 网络的训练

我们取一次试车过程中第 6~9.6s（发动机推力由 26kg 变为 50kg）的 45 组数据作为训练模式，并且对其中几组有脉动的数据进行了光滑性处理，如果不进行光滑性处理，则经过训练后网络的误差仍较大。这样，神经网络对这 45 个模式进行 200 次学习后（采用 BP 算法），网络的平均误差：

$$\text{AEPN} = \sum_{p=1}^{NP} \sum_{j=1}^{NO} (\text{target}[p][j] - \text{output}[p][j])^2 / (NP \times NO) \qquad (6-55)$$

式中：NP 为模式数，等于 45；NO 为输出层节点数，等于 6）为 0.000154，网络的最大百分误差 α 约为 6%。

3. 失效检测与数据恢复

由于网络存在误差，当传感器没有失效时，我们将程序设计成所测量参数的输出值仍为传感器所反映的值，而不是网络的输出值，只有当传感器失效时其所测参数值才由网络的输出值来代替。由于输入参量只有 6 个，故我们假定只有一个传感器失效，而其余的均有效，我们分别对如下三种假定的失效情况进行了测试，由于只有一次试车数据，下面假设的三种失效情况均只是把训练模式中的一个参数变为不正常，而其他参数均不变，形成测试模式。

（1）假定在 $t=10$ 时刻起，V_a 变为正常值的 90%，其余参数均为正常值。检测门限值取为 10%，检测结果如图 6-21 所示。

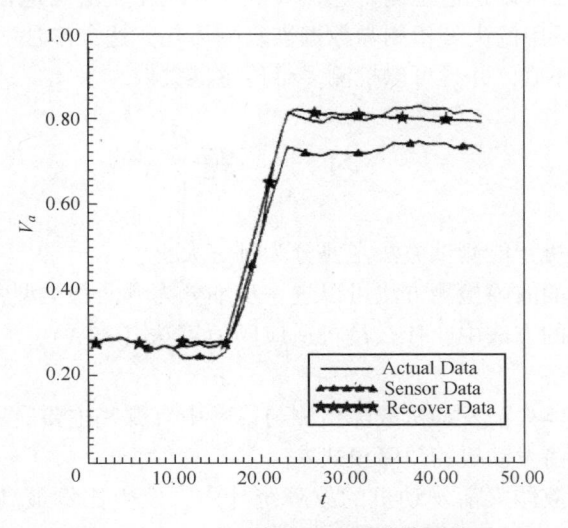

图 6-21　V_a 为正常值 90% 时的检测结果

（2）假定 $t=23$ 时刻起，p_a 线性递减失效，其余的参数均为正常值。检测的门限值取为 10%，计算结果如图 6-22 所示。

（3）假定 $t=10$ 时刻起，$\dot{m}_o$ 归一化值下降 0.1，其余的参数均为正常。检测的门限值取为 10%，计算结果如图 6-23 所示。

从图 6-23 中可以看出，网络可以很快地检测出传感器失效，（1）、（3）两种情况在一个时间间隔 Δt 内，（2）在三个时间间隔内就正确地检测出失效，并且网络比较准确地恢复了数据。

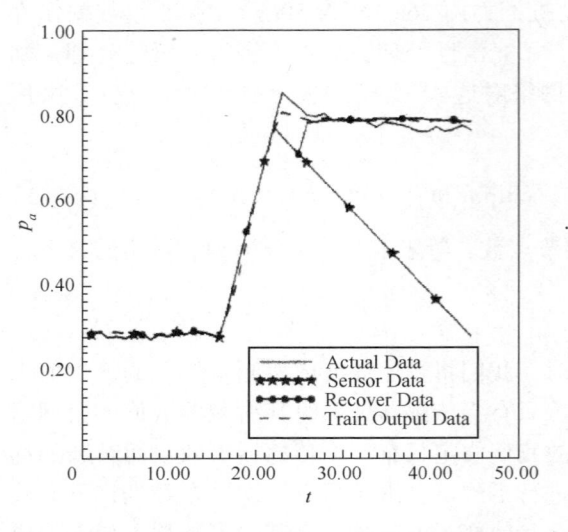

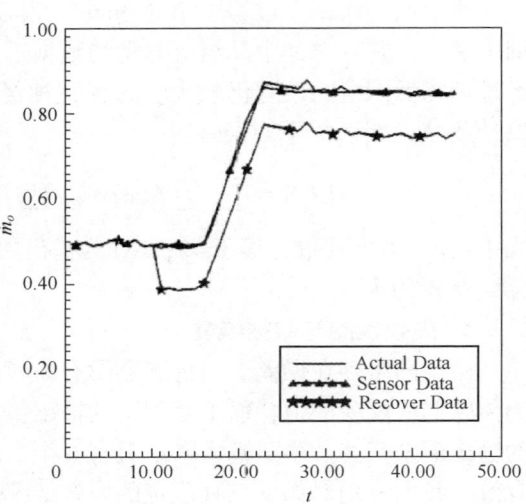

图 6-22　p_a 线性递减时的检测结果

图 6-23　$\dot{m}_o$ 值下降 0.1 时的检测结果

从图 6-23 中还可以看到，网络训练后的输出与真实值非常接近。

应用神经网络方法可以快速检测传感器失效，并能比较准确地估算出失效传感器所测参数的真实值。本章采用的失效检测与数据恢复一体化方法二步法更为简洁快速，省去了不必要的设置置信度环节，并且可以检测多个传感器失效。

习　题

1. 液体火箭发动机智能测试方法主要分为哪三大类？
2. 基于解析模型的故障检测方法可以进一步细分为哪两种类型？
3. 基于数据驱动的方法中，什么是自适应阈值算法（ATA），它解决了固定阈值方法的哪些问题？
4. 神经网络在液体火箭发动机故障检测与诊断中有哪些主要应用方式？
5. 什么是液体火箭发动机的故障模式？
6. 在我国泵压式液体火箭发动机的故障统计中，发生比例最高的部件是哪一个？其占比是多少？
7. 液体火箭发动机常见的十种故障类型中，哪一种故障主要发生在燃烧室和涡轮泵转子？
8. 推力室故障中，裂纹与断裂故障的发生率是多少？
9. 基于动力学模型的发动机故障智能测试方法主要利用什么技术来分析发动机故障模式特征？

参 考 文 献

[1] 陈新华. 火箭推进技术 [M]. 北京：军事科学出版社，2000.
[2] 陈新华. 运载火箭推进系统 [M]. 北京：国防工业出版社，2002.
[3] 吴建军，黄强，程玉强，等. 液体火箭发动机故障检测诊断理论与方法 [M]. 北京：国防工业出版社，2013.
[4] 吴建军，程玉强，杨述明. 液体火箭发动机健康监控 [M]. 北京：科学出版社，2021.
[5] 李应红，尉询楷，胡金海，等. 航空发动机的智能诊断、建模与预测方法 [M]. 北京：科学出版社，2013.
[6] 马双民. 液体火箭发动机质量管理与检测技术 [M]. 北京：宇航出版社，2017.
[7] 肖洪，等. 智能航空发动机：基础理论与关键技术 [M]. 北京：科学出版社，2023.
[8] 中国大百科全书编辑部. 中国大百科全书：航空航天卷 [M]. 北京：中国大百科全书出版社，1985.
[9] 王丹阳. 世界航天器大全 [M]. 北京：宇航出版社，1996.
[10] 叶万举，常显奇，曹太岳. 固体火箭发动机工作过程理论基础 [M]. 长沙：国防科技大学出版社，1985.
[11] 冉隆燧. 运载火箭测试发控工程学 [M]. 北京：宇航出版社，1989.
[12] 狄连顺，方丁西，马德义. 火箭发动机原理 [M]. 长沙：国防科学技术大学出版社，1992.
[13] 王铮，胡永强. 固体火箭发动机 [M]. 北京：宇航出版社，1993.
[14] 刘国球. 液体火箭发动机原理 [M]. 北京：宇航出版社，1993.
[15] 朱森元. 氢氧发动机及其低温技术 [M]. 北京：国防工业出版社，1995.
[16] 朱宇昌. 液体火箭发动机设计 [M]. 北京：宇航出版社，1994.
[17] 崔吉俊. 火箭导弹测试技术 [M]. 北京：国防工业出版社，1999.
[18] 邢继发. 世界导弹与航天发动机大全 [M]. 北京：军事科学出版社，1999.
[19] 刘文彦，周学平，刘辉. 现代测试系统 [M]. 长沙：国防科技大学出版社，1995.
[20] 李国新，程国元，焦清介. 火工品实验与测试技术 [M]. 北京：北京理工大学出版社，1998.
[21] 施文康，余晓芬. 检测技术 [M]. 北京：机械工业出版社，2000.
[22] 〔美〕杨·安德松. 液体火箭发动机燃烧不稳定性 [M]. 张宝钧，洪鑫，陈杰，等，译. 北京：科学出版社，2001.
[23] 〔美〕休泽耳. 液体火箭发动机设计 [M]. 赵元修，吴守生，金如山，等，译. 北京：国防工业出版社，1973.
[24] Sutton G P. Rocket Propulsion Elements [M]. 5th ed. New York：Wiley，1986.
[25] 〔俄〕阿列玛索夫. 火箭发动机原理 [M]. 张中钦，庄逢辰，译. 北京：宇航出版社，1993.
[26] AIAA. Aerospace Design Engineers Guide [M]. 3rd ed. Washington：American Institute of Aeronautics and Astronautics，1993.
[27] 朱宁昌. 液体火箭推进技术展望 [J]. 火箭推进，1990，24（2）：1-18.
[28] 李斌，张小平，高玉闪. 我国可重复使用液体火箭发动机发展的思考 [J]. 火箭推进，2017，43（1）：1-7.
[29] 李伟. 复杂系统的智能故障诊断技术现状及其发展趋势 [J]. 计算机仿真，2004，21（10）：4-7.

[30] 谭松林. SSME 发动机故障监控评述及对大型液体火箭发动机故障检测的初步设想 [J]. 火箭推进, 1994 (1): 1-4.

[31] 陈启智. 液体火箭发动机故障检测与诊断研究的若干进展 [J]. 宇航学报, 2003, 24 (1): 1-11.

[32] 张惠军. 液体火箭发动机故障检测与诊断技术综述 [J]. 火箭推进, 2004, 30 (5): 40-45.

[33] 张利彬, 易航, 李璨, 等. 动力系统故障诊断技术 [J]. 导弹与航天运载技术, 2016 (1): 40-44.

[34] 窦唯, 孙露. 某液体火箭发动机现场故障诊断技术分析 [J]. 强度与环境, 2010, 37 (5): 46-51.

[35] 孙百红, 田川. 基于特征频段 RMS 值的发动机故障实时监测方法 [J]. 火箭推进, 2019, 45 (4): 74-78.

[36] 郑永煌, 田锋, 李人厚, 等. 基于 Petri 网的液体火箭发动机启动过程实时在线故障诊断方法 [J]. 信息与控制, 2010, 39 (2): 207-211, 217.

[37] 黄强, 吴建军. 基于云-神经网络的液体火箭发动机故障检测方法 [J]. 国防科技大学学报, 2010, 32 (1): 11-15.

[38] 窦唯, 刘占生. 液体火箭发动机涡轮泵故障诊断的新方法 [J]. 推进技术, 2011, 32 (2): 266-270.

[39] 刘垠杰, 黄强, 程玉强, 等. 基于动态云 BP 网络的液体火箭发动机故障诊断方法 [J]. 航空动力学报, 2012, 27 (12): 2842-2849.

[40] 彭小辉, 刘垠杰, 程玉强, 等. 基于云分类器的液体火箭发动机故障诊断方法 [J]. 国防科技大学学报, 2013, 35 (6): 15-19.

[41] 耿辉, 张翔, 张素明, 等. 一种基于聚类分析的液体火箭发动机稳态过程故障诊断方法 [J]. 火箭推进, 2014, 40 (5): 86-91.

[42] 张翔, 徐洪平, 安雪岩, 等. 基于聚类分析的液体火箭发动机稳态过程故障程度评估方法 [J]. 导弹与航天运载技术, 2015 (4): 24-26, 35.

[43] 张翔, 徐洪平, 安雪岩, 等. 液体火箭发动机稳态运行故障数据聚类分析研究 [J]. 火箭推进, 2015, 41 (2): 118-122.

[44] 高克寒, 张素明, 王晓林, 等. 基于改进归纳式监控算法的液体火箭发动机实时故障检测 [J]. 航空动力学报, 2016, 31 (10): 2554-2560.